U0812782

卷烟工艺管理

李善莲
徐大勇　主编
王　兵

中国轻工业出版社

图书在版编目（CIP）数据

卷烟工艺管理／李善莲，徐大勇，王兵主编. —北京：中国轻工业出版社，2024.6
ISBN 978-7-5184-4912-5

Ⅰ.①卷… Ⅱ.①李… ②徐… ③王… Ⅲ.①卷烟—生产工艺—生产管理 Ⅳ.①TS452

中国国家版本馆 CIP 数据核字（2024）第 063420 号

责任编辑：刘逸飞　　责任终审：李建华
文字编辑：赵晓鑫　　责任校对：吴大朋　　封面设计：锋尚设计
策划编辑：张　靓　　版式设计：砚祥志远　　责任监印：张　可

出版发行：中国轻工业出版社（北京鲁谷东街 5 号，邮编：100040）
印　　刷：三河市万龙印装有限公司
经　　销：各地新华书店
版　　次：2024 年 6 月第 1 版第 1 次印刷
开　　本：720×1000　1/16　印张：18.5
字　　数：372 千字
书　　号：ISBN 978-7-5184-4912-5　定价：98.00 元
邮购电话：010-85119873
发行电话：010-85119832　010-85119912
网　　址：http://www.chlip.com.cn
Email：club@chlip.com.cn

210739K1X101ZBW

本书编写人员

主　　编： 李善莲　徐大勇　王　兵

副 主 编： 陈　冉　杨俊杰　堵劲松　乔学义

参编人员（排名不分先后）

邓国栋　黄宣康　李　强　李华杰　李建辉

李金学　林苗俏　林志平　刘　欢　刘　辉

刘振宇　罗志雪　沈世豪　苏子淇　孙　觅

王道铨　王宗英　许冰洋　张　超　张　敏

张　炜　张二强　赵　敏　赵云川　邹　泉

前言

PREFACE

卷烟工艺是将烟叶原料和卷烟材料加工成卷烟产品的过程和技术方法，自20世纪80年代以来，我国烟草加工工艺经历了技术整顿与规范、技术引进与消化、技术提升与再创新、技术自主创新等发展阶段。烟草加工工艺技术创新与推广应用取得了显著成效，工艺理念进一步更新，关键技术取得了突破，卷烟加工技术水平明显提升。

工艺理念与工艺技术能否在企业生产过程中得以良好实现与应用，设备潜能能否有效发挥，进一步加强卷烟企业的工艺管理工作是十分必要的，才能确保卷烟生产实现优质、低耗、高效、安全、环保。《卷烟工艺规范》（2016年出版）所述大工艺理念，就是要有机协调产品开发、工艺设计、工艺加工、工艺管理之间的相互关系，要充分发挥上下游技术和管理的协同作用。因此，很有必要对卷烟工艺管理进行系统梳理和总结，以进一步推动卷烟工艺管理工作的深入开展，不断提高卷烟工艺管理水平。

本书根据《卷烟工艺规范》（2016年出版）对工艺管理的原则和要求，结合多年的工艺研究与实践，按照PDCA管理工作模式，分别从产品工艺设计、工艺文件管理、工艺数据规范、工艺改进优化与工艺智能管控等方面进行了详细阐述。全书由王兵、堵劲松组织策划，共分为15章，将卷烟企业工艺管理工作中的所有环节和各项工作内容进行了介绍，第一章绪论由李善莲、赵敏编写；第二章产品工艺设计由乔学义、张超、刘辉、邓国栋编写；第三章工艺风险防控由黄宣康、王道铨、林志平编写；第四章工艺文件管理由沈世豪、杨俊杰编写；第五章工艺数据规范由罗志雪、陈冉、赵敏编写；第六章通用条件保障由张炜、李华杰编写；第七章设备工艺性能点检由李金学、孙觅、刘欢编写；第八章生产过程管控由陈冉、邹泉、赵云川编写；第九章质量分析检验由林苗俏、赵敏编写；第十章工艺监督检查由张敏、李强、李建辉编写；第十一章工艺测试分析由徐大勇、苏子淇编写；第十二章管控水平评价由杨俊杰、许冰洋编写；第十三章工艺改进优化由张炜、陈冉、李善莲编写；第十四章批次质量追溯由林苗俏、赵敏编写；第十五章工艺智能管控由刘振宇、王宗英、张二强编写；全书由赵敏、李善莲统稿。

卷烟工艺管理是随着工艺技术的发展和应用而动态变化的，由于编写人员水平有限，书中难免存在不妥和疏漏之处，恳请广大读者和专家批评指正，以便后续修订完善。

编者

目 录

CONTENTS

第一章　绪论 / 1

第二章　产品工艺设计 / 4

第一节　原料特性分析 / 4

第二节　关键工序试验 / 34

第三节　品控参数设计 / 78

第三章　工艺风险防控 / 83

第一节　概念与过程 / 83

第二节　工艺风险识别 / 85

第三节　工艺风险评估 / 93

第四节　工艺风险应对 / 100

第五节　工艺风险评审 / 102

第四章　工艺文件管理 / 104

第一节　工艺文件分类 / 104

第二节　工艺文件编制 / 106

第三节　工艺文件变更 / 108

第四节　工艺文件管理 / 108

第五节　工艺文件归档 / 110

第六节　工艺文件保密 / 111

第五章　工艺数据规范 / 112
第一节　工艺数据分类 / 112
第二节　工艺数据描述 / 115
第三节　工艺数据采集 / 118
第四节　工艺数据处理 / 124

第六章　通用条件保障 / 126
第一节　工艺人员保障 / 126
第二节　加工能源保障 / 126
第三节　生产环境控制 / 127
第四节　清洁生产管理 / 128
第五节　虫情控制保障 / 129

第七章　设备工艺性能点检 / 137
第一节　点检体系特点 / 137
第二节　点检工序识别 / 138
第三节　点检项目筛选 / 140
第四节　点检位点分析 / 158
第五节　点检周期确定 / 159
第六节　点检方法选择 / 160
第七节　点检管理实施 / 161

第八章　生产过程管控 / 163

第一节　过程参数指标分类 / 163

第二节　加工强度类参数指标管控 / 165

第三节　配方实现类参数指标管控 / 184

第九章　质量分析检验 / 190

第一节　质量检验计划 / 190

第二节　质量检验 / 192

第三节　计量检验 / 195

第四节　质量检验评价 / 196

第十章　工艺监督检查 / 198

第一节　职能划分 / 198

第二节　检查内容 / 198

第三节　开展方式 / 199

第四节　评价考核 / 200

第五节　分析改进 / 200

第十一章　工艺测试分析 / 201

第一节　工艺质量测试分析 / 201

第二节　物料消耗测试分析 / 212

第三节　生产效率测试分析 / 215

第十二章　管控水平评价 / 217

第一节　过程能力指数 / 217

第二节　制造能力测评 / 218
第三节　批次质量评价 / 220

第十三章　工艺改进优化 / 229
第一节　工艺改进流程 / 229
第二节　异常工况诊断 / 231
第三节　操作模式优化 / 238
第四节　工艺知识管理 / 253

第十四章　批次质量追溯 / 258
第一节　生产区域特点 / 258
第二节　追溯单元划分 / 260
第三节　追溯信息管理 / 268
第四节　追溯单元关联 / 271

第十五章　工艺智能管控 / 276
第一节　卷烟企业信息系统概况 / 276
第二节　卷烟生产一体化管控系统 / 277
第三节　面向智能制造的工艺管控分析平台 / 282

参考文献 / 285

第一章
绪论

工艺管理是技术管理的核心，是实现卷烟生产优质、高效、低耗、安全、环保目标的保证，工艺管理水平是衡量企业管理水平的标准之一。本章主要介绍卷烟工艺管理的意义、内容和实施。

一、工艺管理的意义

卷烟工艺管理是对卷烟加工各项工艺工作进行系统策划、组织协调和控制。卷烟工艺管理是企业生产管理的重要内容，它与产品设计有着紧密的联系，同时又对产品生产起着指导作用，有人形象地把生产工艺管理比作设计和制造之间的一座桥梁。因此，搞好卷烟生产工艺管理工作对提高产品质量、缩短生产周期、降低生产成本和顺利组织生产有着十分重要的意义。良好的卷烟工艺管理能给企业带来以下效益。

（1）提高产品质量　完善的工艺方案和合理的操作规程将能更好地发挥设备潜能，使产品的制造质量得到良好保证，而且，许多情况下产品质量的提高正是通过产品制造工艺的不断改善获得的。

（2）降低物耗和能耗，节约生产费用，从而降低产品成本　大量的资料表明，通过采用先进的管理方法能大幅度地降低产品的材料消耗和能源消耗、人工费用及其他生产费用，从而使生产成本下降。

（3）提高劳动生产率　制订完善、合理的工艺规程及详细合理的工艺管理制度可以使生产得以顺利进行，而且通过制造过程管控的标准化、工艺质量分析的信息化可以使劳动生产率成倍提高。

二、工艺管理的内容

卷烟工艺管理的基本任务是结合企业的实际情况，以品牌发展为中心、以产品质量为导向、系统化管理为手段、精益制造为途径，应用现代管理科学理论和信息化技术，采用计划、执行、检查、处理循环模式（简称 PDCA

循环）对各项工艺工作进行策划、组织、协调和控制，使之按一定的原则、程序和方法有效地进行，以保证产品质量、提高生产效率、降低环境影响，实现经济效益和社会效益协调发展。

卷烟产品设计解决了生产什么样产品的问题，至于采用什么样的工艺和设备，按照怎样的加工顺序和方法来生产这种产品，还有待于卷烟工艺管理工作来解决。工艺管理涉及的因素众多，包括的范围也很广。一般来说，卷烟工艺管理内容主要包括工艺设计、生产加工、分析评价和改进优化等方面，主要内容及其相互关系如图 1-1 所示，详细内容后续章节依次阐述。

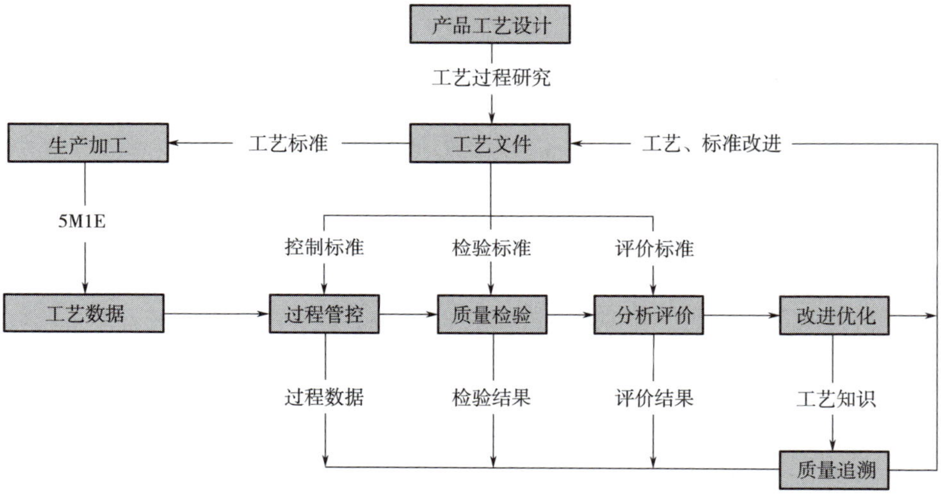

图 1-1　卷烟工艺管理内容

三、工艺管理实施

1. 构建工艺管理组织机构

以提高产品质量和工艺水平为原则，结合本企业的规模和生产类型，建立和健全有效的工艺管理机构。明确工艺管理活动的目标、任务和职责，根据企业特点和实际情况，在组织架构中予以合理分配，根据工艺复杂程度和工作任务大小配备相应素质和数量的工艺人员。

2. 建设工艺管理标准体系

针对工艺管理工作涉及范围广、影响因素多的实际，完整和统一的工艺标准体系对工艺管理工作的组织、实施是大有益处的，而且工艺文件的完整和统一对指导生产、顺利组织生产的意义也十分重大。采用先进合理的工艺方法和管理手段，有利于提高工艺管理工作的水平；建立合理的工艺管理制度和技术责任制，以确保工艺管理工作的顺利进行。重视工艺标准化工作和工艺情报资料收集工作，应尽一切可能收集和整理国内外有关的技术发展和先进工艺方法的情报资料并加以充分利用；工艺职能部门要对工艺规程的贯彻执行进行经常性的指导、检查、督促和考核。

3. 发挥工艺数据基础作用

工艺职能部门要围绕工艺管理的目标要求，建立一整套指标体系和确立相应的数据源，并运用科学的方法进行工艺分析和专题测试，为指导生产、改进工艺提供可靠的技术依据。

4. 发挥工艺智能管控平台作用

重视对现有工艺方法和手段改进的研究，尽可能采用先进工艺和新工艺，要摒弃那种把工艺人员完全埋在日常工艺分析报表工作中的做法，应组织力量进行工艺方法的研究和改进工作；开发工艺智能管控分析平台，把工艺人员从重复的脑力劳动中解放出来，从事更有意义的工艺研究与创新。

第二章
产品工艺设计

卷烟的产品质量，必须依靠工艺加工方法实现。良好的工艺管理从设计开始，卷烟产品工艺设计就是制订合理、科学的加工路线，最主要的是确定制丝和卷包的加工流程和参数。卷烟加工工艺绝不只是一个单纯追求物理指标和降低消耗的过程，还应进一步升华为提高卷烟感官质量的过程和技术方法。通过工艺加工，最大限度地保留烟叶固有的优良品质，有效去除原料本身的不良因素，挖掘卷烟原料的使用价值，进行特色工艺加工。

第一节　原料特性分析

特色加工就是根据烟叶的等级、部位、品质等特性，制订不同的工艺路线、加工方式、工艺条件、加料技术，提升加工工艺的水平，一方面最大限度地保留原料原有的优异品质；另一方面有效去除原料本身的不良因素，维护产品的个性特征，生产出满足消费者需求，具有市场竞争力的高品质产品。特色加工的主要对象是中国烟叶原料，原料特性分析是实现产品特色加工的基础和关键。

一、固有特性分析

我国卷烟产品以烤烟型为主体，所使用的卷烟原料也主要为烤烟烟叶，因此，掌握我国主要产区烤烟烟叶在加工之前的感官风格质量特点、常规化学成分及其存在的差异，能够为依据原料特性进行产品设计和分组加工提供基础依据。

（一）我国烟叶主要产区原料的感官特性

我国主要产区、等级烟叶均具有个性化特征。云贵地区烟叶以清香型为主、清偏中为辅；川渝地区烟叶以清偏中为主；东南地区烟叶以东南清香型为主；中南地区烟叶以浓香型为主、浓偏中为辅；黄淮地区烟叶以浓香型为主。

1. 云贵地区烟叶

云南烟叶香型以清香型为主、清偏中为辅，中部和上部烟叶香气质较好至中等，香气量较足，杂气有，浓度中等，劲头中等偏大，细腻程度中等，刺激性有至中等，干燥感较弱至中等，干净程度较干净至中等；下部烟叶各评吸指标处于中等水平。杂气主要有枯焦气、青杂气。

贵州烟叶香型以中间香型为主，各项评吸指标处于中等水平，杂气以地方性杂气为主；其中上部烟叶浓度、劲头较大，中部烟叶干净程度较好。

2. 川渝地区烟叶

川渝烟叶香型以清偏中为主，各评吸指标处于中等水平，其中上部烟叶浓度、劲头较大。

3. 东南地区烟叶

福建烟叶香型以东南清香型为主、各项评吸指标处于中等水平，杂气主要有枯焦气，其中上部烟叶香气质较好，浓度较高，中部烟叶刺激性较小。

4. 中南地区烟叶

湖南烟叶香型以浓香型为主、浓偏中为辅，中部和下部烟叶各感官评吸指标处于中等水平，上部烟叶香气质较好，香气量较足，浓度、劲头较大；湖南烟叶的杂气主要有枯焦气。

5. 黄淮地区烟叶

山东烟叶香型以中间香型为主，上部烟叶香气质较差，香气量有，杂气较重，浓度、劲头较大，干净程度尚干净，其余指标处于中等水平；中部烟叶各项评吸指标处于中等水平；下部烟叶香气质较差，香气量有，杂气较重，浓度、劲头较小，其余指标处于中等水平。

河南烟叶香型以浓香型为主，各项评吸指标都处于中等水平，其中中部烟叶青杂气明显。

安徽烟叶香型以浓香型为主，各项评吸指标都处于中等水平，其中中部烟叶刺激性较小。

（二）我国烟叶主要产区原料的化学特性

我国主要产区烟叶还原糖、总糖、糖碱比、挥发酸、总氮、总植物碱、氨态氮含量总体平均值见图 2-1 至图 2-3。不同产区烟叶化学成分存在差异，尤其是各种化学成分的平衡性均有各自的特点。

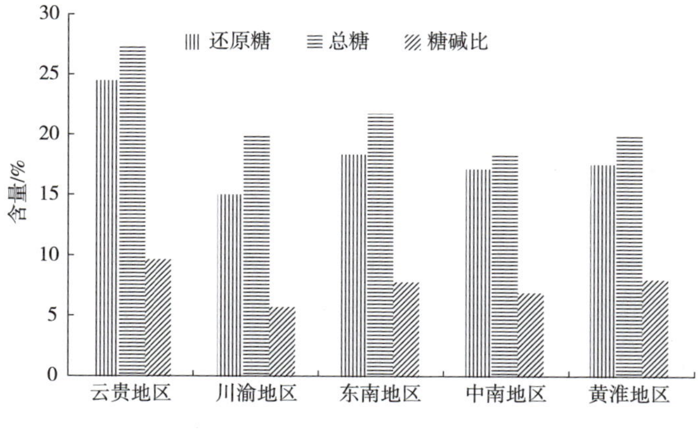

图 2-1　我国主要产区烟叶还原糖、总糖含量和糖碱比

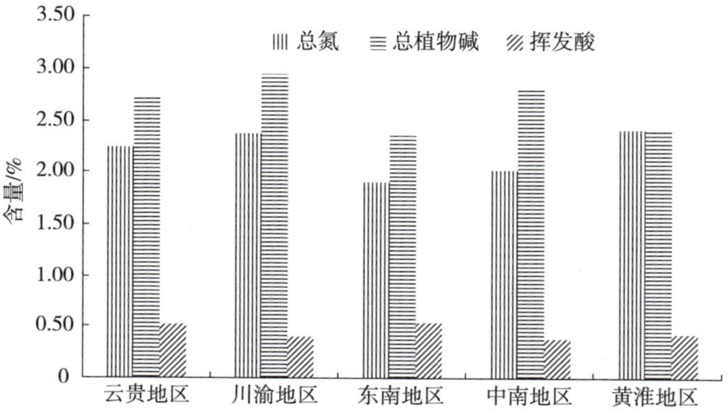

图 2-2　我国主要产区烟叶挥发酸、总氮和总植物碱含量

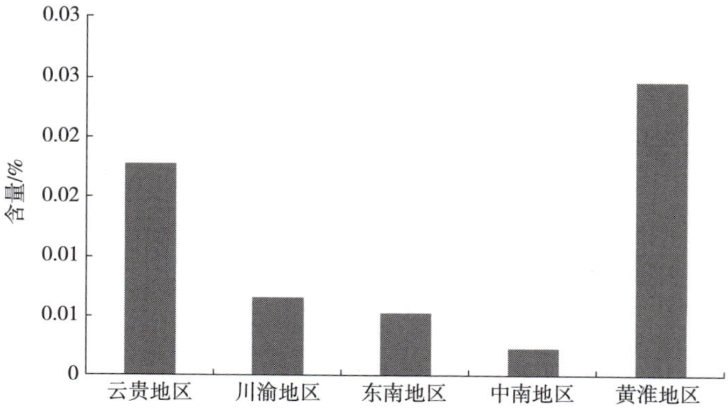

图 2-3　我国主要产区烟叶氨态氮含量

（1）云贵地区烟叶总糖、还原糖含量和糖碱比均较高；川渝地区烟叶还原糖含量和糖碱比最低；其余产区烟叶的总糖和还原糖含量均处于中等水平。

（2）川渝地区烟叶总植物碱含量最高，中南地区烟叶次之，东南地区烟叶总植物碱含量最低；黄淮地区烟叶总氮含量最高，川渝地区烟叶次之，东南地区烟叶总氮含量最低；云贵、东南地区烟叶挥发酸含量较高，中南地区烟叶挥发酸含量最低。

（3）黄淮地区烟叶氨态氮含量最高，云贵地区烟叶次之，中南地区烟叶氨态氮含量最低。

二、加工特性分析

烟叶原料的加工特性是指在加工过程中原料感官、物理和化学等特性的变化趋势。

（一）我国主要产区烟叶在加工过程中的感官特性

我国主要产区烟叶在加工过程中香气风格、香气特性、烟气特性和口感特性呈现不同的变化趋势。

1. 云贵地区烟叶

（1）香气风格　如图 2-4 和图 2-5 所示，香气风格受加工强度影响明显，

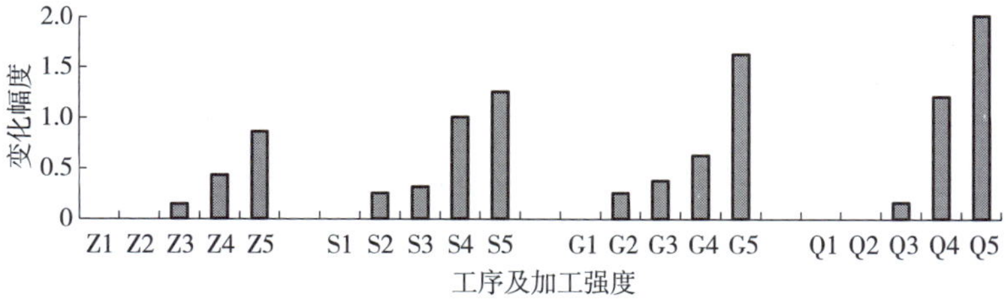

图 2-4　云南烟叶不同工序及加工强度香气风格变化趋势

Z—真空回潮工序　S—松散回潮工序　G—滚筒烘丝工序　Q—气流干燥工序（余同）

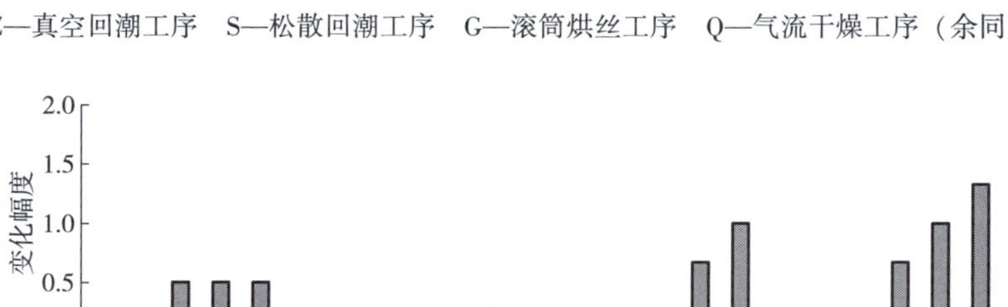

图 2-5　贵州烟叶不同工序及加工强度香气风格变化趋势

云南烟叶在较低或中等加工强度、贵州烟叶在中等以上加工强度开始发生变化，并随加工强度增强呈现明显变化趋势。

（2）香气特性　云贵地区烟叶不同工序及加工强度香气特性变化趋势如图 2-6 和图 2-7 所示。

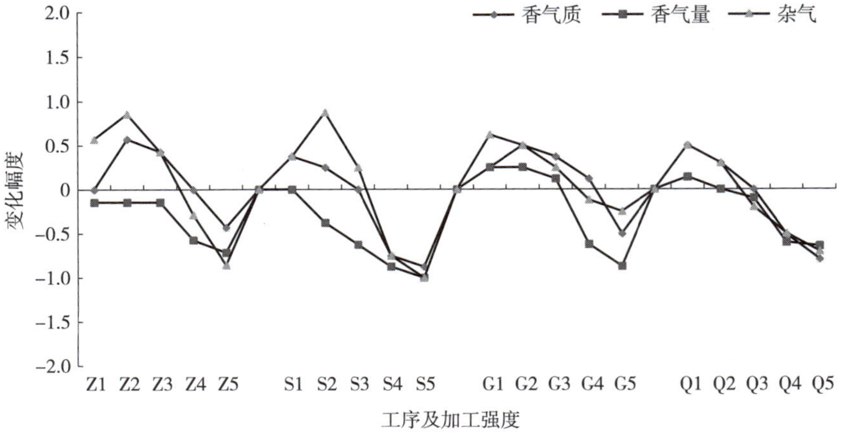

图 2-6　云南烟叶不同工序及加工强度香气特性变化趋势

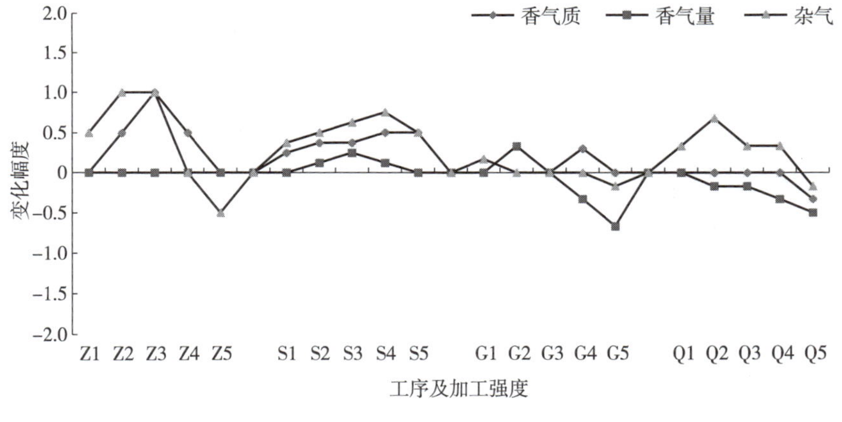

图 2-7　贵州烟叶不同工序及加工强度香气特性变化趋势

云南烟叶香气质和杂气在中低加工强度范围内呈现改善趋势，并在较低加工强度下改善较为明显，而香气量在中等以下加工强度范围内基本不变，在中等以上加工强度范围内呈减少趋势；贵州烟叶香气特性在真空回潮和松散回潮工序的低到较高加工强度范围内呈改善趋势，其中中等加工强度改善明显；滚筒干燥和气流干燥工序对烟叶香气特性影响较小。

①真空回潮工序：云南烟叶香气质在中等以下加工强度范围内呈提升趋势，在高加工强度下有所下降；在加工强度范围内，随加工强度增强，香气量逐渐下降，并且下降幅度呈现增大趋势；在中等以下加工强度范围内，杂气得分有所增加，在较高以上加工强度范围内呈下降趋势。贵州烟叶香气质在较低到较高加工强度范围内呈提升趋势；香气量在加工强度范围内没有变化；杂气得分在中等以下加工强度范围内呈现逐渐增加趋势，在高加工强度下得分有所降低。

②松散回潮工序：云南烟叶香气质在较低以下加工强度范围内略有提升，在较高以上加工强度范围内呈明显下降趋势；香气量在较低以上加工强度范围内呈明显下降趋势；杂气得分在中等以下加工强度范围内呈增加趋势，并在较低加工强度下得分增加明显，在较高以上加工强度范围内得分明显下降。贵州烟叶香气质和杂气得分在加工强度范围内呈增加趋势，香气量在较低到较高加工强度范围内略有增加。

③滚筒干燥工序：云南烟叶香气质在较高以下加工强度范围内呈现提升趋势，在高加工强度下香气质下降；香气量在中等以下加工强度范围内呈增加趋势，较高以上加工强度范围内明显下降；杂气得分在中等以下加工强度范围内呈增加趋势，在较高以上加工强度范围内有所下降。贵州烟叶香气质在较低和较高加工强度略有提升，香气量在较低加工强度略有增加，在较高以上加工强度范围内呈下降趋势，杂气得分在低加工强度下略有增加，在高加工强度下略有下降。

④气流干燥工序：云南烟叶香气质在较低以下加工强度范围内有所提升，在较高以上加工强度范围内呈下降趋势；香气量在低加工强度下略有增加，在中等以上加工强度范围内呈下降趋势；杂气得分在较低以下加工强度范围内略有增加，在中等以上加工强度范围内呈下降趋势。贵州烟叶香气质在高加工强度略有下降；香气量在较低以上加工强度范围内随加工强度的增强呈下降趋势；杂气得分在较高以下加工强度范围内呈增加趋势，在高加工强度下略有下降。

（3）烟气特性　云贵地区烟叶烟气特性变化如图 2-8 和图 2-9 所示。

云南烟叶细腻程度在低到较高加工强度范围内改善，浓度和劲头基本不变；贵州烟叶浓度在真空回潮和滚筒干燥工序较低加工强度下明显增大，而

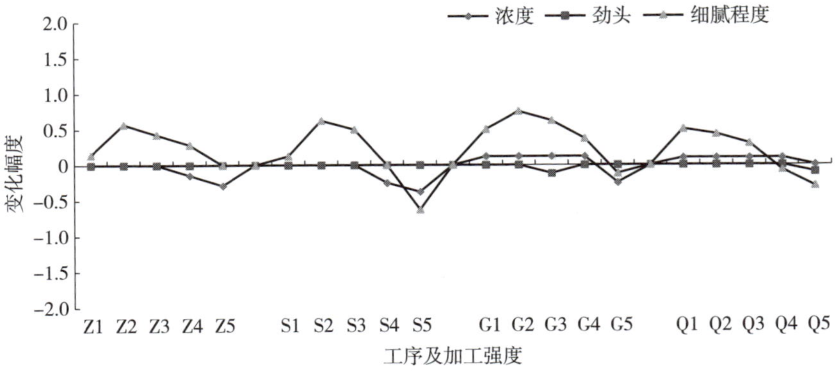

图 2-8　云南烟叶不同工序及加工强度烟气特性变化趋势

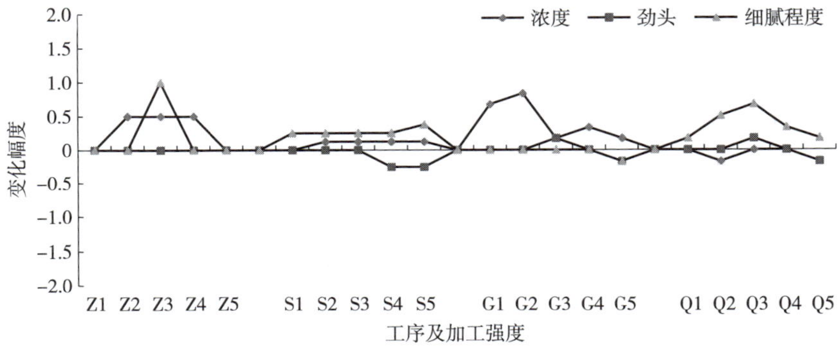

图 2-9　贵州烟叶不同工序及加工强度烟气特性变化趋势

细腻程度在较低和中等加工强度下改善明显。

①真空回潮工序：云南烟叶在较高以下加工强度范围内细腻程度呈改善趋势；浓度在较高以上加工强度范围内略有减小；劲头没有变化。贵州烟叶浓度在该工序的较低到较高加工强度范围内略有增加；细腻程度仅在中等加工强度下改善；劲头没有变化。

②松散回潮工序：云南烟叶在中等以下加工强度范围内细腻程度有所改善，在高加工强度下细腻程度略有下降；浓度在较高以上加工强度范围内略有减小；劲头没有变化。贵州烟叶浓度和细腻程度在加工强度范围内略有增加，劲头在较高以上加工强度范围内略有减小。

③滚筒干燥工序：云南烟叶在较高以下加工强度范围内细腻程度有所改善，浓度略有增大，在高加工强度下细腻程度略有下降，浓度略有减小；劲头基本没有变化。贵州烟叶浓度在加工强度范围内有所增大，其中在较低加

工强度下增大较为明显；劲头在中等加工强度下略有增大，在高加工强度下略有降低；细腻程度在高加工强度下略有下降。

④气流干燥工序：云南烟叶在中等以下加工强度范围内细腻程度有所改善，在高加工强度下略有下降；浓度在较高以下加工强度范围内略有增大；劲头基本没有变化。贵州烟叶浓度在较低和高加工强度下略有下降；劲头在中等加工强度下略微增大，在高加工强度下略微下降；细腻程度在加工强度范围内有所改善，其中，中等加工强度下改善较为明显。

（4）口感特性　云贵地区烟叶口感特性变化如图 2-10 和图 2-11 所示。

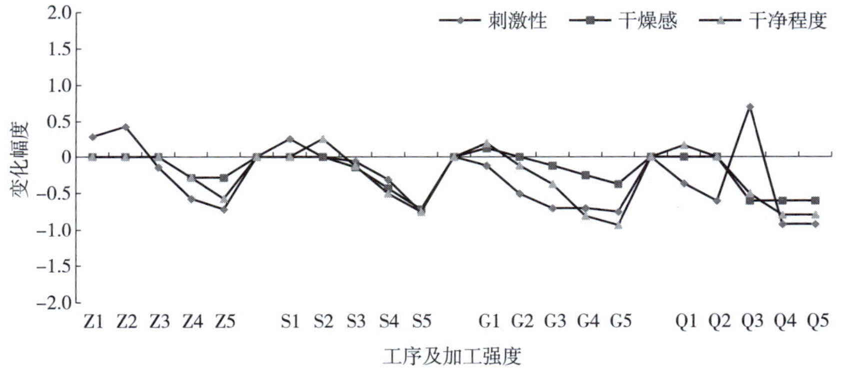

图 2-10　云南烟叶不同工序及加工强度口感特性变化趋势

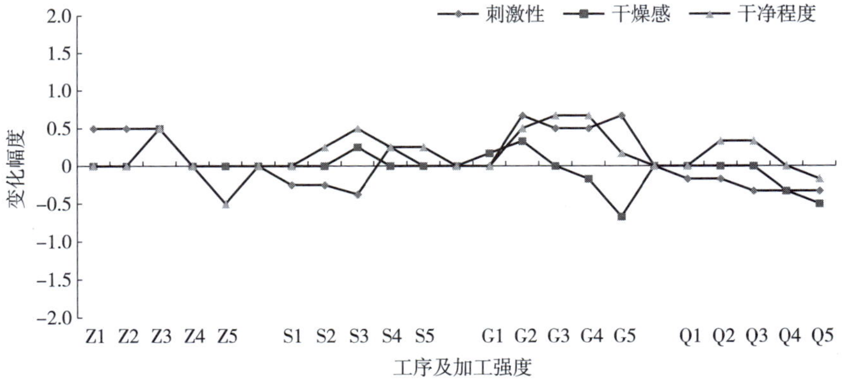

图 2-11　贵州烟叶不同工序及加工强度口感特性变化趋势

云南烟叶在低和较低加工强度下口感特性保持不变或有所改善，在中高加工强度下呈现下降趋势。贵州烟叶中低加工强度有利于改善口感特性，中等以上加工强度口感特性呈现下降趋势。

①真空回潮工序：云南烟叶在较低以下加工强度范围内刺激性略有减小，在中等以上加工强度范围内，随加工强度增大，刺激性呈增大趋势；在较高以上加工强度范围内干燥感略增强、干净程度有所下降。贵州烟叶刺激性在中等以下加工强度范围内减小；干燥感仅在中等加工强度下略有改善；干净程度在中等加工强度下略有改善，在高加工强度下略有下降。

②松散回潮工序：云南烟叶刺激性在低加工强度下略有减小；干净程度在较低加工强度下略有改善；在中等以上加工强度范围内口感特性各指标呈下降趋势。贵州烟叶刺激性在中等以下加工强度范围内略微增大，在较高加工强度下略有减小；干燥感仅在中等加工强度下略有改善；干净程度在较低以上加工强度范围内略有改善。

③滚筒干燥工序：云南烟叶在低加工强度下干燥感和干净程度略有改善，刺激性略微增大；在较低以上加工强度范围内口感特性各指标呈现明显下降趋势。贵州烟叶刺激性在较低以上加工强度范围内略有减小；干燥感在较低以下加工强度范围内略有改善，在较高以上加工强度范围内略有增强；干净程度在较低以上加工强度范围内略有改善。

④气流干燥工序：云南烟叶刺激性在中等加工强度下减小，在其他加工强度下呈增大趋势；干燥感在中等以上加工强度范围内呈增强趋势；干净程度在低加工强度下略有改善，在中等以上加工强度范围内呈下降趋势。贵州烟叶刺激性在加工强度范围内均有所增大；干燥感在较高以上加工强度范围内略有增强；干净程度在较低及中等加工强度下有所改善，在高加工强度略有下降。

2. 川渝地区烟叶

（1）香气风格　如图 2-12 所示，川渝地区烟叶香气风格在松散回潮工序基本没有变化，在滚筒干燥工序较高加工强度开始发生明显变化。

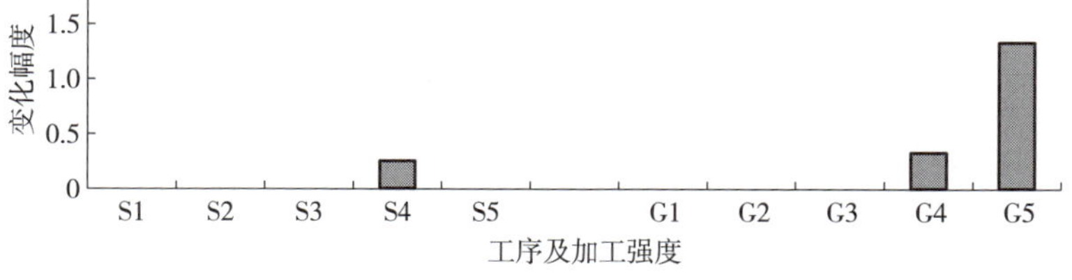

图 2-12　川渝烟叶不同工序及加工强度香气风格变化趋势

（2）香气特性 如图 2-13 所示，川渝地区烟叶香气特性在较低加工强度下改善明显，而在中高加工强度下呈现下降趋势。

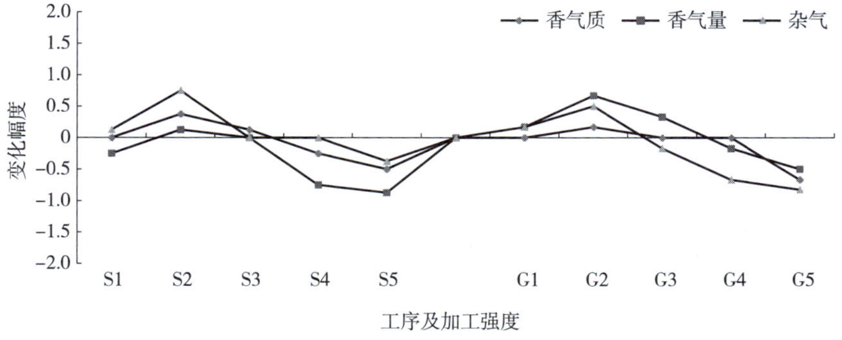

图 2-13 川渝烟叶不同工序及加工强度香气特性变化趋势

①松散回潮工序：香气质在较低到中等加工强度范围内微有提升，在较高以上加工强度范围内略有下降；香气量在较低加工强度下略有增加，在低加工强度下和较高以上加工强度范围内有所下降；杂气得分在较低以下加工强度范围内略有增加，在高加工强度下略有下降。

②滚筒干燥工序：香气质在较低加工强度下略有提升，在高加工强度下有所下降；香气量在中等以下加工强度范围内有所增加，在较高以上加工强度范围内有所下降；杂气得分在较低以下加工强度范围内略有增加，在中等以上加工强度范围内呈下降趋势。

（3）烟气特性 如图 2-14 所示，川渝地区烟叶烟气特性变化较小，其中

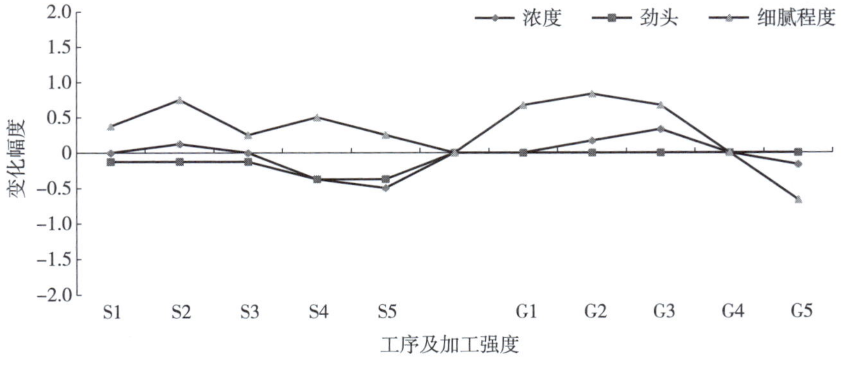

图 2-14 川渝烟叶不同工序及加工强度烟气特性变化趋势

较低加工强度烟叶浓度和细腻程度略有增加，中高加工强度浓度和细腻程度呈现下降趋势。

①松散回潮工序：浓度在较高以上加工强度范围内略有减小；在加工强度范围内，劲头略微下降，细腻程度有所改善。

②滚筒干燥工序：浓度和细腻程度在中等以下加工强度范围内略有增加，在高加工强度下略有下降；劲头没有变化。

（4）口感特性　如图 2-15 所示，川渝地区烟叶口感特性在较低加工强度下改善较为明显，在中高加工强度下呈现下降趋势。

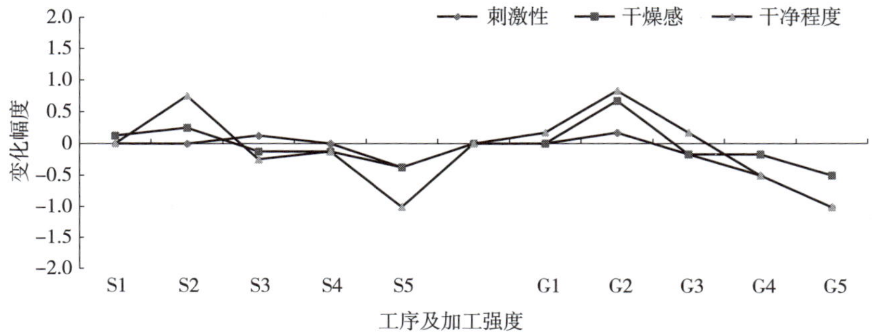

图 2-15　川渝烟叶不同工序及加工强度口感特性变化趋势

①松散回潮工序：刺激性在中等加工强度下略微减小，在高加工强度下略有增大；干燥感在较低以下加工强度范围内略有改善，在中等以上加工强度范围内略有增强；干净程度在较低加工强度下略有改善，在中等以上加工强度范围内略有下降。

②滚筒干燥工序：刺激性在较低加工强度下略有减小，在中等以上加工强度范围内呈增大趋势；干燥感在较低加工强度下改善，在中等以上加工强度范围内呈增强趋势；干净程度在较低以下加工强度范围内有所改善，在较高以上加工强度范围内下降。

3. 东南地区烟叶

（1）香气风格　如图 2-16 所示，东南地区烟叶香气风格在回潮工序基本没有变化，而在干燥工序中等以上加工强度下呈现明显变化趋势。

（2）香气特性　如图 2-17 所示，东南地区烟叶香气质和杂气在回潮工序的较低和中等加工强度下有改善，其他强度没有变化，而香气量则基本没有

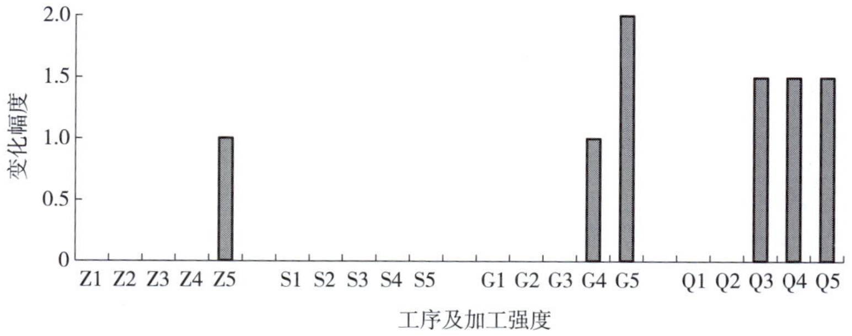

图 2-16　东南地区烟叶不同工序及加工强度香气风格变化趋势

变化；在干燥工序的低和较低加工强度下香气特性略有改善，在中高加工强度下呈现明显下降趋势。

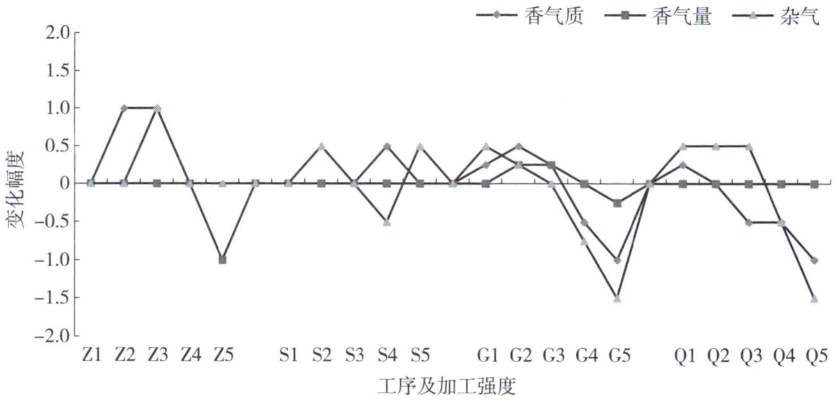

图 2-17　东南地区烟叶不同工序及加工强度香气特性变化趋势

①真空回潮工序：香气质在较低到中等加工强度范围内提升较为明显，在其他加工强度下保持不变；香气量在较高以下加工强度范围内保持不变，在高加工强度下明显下降；杂气得分在中等加工强度下明显增加，其他加工强度下保持不变。

②松散回潮工序：香气质在较高加工强度下略有提升，其他加工强度下没有变化；香气量在该工序没有变化；杂气得分在较低和高加工强度下略有增加，而在较高加工强度下略有下降。

③滚筒干燥工序：香气质在中等以下加工强度范围内有所提升，在较高

以上加工强度范围内明显下降；香气量在较低到中等加工强度范围内略有增加，而在高加工强度下略有下降；杂气得分在较低以下加工强度范围内略有增加，而在较高以上加工强度范围内明显下降。

④气流干燥工序：香气质仅在低加工强度下略有提升，在较低以上加工强度范围内呈下降趋势；香气量在该工序没有变化；杂气得分在中等以下加工强度范围内有所增加，而在较高以上加工强度范围内明显下降。

（3）烟气特性　如图 2-18 所示，烟叶回潮工序中低强度加工有利于改善东南地区中部烟叶的细腻程度，保持或提升烟叶浓度；干燥工序中低加工强度有利于改善烟叶细腻程度，而中高加工强度有利于提升烟叶浓度。

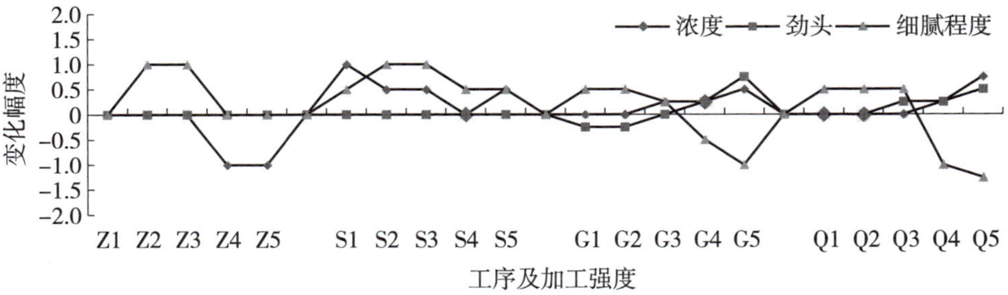

图 2-18　东南地区烟叶不同工序及加工强度烟气特性变化趋势

①真空回潮工序：浓度在较高以上加工强度范围内减小；细腻程度在较低和中等加工强度下改善；劲头没有变化。

②松散回潮工序：在加工强度范围内，浓度和细腻程度增加，其中浓度在低加工强度下增加明显，细腻程度在较低和中等加工强度下改善明显；劲头没有变化。

③滚筒干燥工序：浓度在中等以上加工强度范围内呈增加趋势；劲头在较低以下加工强度范围内略微减小，在较高以上加工强度范围内有所增大；细腻程度在中等以下加工强度范围内略有改善，在较高以上加工强度范围内细腻程度呈下降趋势。

④气流干燥工序：浓度在较高以上加工强度范围内有所增大；劲头在中等以上加工强度范围内呈增大趋势；细腻程度在中等以下加工强度范围内有所改善，在较高以上加工强度范围内明显下降。

（4）口感特性　如图 2-19 所示，东南地区烟叶真空回潮工序在较低和中等加工强度下能够改善口感特性；口感特性在松散回潮、滚筒干燥和气流干燥工序的较低加工强度下略有改善，在中等以上加工强度范围内口感特性呈现下降趋势。

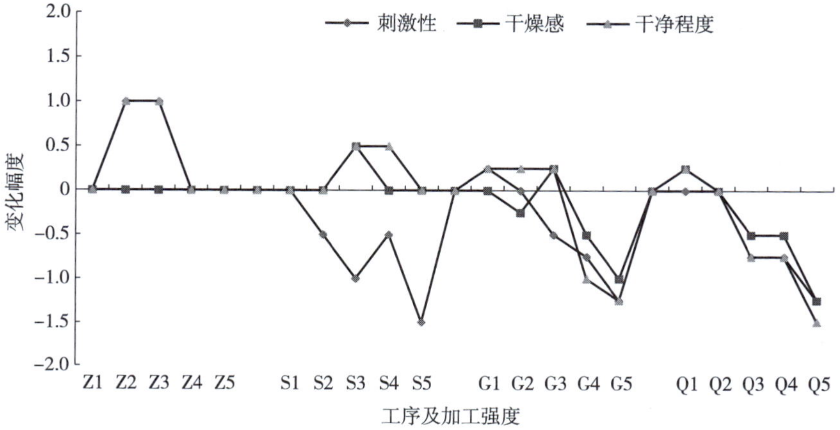

图 2-19 东南地区烟叶不同工序及加工强度口感特性变化趋势

①真空回潮工序：刺激性和干净程度在较低及中等加工强度下改善较为明显；干燥感没有变化。

②松散回潮工序：刺激性在较低以上加工强度范围内呈增大趋势；干燥感在中等加工强度下略有改善；干净程度在中等及较高加工强度下略有改善。

③滚筒干燥工序：刺激性在低加工强度下略微减小，在中等以上加工强度范围内呈增大趋势；干燥感在中等加工强度下略有改善，在较高以上加工强度范围内干燥感增强；干净程度在中等以下加工强度范围内略有改善，在较高以上加工强度范围内下降。

④气流干燥工序：干燥感和干净程度在低加工强度下略有改善，在中等以上加工强度范围内口感特性各指标呈明显下降趋势。

4. 中南地区烟叶

（1）香气风格　如图 2-20 所示，中南地区烟叶香气风格在较高或高加工强度下发生变化。

（2）香气特性　如图 2-21 所示，中南地区烟叶香气特性在较低加工强度有所改善，在中高加工强度呈现下降趋势。

①松散回潮工序：香气质在高加工强度下有所下降；香气量在中等以下

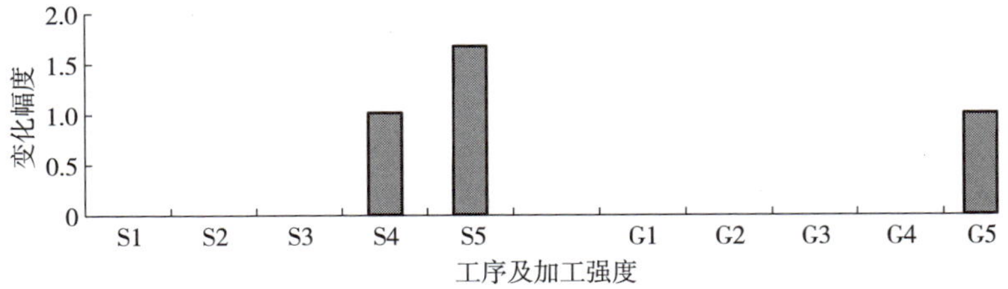

图 2-20　中南地区烟叶不同工序及加工强度香气风格变化趋势

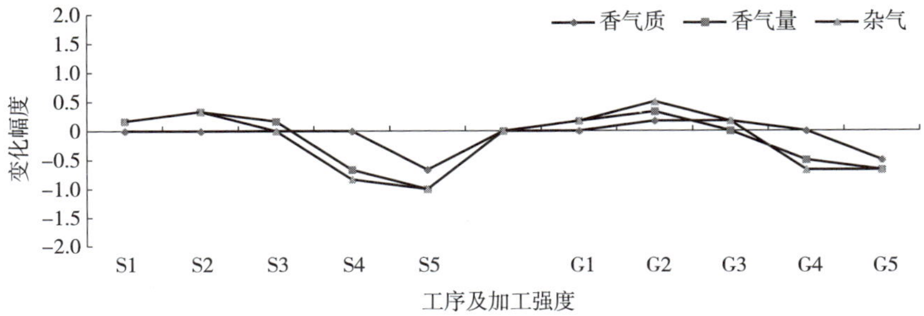

图 2-21　中南地区烟叶不同工序及加工强度香气特性变化趋势

加工强度范围内略有增加，在较高以上加工强度范围内下降明显；杂气得分在较低以下加工强度范围内略有增加，在较高以上加工强度范围内下降明显。

②滚筒干燥工序：香气质在较低到中等加工强度范围内略有提升，在高加工强度下有所下降；香气量在较低以下加工强度范围内略有增加，在较高以上加工强度范围内有所降低；杂气得分在中等以下加工强度范围内略有增加，在较高以上加工强度范围内有所降低。

（3）烟气特性　如图 2-22 所示，中南地区烟叶烟气特性变化较小，在中低加工强度细腻程度有所改善，在中高加工强度浓度和细腻程度呈现下降趋势。

①松散回潮工序：在较高以上加工强度范围内浓度和劲头略微减小；细腻程度在中等以下加工强度范围内略微改善。

②滚筒干燥工序：浓度在较低以上加工强度范围内略有下降；劲头在较高以上加工强度范围内略有下降；细腻程度在中等以下加工强度范围内略有改善，在高加工强度下略微下降。

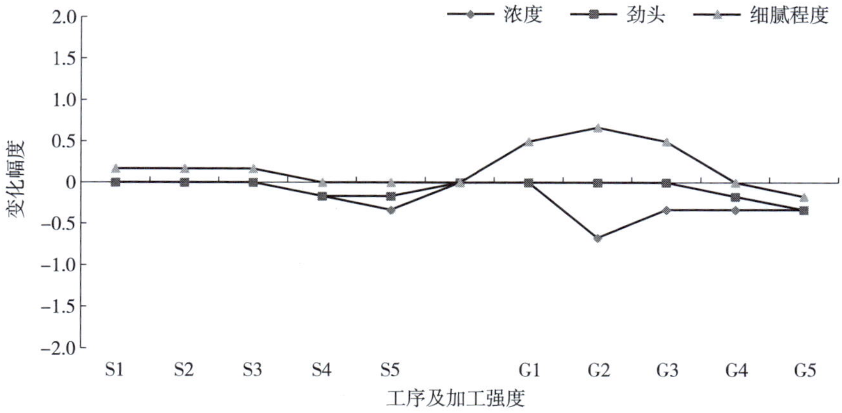

图 2-22　中南地区烟叶不同工序及加工强度烟气特性变化趋势

（4）口感特性　如图 2-23 所示，中南地区烟叶口感在较低加工强度下改善较为明显，在中高加工强度下呈现下降趋势。

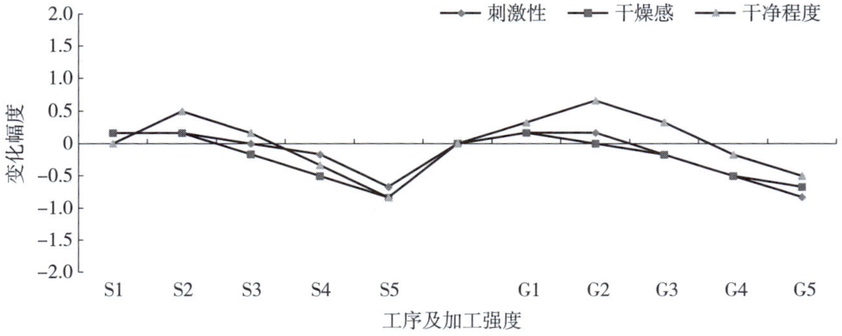

图 2-23　中南地区烟叶不同工序及加工强度口感特性变化趋势

①松散回潮工序：刺激性在较低加工强度下略有减小，在较高以上加工强度范围内略有增大；干燥感在较低以下加工强度范围内略有改善，在中等以上加工强度范围内呈增强趋势；干净程度在较低和中等加工强度下有所改善，在较高以上加工强度范围内下降。

②滚筒干燥工序：刺激性在低加工强度下略有减小，在中等以上加工强度范围内呈增大趋势；干燥感在中等以上加工强度范围内呈增强趋势；干净程度在中等以下加工强度范围内略有改善，在较高以上加工强度范围内下降。

5. 黄淮地区烟叶

（1）香气风格　黄淮地区烟叶香气风格变化如图 2-24 至图 2-26 所示。

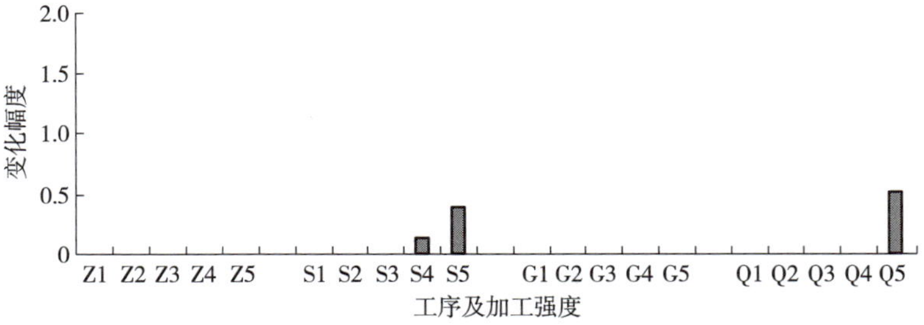

图 2-24　河南烟叶不同工序及加工强度香气风格变化趋势

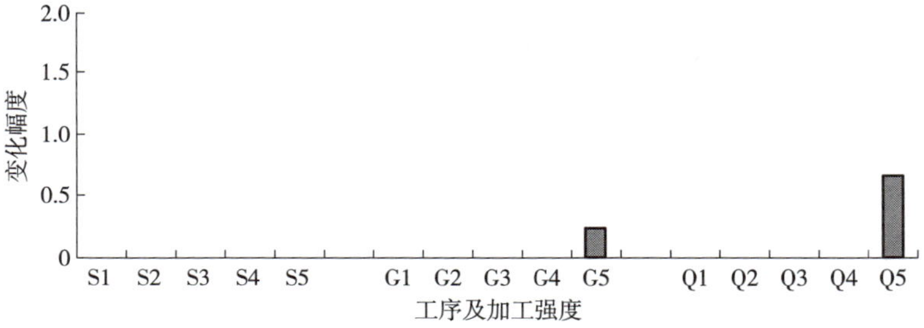

图 2-25　安徽烟叶不同工序及加工强度香气风格变化趋势

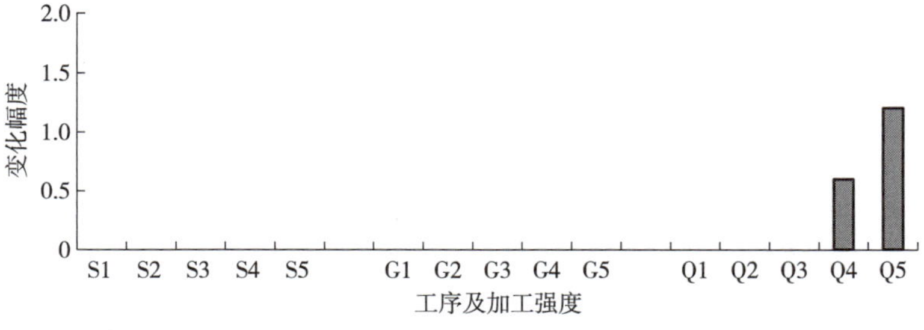

图 2-26　山东烟叶不同工序及加工强度香气风格变化趋势

河南烟叶香气风格基本没有变化，仅在松散回潮和气流干燥工序高加工强度下略有变化。安徽烟叶香气风格变化较小，松散回潮工序没有变化；在干燥工序的高加工强度下略有变化，其中气流干燥工序变化明显。山东烟叶香气风格变化较小，松散回潮和滚筒干燥工序香气风格没有变化；气流干燥工序的较高加工强度下有所变化。

（2）香气特性　黄淮地区烟叶香气特性变化如图 2-27 至图 2-29 所示。

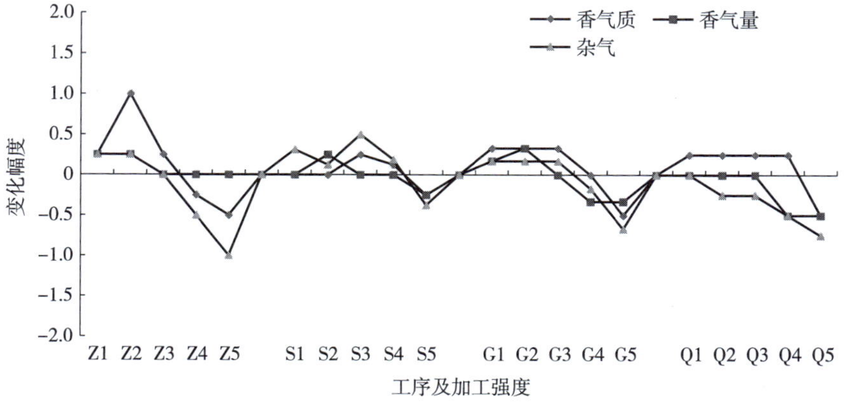

图 2-27　河南烟叶不同工序及加工强度香气特性变化趋势

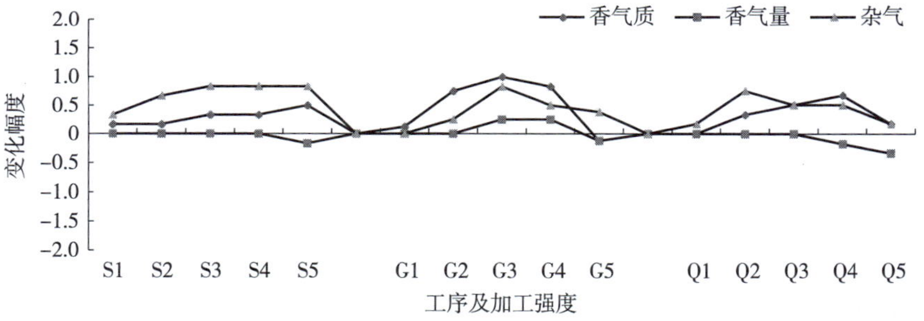

图 2-28　安徽烟叶不同工序及加工强度香气特性变化趋势

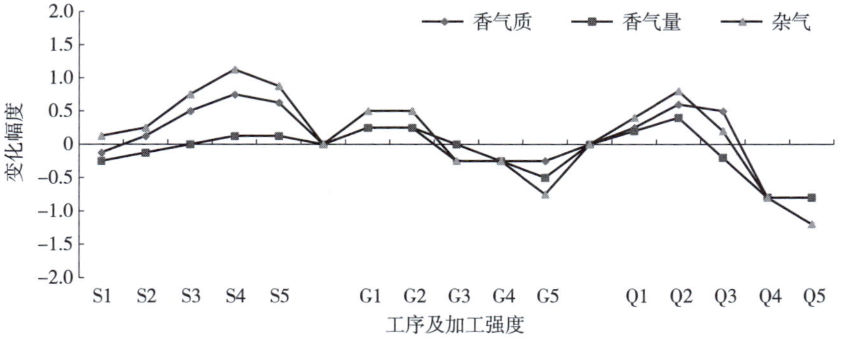

图 2-29　山东烟叶不同工序及加工强度香气特性变化趋势

河南烟叶香气特性变化较小，在真空回潮、松散回潮和滚筒干燥工序的中低加工强度下有所改善，而在高加工强度下香气特性略有下降；气流干燥工序烟叶的香气质略有改善，而香气量和杂气随加工强度增强呈下降趋势。安徽烟叶香气特性呈现改善趋势，在中等和较高加工强度下改善较为明显。山东烟叶香气特性在松散回潮工序呈改善趋势；在干燥工序的低或较低加工强度下有所改善，在中等以上加工强度下呈现明显下降趋势。

①真空回潮工序：河南烟叶香气质在中等以下加工强度范围内呈提升趋势，而在较高以上加工强度范围内呈下降趋势，香气量在较低以下加工强度范围内略有增加；杂气得分在较低以下加工强度范围内略有增加，在较高以上加工强度范围内呈下降趋势。

②松散回潮工序：河南烟叶香气质在中等到较高加工强度范围内略有提升，在高加工强度下略有下降；香气量在较低加工强度下略有增加，在高加工强度下略有下降；杂气得分在较高以下加工强度范围内有所增加，在高加工强度下略有下降。安徽烟叶香气质和杂气随加工强度增强呈改善趋势；香气量仅在高加工强度下略有下降。山东烟叶香气质在低加工强度下略有下降，在较低以上加工强度范围内呈提升趋势；香气量在较低以下加工强度范围内略有下降，在较高以上加工强度范围内微有增加；杂气得分在加工强度范围内随加工强度的增强呈增加趋势。

③滚筒干燥工序：河南烟叶香气质在中等以下加工强度范围内略有提升，在高加工强度下有所下降；香气量在较低以下加工强度范围内略有增加，在较高以上加工强度范围内呈下降趋势；杂气得分在中等以下加工强度范围内略有增加，在较高以上加工强度范围内呈下降趋势。安徽烟叶香气质在较高以下加工强度范围内呈提升趋势，在高加工强度下略有下降；香气量在中等到较高加工强度范围内略有增加，在高加工强度下略有下降；杂气得分在较低以上加工强度范围内有所增加。山东烟叶香气质在较低以下加工强度范围内略有提升，在中等以上加工强度范围内略有下降；香气量在较低以下加工强度范围内略有增加，在较高以上加工强度范围内略有下降；杂气得分在较低以下加工强度范围内略有增加，在中等以上加工强度范围内呈下降趋势。

④气流干燥工序：河南烟叶香气质在较高以下加工强度范围内略有提升；香气量在较高以上加工强度范围内略有下降；杂气得分在较低以上加工强度范围内呈下降趋势。安徽烟叶香气质在较高以上加工强度范围内有所提升；

香气量在较高以上加工强度范围内略有下降；杂气得分在加工强度范围内有所增加。山东烟叶香气质在中等以下加工强度范围内有所提升，在较高以上加工强度范围内下降明显；香气量在较低以下加工强度范围内有所增加，在中等以上加工强度范围内呈下降趋势；杂气得分在中等以下加工强度范围内有所增加，在较高以上加工强度范围内下降明显。

（3）烟气特性 黄淮地区烟叶烟气特性变化如图 2-30 至图 2-32 所示。

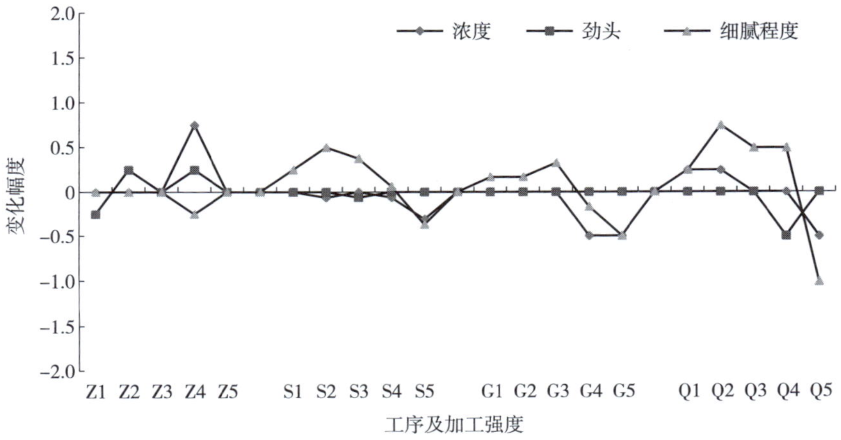

图 2-30 河南烟叶不同工序及加工强度烟气特性变化趋势

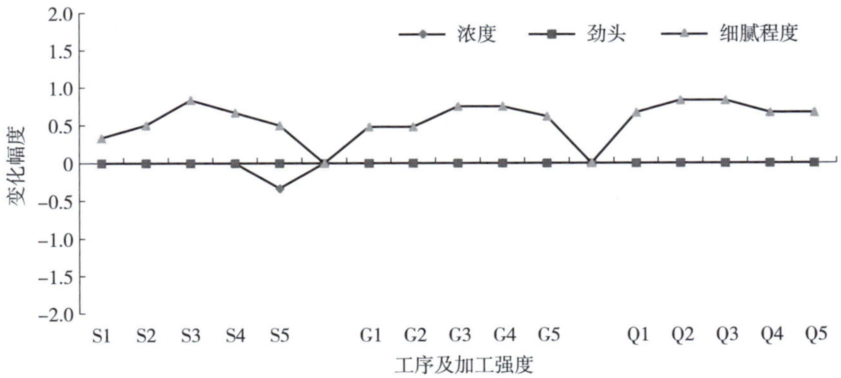

图 2-31 安徽烟叶不同工序及加工强度烟气特性变化趋势

河南烟叶烟气特性变化较小。真空回潮基本没有变化；松散回潮、滚筒干燥和气流干燥工序中较低加工强度浓度和细腻程度略有增加，高强度加工条件下浓度和细腻程度略有下降。安徽烟叶细腻程度呈现改善趋势，其中中

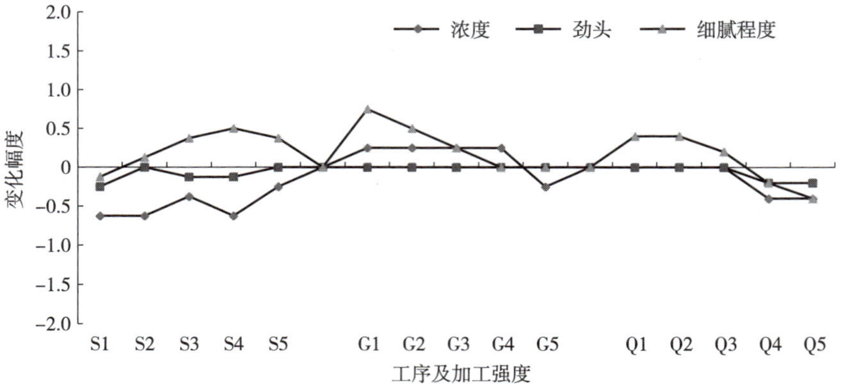

图 2-32　山东烟叶不同工序及加工强度烟气特性变化趋势

等以上加工强度细腻程度改善较为明显，浓度和劲头没有变化。山东烟叶烟气特性变化较小，松散回潮工序浓度呈现下降趋势，细腻程度在较高以上加工强度下有所改善；浓度和细腻程度在干燥工序的中低加工强度下有所增加，较高以上加工强度下呈现下降趋势。

①真空回潮工序：河南烟叶浓度在较高加工强度下有所增大；劲头在低加工强度下略微减小，在较低和较高加工强度下略微增大；细腻程度在较高加工强度下略微下降。

②松散回潮工序：河南烟叶细腻程度在中等以下加工强度范围内略有改善，在高加工强度下略有下降；浓度在高加工强度下略有下降；劲头没有变化。山东烟叶浓度在加工范围内略有下降；劲头在低、中等和较高加工强度下略微下降；细腻程度在低加工强度下略微下降，在较低以上加工强度范围内略有改善。

③滚筒干燥工序：河南烟叶浓度在较高以上加工强度范围内略有减小；细腻程度在中等以下加工强度范围内略有改善，在较高以上加工强度范围内略有下降；劲头没有变化。山东烟叶浓度在较高以下加工强度范围内略有增大，高加工强度下略有降低；细腻程度在中等以下加工强度范围内略有改善；劲头没有变化。

④气流干燥工序：河南烟叶浓度在较低以下加工强度范围内略有增大，在高加工强度下有所下降；细腻程度在较高以下加工强度范围内有所改善，其中在较低加工强度下改善明显，高加工强度下明显下降；劲头在较高加工强度下略有减小。山东烟叶细腻程度在中等以下加工强度范围内略有改善；

在较高以上加工强度范围内浓度、劲头和细腻程度均略有下降。

（4）口感特性 黄淮地区烟叶口感特性变化如图 2-33 至图 2-35 所示。

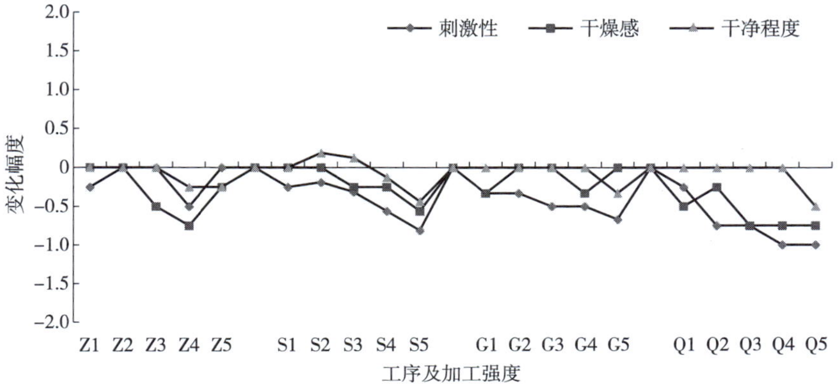

图 2-33 河南烟叶不同工序及加工强度口感特性变化趋势

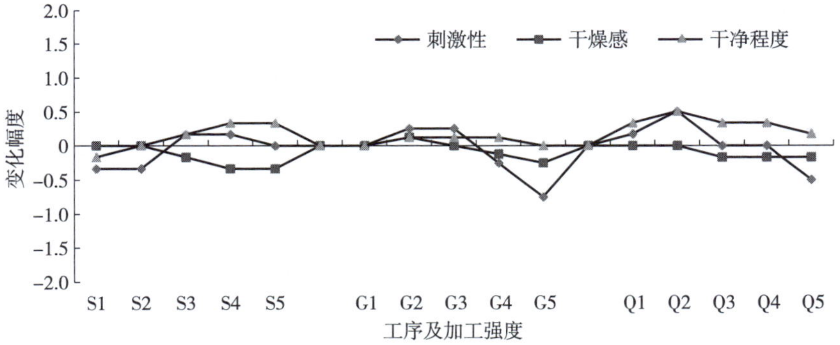

图 2-34 安徽烟叶不同工序及加工强度口感特性变化趋势

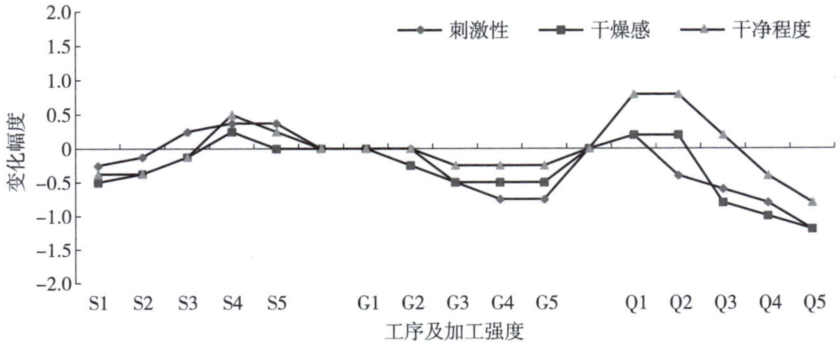

图 2-35 山东烟叶不同工序及加工强度口感特性变化趋势

河南烟叶口感特性在低加工强度略有下降，并随加工强度增强呈现下降趋势。安徽烟叶口感特性变化较小，松散回潮工序中高加工强度刺激性和干净程度略有改善，但干燥感略增强；干燥工序在低和较低加工强下度口感特性略有改善，中等以上加工强度下呈现下降趋势。山东烟叶口感特性在松散回潮工序的中低加工强度下变化不大，较高以上加工强度下呈改善趋势；干燥工序口感特性呈现下降趋势。

①真空回潮工序：河南烟叶刺激性在低和较高加工强度下略有增大；干燥感在中等以上加工强度范围内有所增强；干净程度在较高以上加工强度范围内略有下降。

②松散回潮工序：河南烟叶刺激性在加工强度范围内呈增大趋势；干燥感在中等以上加工强度范围内呈增强趋势；干净程度在较低和中等加工强度下略有改善，在较高和高加工强度下略有下降。安徽烟叶刺激性在较低以下加工强度范围内略有增大，在中等和较高加工强度下略有减小；干燥感在中等以上加工强度范围内略有增强；干净程度在低加工强度下略有下降，在中等以上加工强度范围内略有改善。山东烟叶刺激性在较低以下加工强度范围内略有增大，在中等以上加工强度范围内略有减小；干燥感在中等以下加工强度范围内略有增强，在较高加工强度下略有改善；干净程度在中等以下加工强度范围内略有下降，在较高以上加工强度范围内略有改善。

③滚筒干燥工序：河南烟叶刺激性在加工强度范围内呈增大趋势；干燥感在低和较高加工强度下略有增强；干净程度在高加工强度下略有下降。安徽烟叶刺激性在较低和中等加工强度下略有减小，在较高以上加工强度范围内略有增大；干燥感在较低加工强度下略有改善，在较高以上加工强度范围内略有增强；干净程度在较低到较高加工强度范围内略微改善。山东烟叶刺激性在中等以上加工强度范围内呈增大趋势；干燥感在较低以上加工强度范围内呈增强趋势；干净程度在中等以上加工强度范围内略有下降。

④气流干燥工序：河南烟叶在加工强度范围内刺激性呈增大趋势，干燥感呈增强趋势；干净程度在高加工强度下略有下降。安徽烟叶刺激性在较低以下加工强度范围内略有减小，在高加工强度下略有增大；干燥感在中等以上加工强度范围内略有增强；干净程度在加工强度范围内略有改善。山东烟

叶刺激性在低加工强度下略有减小，在较低以上加工强度范围内呈增大趋势；干燥感在较低以下加工强度范围内略有改善，在中等以上加工强度范围内呈增强趋势；干净程度在中等以下加工强度范围内有所改善，在较高以上加工强度范围内略有下降。

（二）我国主要产区烟叶在加工过程中的物理特性

1. 云贵地区烟叶

如图 2-36 至图 2-41 所示，松散回潮不同加工强度处理后，大中片率稍有增加，上中部烟叶碎片差异不大，下部烟叶碎片率呈降低趋势；滚筒干燥不同加工强度处理后，填充值呈增加的变化趋势，整丝率稍有降低；气流干燥处理后，填充值稍有降低，整丝率变化差异不大。

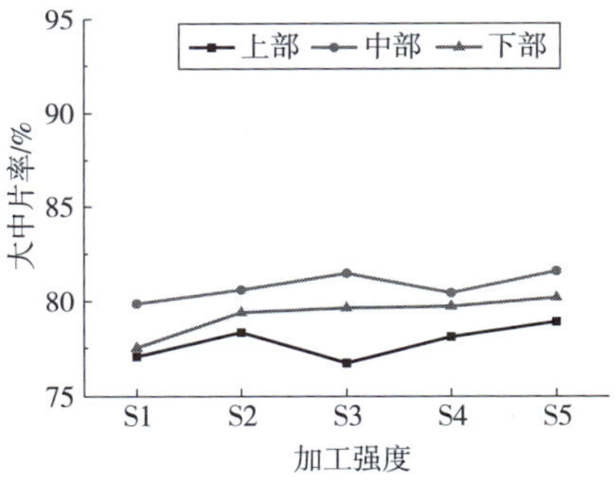

图 2-36　松散回潮大中片率变化趋势

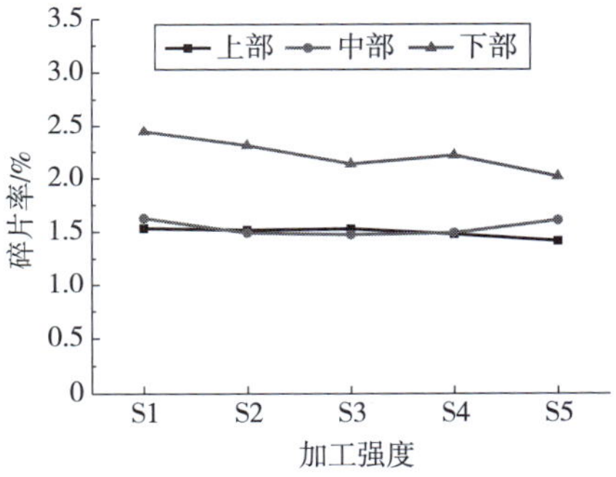

图 2-37　松散回潮碎片率变化趋势

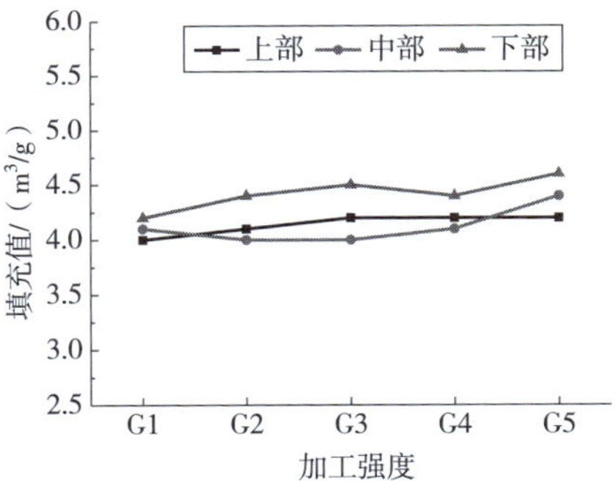

图 2-38　滚筒干燥填充值变化趋势

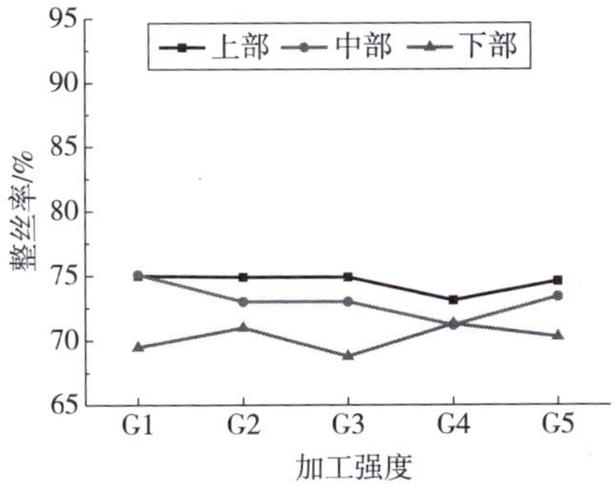

图 2-39　滚筒干燥整丝率变化趋势

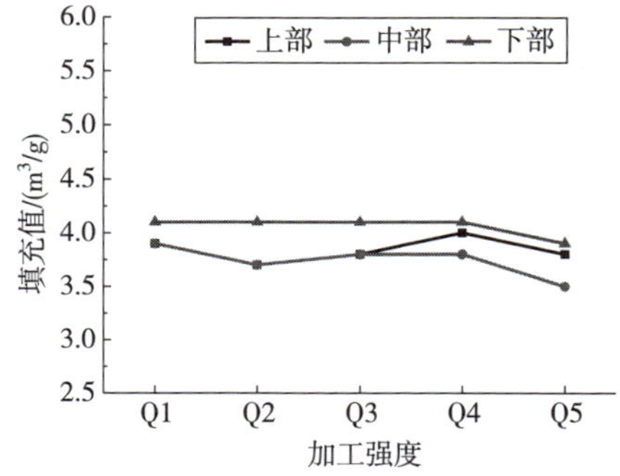

图 2-40　气流干燥填充值变化趋势

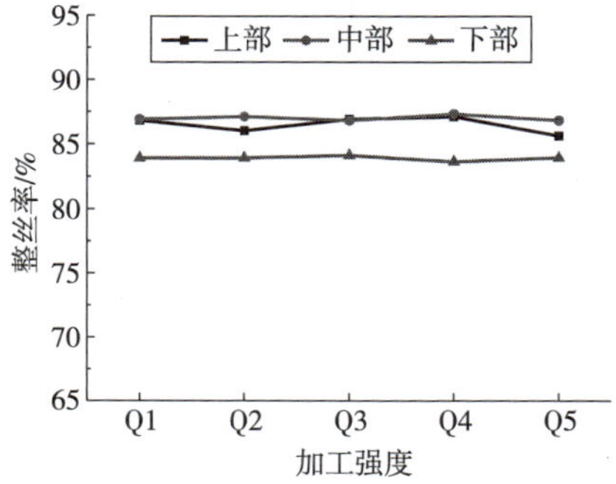

图 2-41　气流干燥整丝率变化趋势

2. 川渝地区烟叶

如图 2-42 至图 2-45 所示，松散回潮不同加工强度处理后，烟片结构无明显变化规律；滚筒干燥不同加工强度处理后，填充值呈增加的变化趋势，整丝率稍有降低。

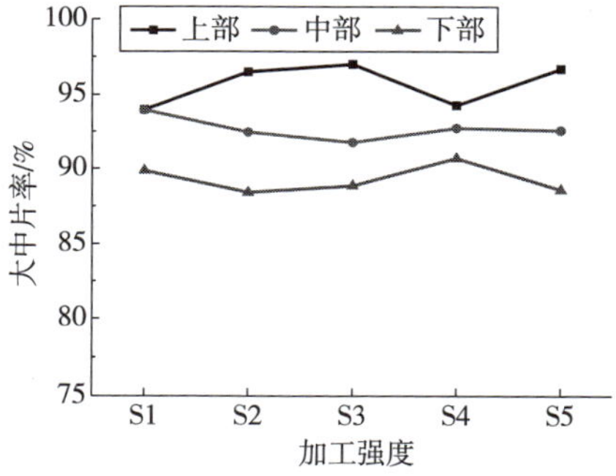

图 2-42　松散回潮大中片率变化趋势

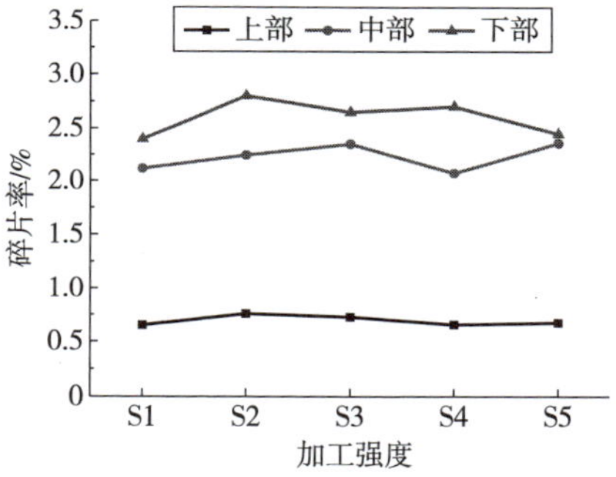

图 2-43　松散回潮碎片率变化趋势

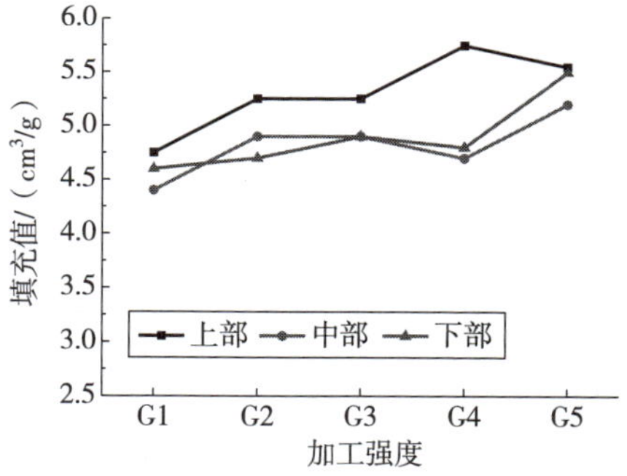

图 2-44　滚筒干燥填充值变化趋势

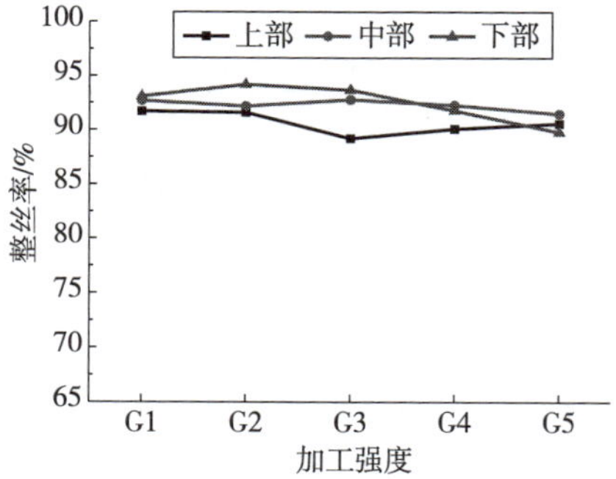

图 2-45　滚筒干燥整丝率变化趋势

3. 东南地区烟叶

如图 2-46、图 2-47 所示，松散回潮不同加工强度处理后，碎片率小且差异不大，上部大中片率呈先降后升的变化趋势，中下部烟叶大中片率呈降低的变化趋势。

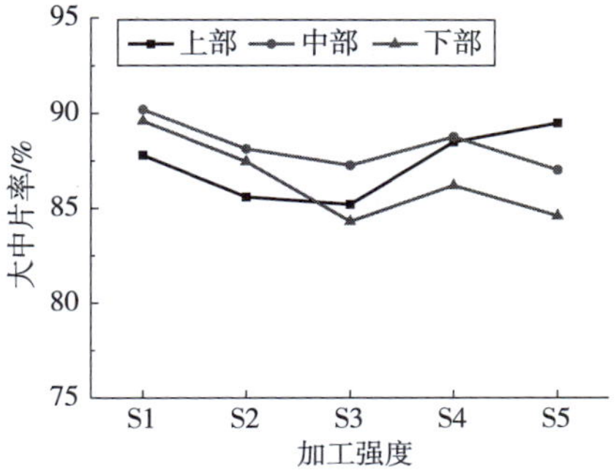

图 2-46　松散回潮大中片率变化趋势

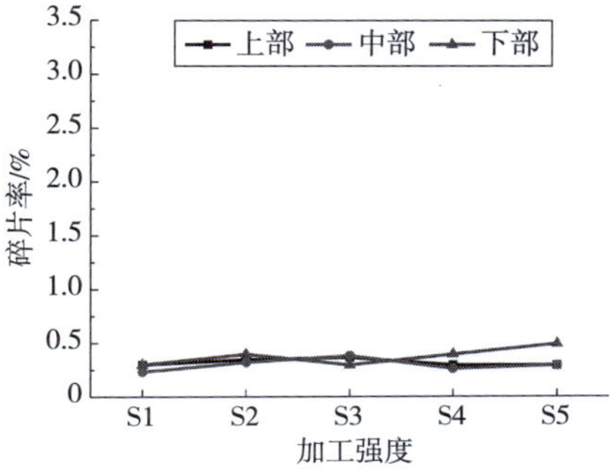

图 2-47　松散回潮碎片率变化趋势

4. 中南地区烟叶

如图 2-48 至图 2-51 所示，松散回潮不同加工强度处理后，大中片率稍有增加，碎片率呈降低趋势；滚筒干燥不同加工强度处理后，填充值呈增加的变化趋势，整丝率稍有降低。

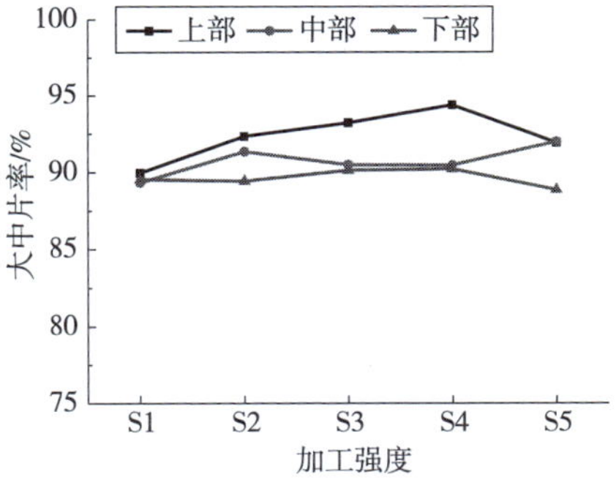

图 2-48　松散回潮大中片率变化趋势

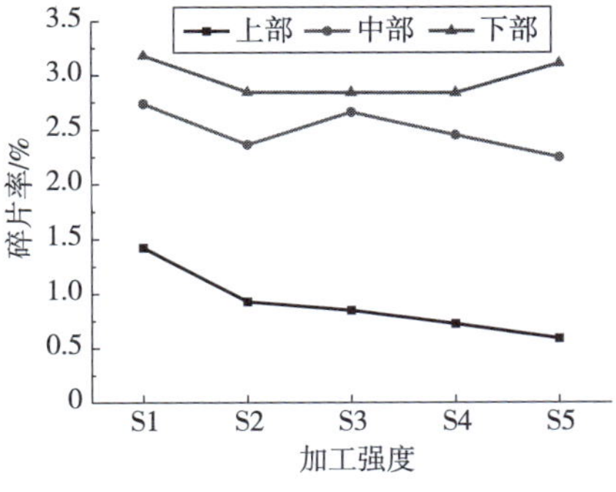

图 2-49　松散回潮碎片率变化趋势

5. 黄淮地区烟叶

如图 2-52 至图 2-57 所示，松散回潮不同加工强度处理后，大中片率变化不大，碎片率先增后降，下部烟叶碎片率呈降低趋势；滚筒干燥不同加工

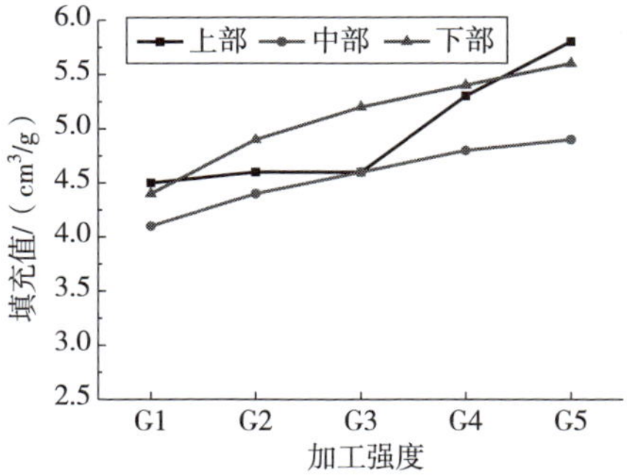

图 2-50　滚筒干燥填充值变化趋势

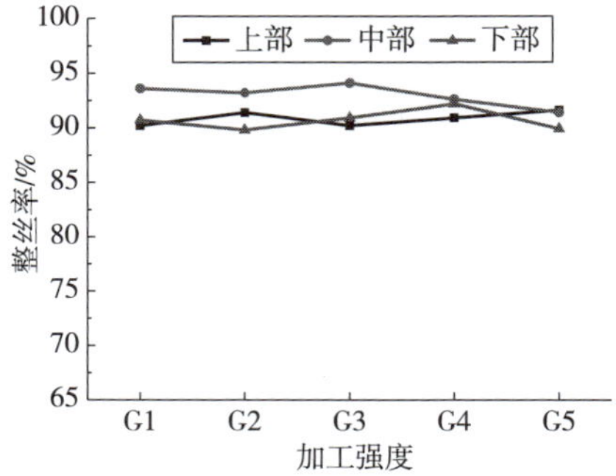

图 2-51　滚筒干燥整丝率变化趋势

强度处理后，填充值呈增加的变化趋势，整丝率稍有降低；气流干燥处理后，填充值呈增加的变化趋势，整丝率变化差异不大。

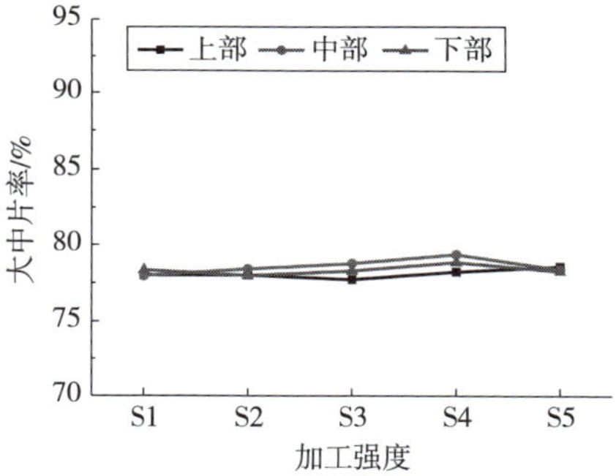

图 2-52　松散回潮大中片率变化趋势

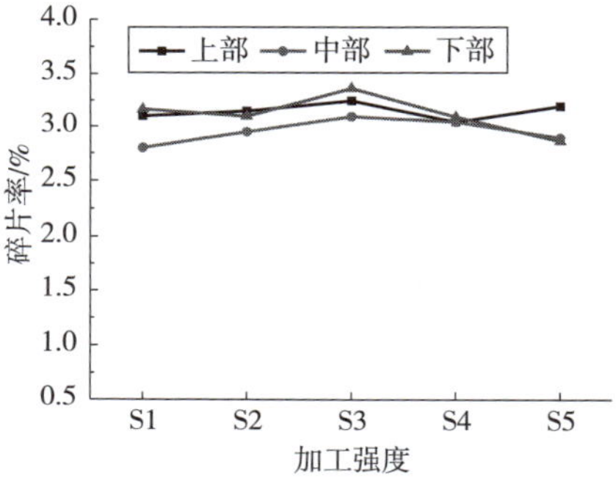

图 2-53　松散回潮碎片率变化趋势

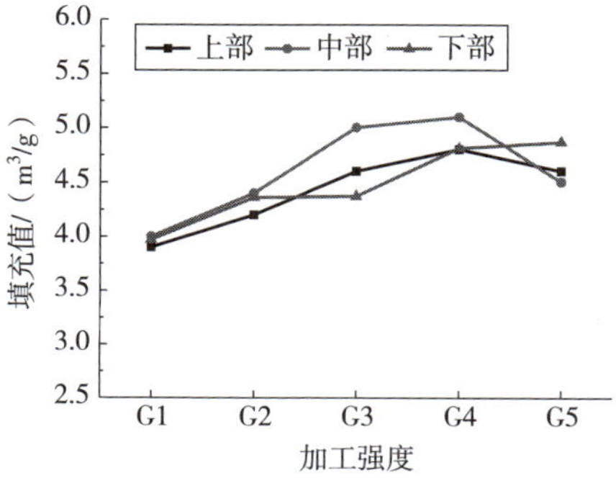

图 2-54　滚筒干燥填充值变化趋势

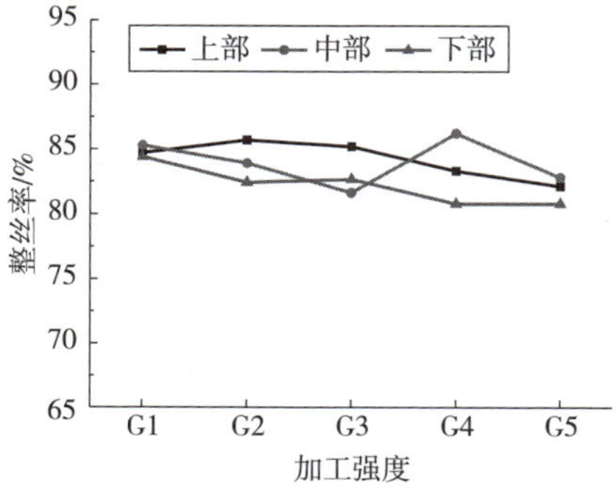

图 2-55　滚筒干燥整丝率变化趋势

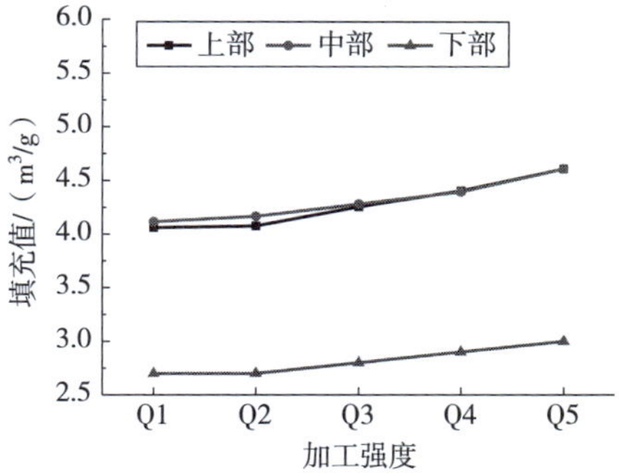

图 2-56　气流干燥填充值变化趋势

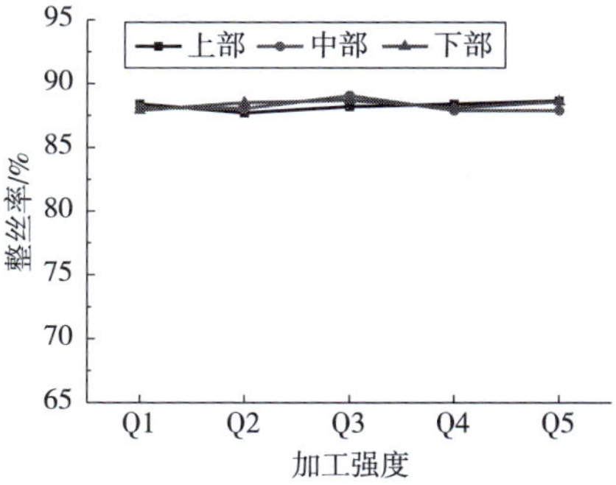

图 2-57　气流干燥整丝率变化趋势

（三）我国主要产区烟叶在加工过程中化学特性

不同产区、不同部位烤烟烟叶经过松散回潮、滚筒干燥、气流干燥工序处理后，化学成分含量变化趋势存在一定差异，无明显规律性。

1. 云贵地区烟叶

云贵地区烟叶不同工序处理后烟叶化学成分变化情况如表 2-1 所示。

表 2-1　　云贵地区烟叶不同工序处理后化学成分变化

工序	省份	部位	还原糖	挥发酸	总糖	总氮	氨态氮
松散回潮	云南	上部	↑	↑	↑	↑	↑
		中部	↑	↑	↑	↑	↑
		下部	↑	↑	↑	↑	↑
滚筒干燥	云南	上部	↓	↓	↓	↓	↓
		中部	↓	↓	↓	↓	↑
		下部	↓	↓	↑	↓	↑
气流干燥	云南	上部	↓	↓	↓	↓	↑
		中部	↑	↑	↑	↑	↓
		下部	↓	↑	↓	↑	↑

注：↑上升；↓下降。

（1）松散回潮　云南不同部位烟叶还原糖、总糖、总氮、挥发酸和氨态氮含量均呈上升趋势。

（2）滚筒干燥　云南烤烟烟叶除中部氨态氮、下部总糖和氨态氮含量呈上升趋势外，其他指标均呈下降趋势。

（3）气流干燥　云南上部烤烟烟叶除氨态氮含量上升外，其他指标均呈下降趋势；云南中部烤烟烟叶除氨态氮含量下降外，其余指标均呈上升趋势；云南下部烤烟烟叶除还原糖和总糖含量呈上升趋势外，其他指标均呈下降趋势。

2. 川渝地区烟叶

川渝地区烟叶不同工序处理后烟叶化学成分变化情况如表 2-2 所示。

表 2-2　　川渝地区烟叶不同工序处理后化学成分变化

工序	省份	部位	还原糖	挥发酸	总糖	总氮	氨态氮
松散回潮	川渝	上部	↑	↑	↑	↓	↓
		中部	↑	↑	↑	↓	↑
		下部	↑	↑	↓	↑	↓
滚筒干燥	川渝	上部	↓	↓	↑	↓	↑
		中部	↓	↓	↓	↓	↓
		下部	↑	↓	↑	↑	↓

注：↑上升；↓下降。

（1）松散回潮　川渝烤烟烟叶除上部总氮和氨态氮、中部总氮、下部总糖和氨态氮含量呈下降趋势外，其他指标均呈上升趋势。

（2）滚筒干燥　川渝上部烤烟烟叶除总糖和氨态氮含量上升外，其他指标均呈下降趋势；川渝中部烤烟烟叶的化学成分各指标均呈下降趋势；川渝下部烤烟烟叶除挥发酸和氨态氮含量呈下降趋势外，其他指标呈上升趋势。

3. 东南地区烟叶

东南地区烟叶不同工序处理后烟叶化学成分变化情况如表 2-3 所示。

表 2-3　　东南地区烟叶不同工序处理后化学成分变化

工序	省份	部位	还原糖	挥发酸	总糖	总氮	氨态氮
松散回潮	福建	上部	↑	↑	↑	↑	↓
		中部	↑	↓	↑	↓	↑
		下部	↑	↑	↑	↓	↑

注：↑上升；↓下降。

松散回潮处理后，中南地区福建烤烟烟叶除上部氨态氮、中部挥发酸和总氮、下部总氮含量呈下降趋势外，其他指标均呈上升趋势。

4. 中南地区烟叶

中南地区烟叶不同工序处理后烟叶化学成分变化情况如表 2-4 所示。

（1）松散回潮　湖南烟叶除上部总氮和氨态氮、下部氨态氮含量呈上升趋势外，其他指标均呈下降趋势。

（2）滚筒干燥　湖南上部烟叶除还原糖和总糖含量上升外，其他指标均呈下降趋势；湖南中部烤烟烟叶除挥发酸和总糖含量下降外，其他指标均呈上升趋势；湖南下部烤烟烟叶除挥发酸和氨态氮含量呈下降趋势外，其他指标均呈上升趋势。

表 2-4　　中南地区烟叶不同工序处理后化学成分变化

工序	省份	部位	还原糖	挥发酸	总糖	总氮	氨态氮
松散回潮	湖南	上部	↓	↓	↓	↑	↑
		中部	↓	↓	↓	↓	↓
		下部	↓	↓	↓	↓	↑
滚筒干燥	湖南	上部	↑	↓	↑	↓	↓
		中部	↑	↓	↓	↑	↑
		下部	↑	↓	↑	↑	↓

注：↑上升；↓下降。

5. 黄淮地区烟叶

黄淮地区烟叶不同工序处理后烟叶化学成分变化情况如表 2-5 所示。

（1）松散回潮　河南上部和中部烟叶总氮和氨态氮含量呈上升趋势，其他指标呈下降趋势；下部总氮含量呈下降趋势，其他指标均呈上升趋势；山东烟叶除上部总糖和还原糖、中部挥发酸和氨态氮、下部挥发酸含量呈下降趋势外，其他指标均呈上升趋势。

（2）滚筒干燥　河南烟叶除上部总氮和氨态氮，中部挥发酸、总糖和氨态氮和下部挥发酸、总糖和总氮含量呈下降趋势外，其他指标呈上升趋势；安徽烟叶除上部总糖和氨态氮、中部总氮和氨态氮含量呈上升趋势外，其他指标均呈下降趋势；山东烟叶除中部总氮含量呈下降趋势外，其他指标均呈上升趋势。

（3）气流干燥　山东上部烤烟烟叶除还原糖和总糖含量呈上升趋势外，其他指标均呈下降趋势；山东中部烤烟烟叶除总氮和氨态氮含量上升外，其他指标均呈下降趋势；山东下部烤烟烟叶除挥发酸和氨态氮含量呈下降趋势外，其他指标均呈上升趋势。

表 2-5　黄淮地区烟叶不同工序处理后化学成分变化

工序	省份	部位	还原糖	挥发酸	总糖	总氮	氨态氮
松散回潮	河南	上部	↓	↓	↓	↑	↑
		中部	↓	↓	↓	↑	↑
		下部	↑	↑	↑	↓	↑
	山东	上部	↓	↓	↓	↑	↑
		中部	↑	↓	↑	↑	↓
		下部	↑	↓	↑	↑	↑
滚筒干燥	河南	上部	↑	↑	↑	↓	↓
		中部	↑	↓	↓	↑	↓
		下部	↑	↓	↓	↓	↑
	安徽	上部	↓	↓	↑	↓	↑
		中部	↓	↓	↓	↑	↑
	山东	上部	↑	↑	↑	↑	↑
		中部	↑	↑	↑	↓	↑
气流干燥	山东	上部	↑	↓	↑	↓	↓
		中部	↓	↓	↓	↑	↑
		下部	↑	↓	↑	↑	↓

注：↑上升；↓下降。

第二节　关键工序试验

采用单因素的试验方法，对松散回潮、润叶加料、滚筒烘丝工序加工物理质量和感官质量的影响因素进行研究分析，为产品工艺加工控制提供基础。

一、松散回潮试验

（一）试验方法

采用单因素试验方法，根据调研及现有控制模式选择松散回潮机的试验因素为：筒体转速、蒸汽喷射比例、排潮风门开度、热风温度、热风风机频率。各因素及其水平取值如表 2-6 所示。

表 2-6　　松散回潮试验因素及水平

因素	水平					
	1	2	3	4	5	6
筒体转速/(r/min)	5.0	6.0	7.0	8.0	9.0	10.0
蒸汽喷射比例/%	4.0	5.0	6.0	7.0	8.0	9.0
排潮风门开度/%	40	50	60	70	80	90
热风温度/℃	100	110	120	130	140	150
热风风机频率/Hz	10	20	30	35	40	45

注：试验时，其他非试验参数固定不变。

（二）物理质量分析

1. 筒体转速对松散回潮物理质量的影响

筒体转速对松散回潮物理质量影响的试验结果如表 2-7 和图 2-58 所示。

表 2-7　　试验测试结果（筒体转速）

技术条件	SS11	SS12	SS13	SS14	SS15	SS16
物料流量/(kg/h)	500	500	500	500	500	500
供汽压力/MPa	1.10	1.09	1.11	1.11	1.10	1.08
加水流量/(L/h)	75	83	87	77	84	88
加湿蒸汽压力/MPa	0.32	0.34	0.34	0.34	0.32	0.33
喷嘴压力/MPa	0.26	0.25	0.26	0.26	0.26	0.25
热风温度/℃	125.6	125.5	125.1	125.0	125.3	125.0
热风风机频率/Hz	10	10	10	10	10	10

续表

技术条件	SS11	SS12	SS13	SS14	SS15	SS16
回风温度/℃	69.5	69.8	70.7	69.1	69.0	69.0
筒体转速/(r/min)	5.0	6.0	7.0	8.0	9.0	10.0
排潮风门开度/%	80	80	80	80	80	80
出口物料温度/℃	64.6	64.0	63.8	63.6	63.7	63.5
出口物料含水率/%	16.83	16.78	16.79	16.56	16.48	16.51

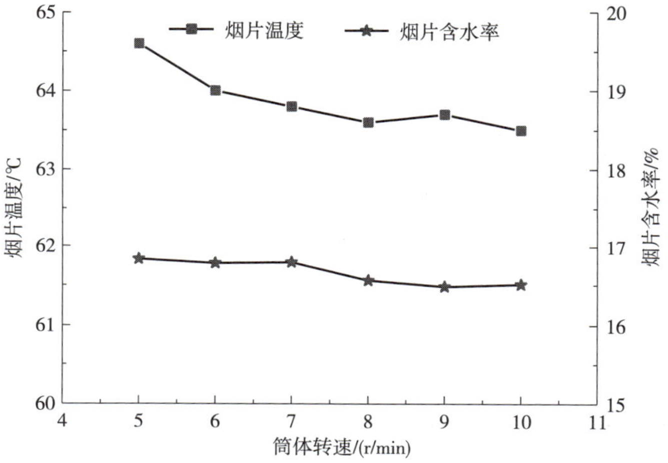

图 2-58　筒体转速对出口烟片温度和含水率的影响

从图 2-58 可以看出：①随着筒体转速的增加，出口物料温度有下降的趋势；②筒体转速的变化对回潮后物料含水率影响不大。

2. 蒸汽喷射比例对松散回潮物理质量的影响

蒸汽喷射比例对松散回潮物理质量影响的试验结果如表 2-8 和图 2-59 所示。

表 2-8　试验测试结果（加湿蒸汽开度）

技术条件	SS21	SS22	SS23	SS24	SS25	SS26
物料流量/(kg/h)	500	500	500	500	500	500
供汽压力/MPa	1.10	1.09	1.11	1.11	1.10	1.08

续表

技术条件	SS21	SS22	SS23	SS24	SS25	SS26
加水流量/(L/h)	38	36	36	39	38	38
蒸汽喷射比例/%	4.0	5.0	6.0	7.0	8.0	9.0
喷嘴压力/MPa	0.25	0.25	0.25	0.25	0.25	0.25
热风温度/℃	125.6	125.5	125.1	125.0	125.3	125.0
热风风机频率/Hz	10	10	10	10	10	10
回风温度/℃	60.4	62.1	65.6	68.9	71.3	73.5
筒体转速/(r/min)	7.8	7.8	7.8	7.8	7.8	7.8
排潮风门开度/%	80	80	80	80	80	80
出口物料温度/℃	52.0	54.0	56.0	58.0	62.0	68.0
出口物料含水率/%	15.6	16.0	16.2	16.7	17.3	17.8

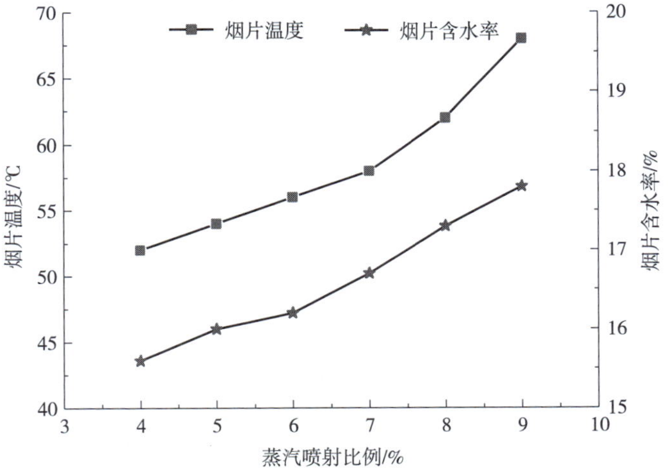

图 2-59 蒸汽喷射比例对出口烟片温度和含水率的影响

由图 2-59 可以看出，随着蒸汽喷射比例的增加，回潮后烟叶的含水率和温度均逐步增加。

3. 排潮风门开度对松散回潮物理质量的影响

排潮风门开度对松散回潮物理质量影响的试验结果如表 2-9 和图 2-60 所示。

表 2-9　　试验测试结果（排潮风门开度）

技术条件	SS31	SS32	SS33	SS34	SS35	SS36
物料流量/(kg/h)	500	500	500	500	500	500
供汽压力/MPa	1.10	1.09	1.11	1.11	1.10	1.08
加水流量/(L/h)	19	18	19	19	18	18
蒸汽喷射比例/%	0.70	0.70	0.70	0.70	0.70	0.70
喷嘴压力/MPa	0.25	0.25	0.26	0.25	0.26	0.25
热风温度/℃	124.9	125.2	125.1	125.0	125.1	125.0
热风风机频率/Hz	10	10	10	10	10	10
回风温度/℃	69.0	69.1	68.7	69.2	69.2	69.0
筒体转速/(r/min)	7.8	7.8	7.8	7.8	7.8	7.8
排潮风门开度/%	41.5	51.3	61.4	71.4	78.6	88.6
出口物料温度/℃	62.5	62.2	62.0	62.5	62.2	63.0
出口物料含水率/%	16.1	16.0	15.9	15.8	16.0	16.0

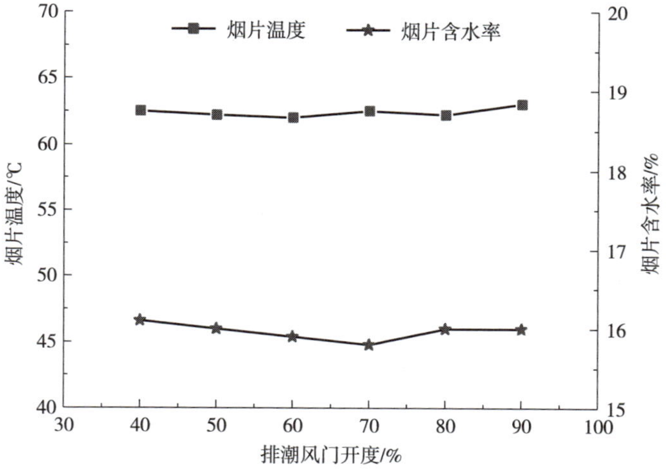

图 2-60　排潮风门开度对出口烟片温度和含水率的影响

由图 2-60 可以看出，松散回潮排潮风门开度对回潮后物料含水率和温度的影响趋势不明显。

4. 热风温度对松散回潮物理质量的影响

热风温度对松散回潮物理质量影响的试验结果如表2-10和图2-61所示。

表2-10　　试验测试结果（热风温度）

技术条件	SS41	SS42	SS43	SS44	SS45	SS46
物料流量/(kg/h)	500	500	500	500	500	500
供汽压力/MPa	1.10	1.09	1.11	1.11	1.10	1.08
加水流量/(L/h)	19	18	19	19	18	18
蒸汽喷射比例/%	0.70	0.70	0.70	0.70	0.70	0.70
喷嘴压力/MPa	0.25	0.25	0.26	0.25	0.26	0.25
热风温度/℃	101.2	111.0	122.0	130	141.0	146.6
热风风机频率/Hz	10	10	10	10	10	10
回风温度/℃	69.0	69.1	68.7	69.2	69.2	69.0
筒体转速/(r/min)	7.8	7.8	7.8	7.8	7.8	7.8
排潮风门开度/%	80	80	80	80	80	80
循环风门开度/%	20	20	20	20	20	20
出口物料温度/℃	61.8	62.2	62.8	63.1	63.1	63.2
出口物料含水率/%	15.9	15.9	16.0	15.9	15.9	15.8

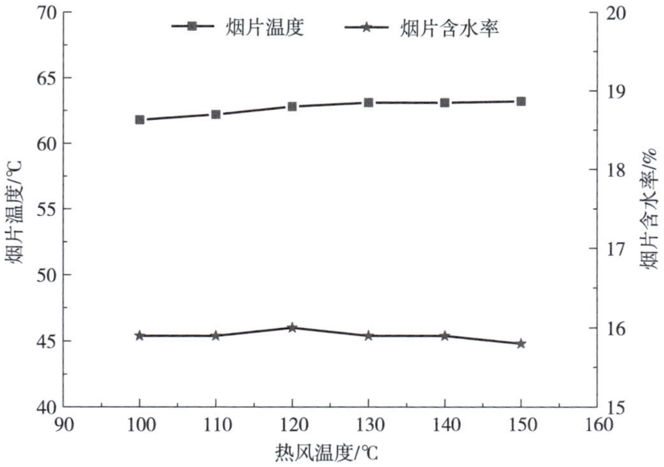

图2-61　热风温度对出口烟片温度和含水率的影响

由图 2-61 可以看出，①松散回潮热风温度的变化对回潮后烟叶含水率影响不大；②随着松散回潮热风温度的增加，回潮后烟片温度逐渐增加。

5. 热风风量对松散回潮物理质量的影响

热风风量对松散回潮物理质量影响的试验结果如表 2-11 和图 2-62 所示。

表 2-11　　试验测试结果（热风风量）

技术条件	SS41	SS42	SS43	SS44	SS45	SS46
物料流量/(kg/h)	500	500	500	500	500	500
供汽压力/MPa	1. 10	1. 09	1. 11	1. 11	1. 10	1. 08
加水流量/(L/h)	19	18	19	19	18	18
加湿蒸汽压力/MPa	0. 70	0. 70	0. 70	0. 70	0. 70	0. 70
喷嘴压力/MPa	0. 25	0. 25	0. 26	0. 25	0. 26	0. 25
热风温度/℃	101. 2	111. 0	122. 0	130	141. 0	146. 6
热风风机频率/Hz	10	20	30	35	40	45
回风温度/℃	69. 1	68. 9	69. 1	69. 5	69. 3	68. 9
筒体转速/(r/min)	30	30	30	30	30	30
排潮风门开度/%	80	80	80	80	80	80
循环风门开度/%	20	20	20	20	20	20
出口物料温度/℃	64. 0	64. 2	64. 4	63. 8	64. 1	64. 6
出口物料含水率/%	16. 9	16. 6	16. 3	16. 6	16. 7	16. 6

由图 2-62 可以看出，松散回潮热风风量对回潮后烟片含水率和温度的影响不大且无规律。

（三）感官质量分析

采用跟踪取样的方法，在参数调整和加工质量稳定后大约 10min 取样，保证所取样品为调整参数条件下的产品。每个参数条件下所取样品烟丝大约 10kg。

样品评吸时与正常工艺状况下加工的对应物料进行对比分析，评价指标包括卷烟的香气特性、烟气特性及口感特性 3 个方面。其中香气特性包括香

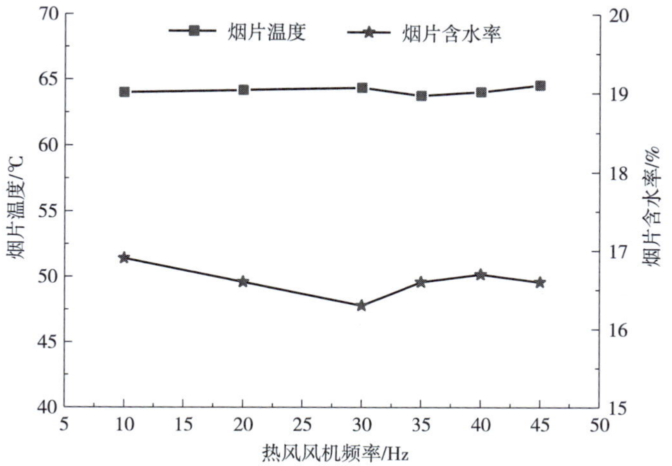

图 2-62　热风风量对出口烟片温度和含水率的影响

气量、香气质、杂气、丰满程度；烟气特性包括浓度、劲头、成团性及细腻程度；口感特性包括刺激性、干燥感、干净程度、甜度。每个项目按 2、4、6、8、10 五个档次评分，正常生产参数的样品定为 6 分，共 72 分。每个项目得分计算平均值，根据评吸结果，对有影响的项目进行分析。

1. 筒体转速对松散回潮感官质量的影响

与对照样比较，不同筒体转速卷烟感官质量变化如图 2-63 至图 2-66 所示。

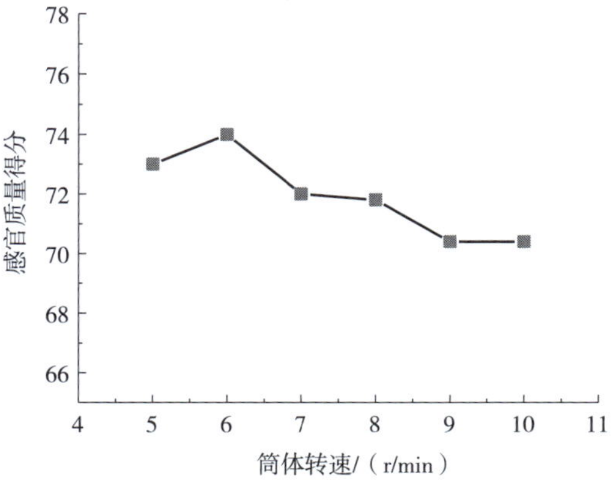

图 2-63　筒体转速对卷烟感官质量的影响

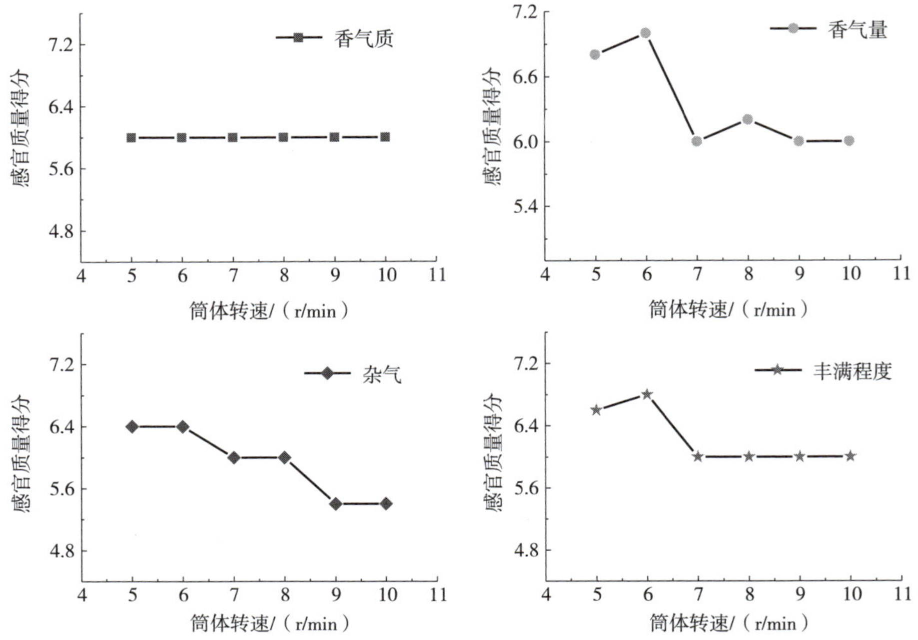

图 2-64　筒体转速对卷烟香气特性的影响

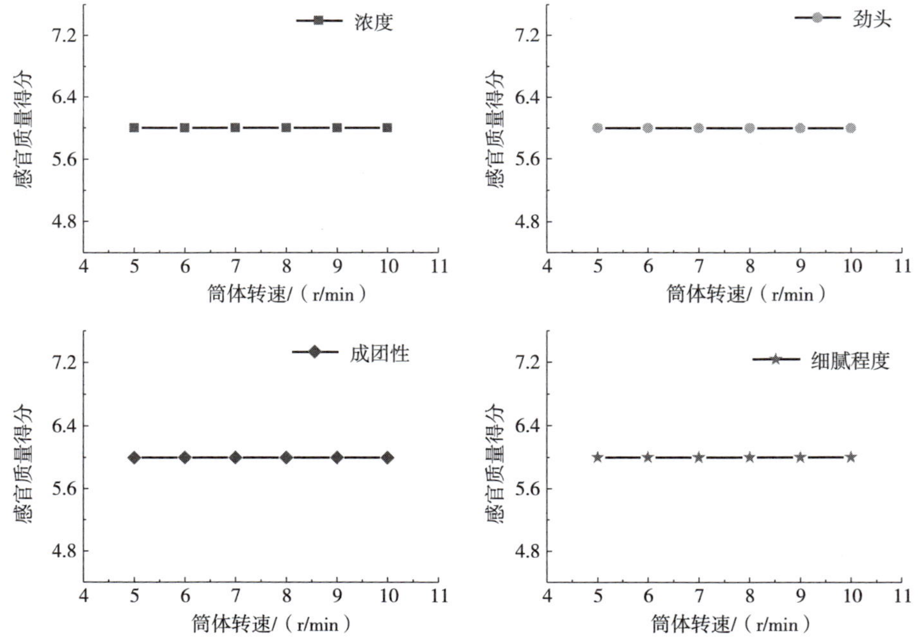

图 2-65　筒体转速对卷烟烟气特性的影响

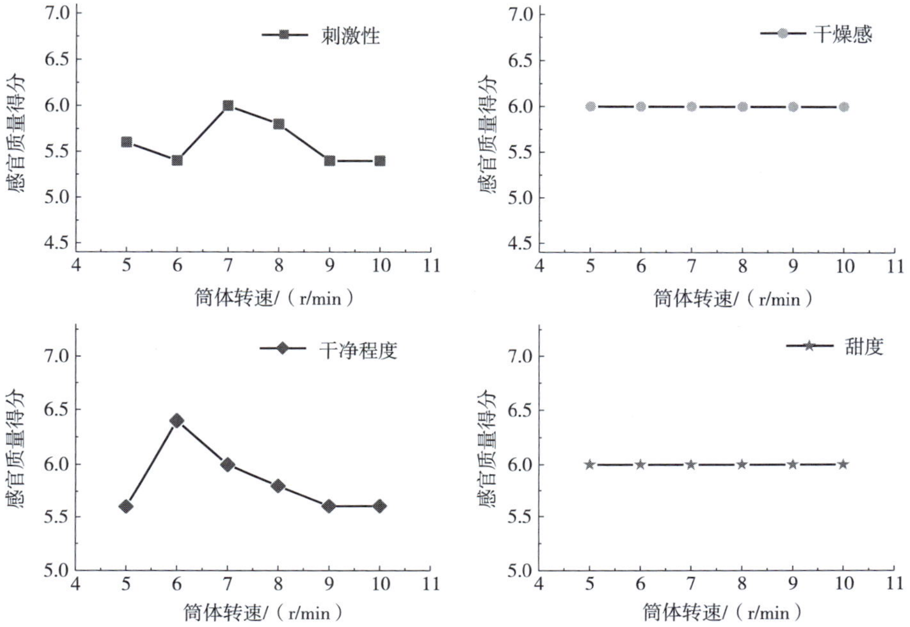

图 2-66　筒体转速对卷烟口感特性的影响

由图 2-63 至图 2-66 可以看出：（1）松散回潮筒体转速对卷烟感官质量影响明显。筒体转速在 5～10r/min 变化时，感官质量得分在 70.4～74 分，感官质量得分分差为 3.6 分，变化较大。较低的筒体转速有利于感官质量的提高，筒体转速在 6r/min 左右时，卷烟的感官质量得分较高。（2）不同的筒体转速对香气量、丰满程度、杂气、刺激性、干净程度等指标有影响，在试验参数范围内，较低的筒体转速有利于卷烟香气量、丰满程度、干净程度的提高和卷烟杂气的降低；较低的筒体转速有利于刺激性的改善。

2. 蒸汽喷射比例对松散回潮感官质量的影响

与对照样比较，不同蒸汽喷射比例下卷烟感官质量变化如图 2-67 至图 2-70 所示。

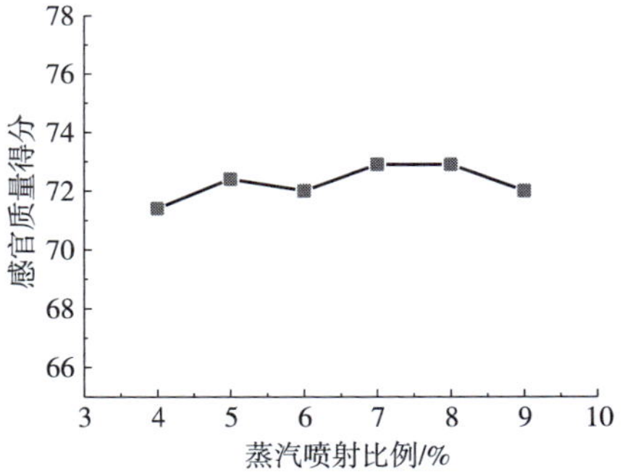

图 2-67　蒸汽喷射比例对卷烟感官质量的影响

由图 2-67 至图 2-70 可以看出：（1）蒸汽喷射比例对感官质

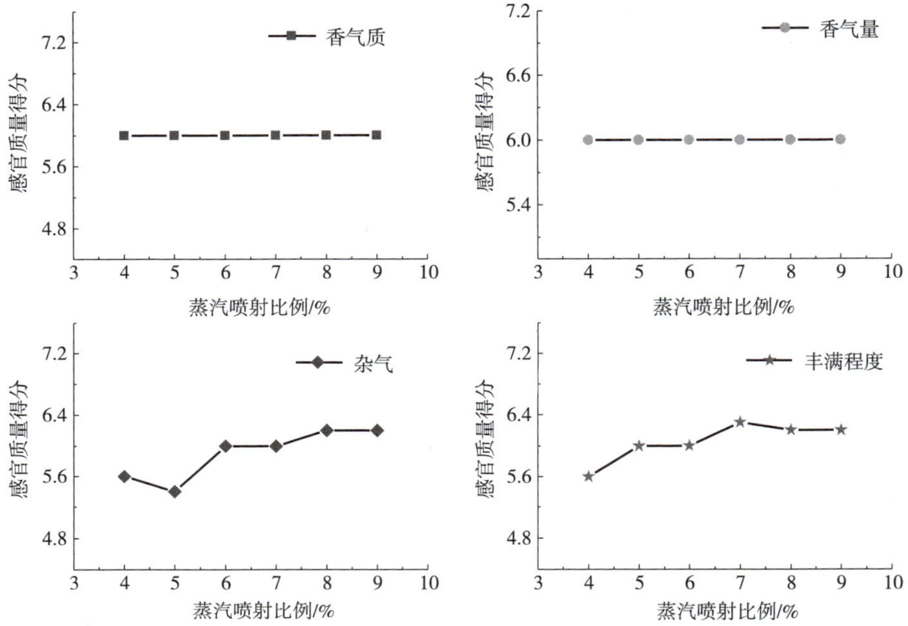

图 2-68　蒸汽喷射比例对卷烟香气特性的影响

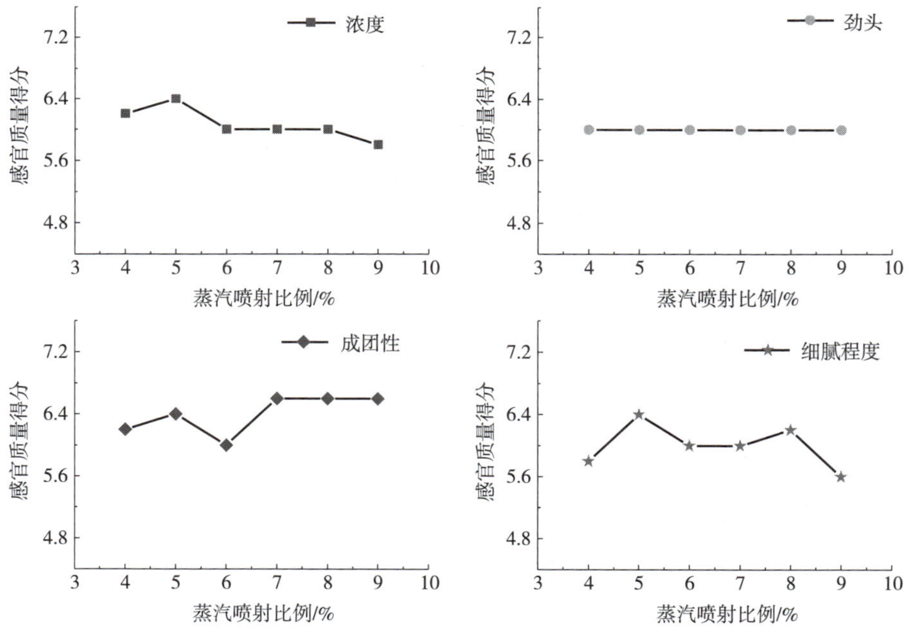

图 2-69　蒸汽喷射比例对卷烟烟气特性的影响

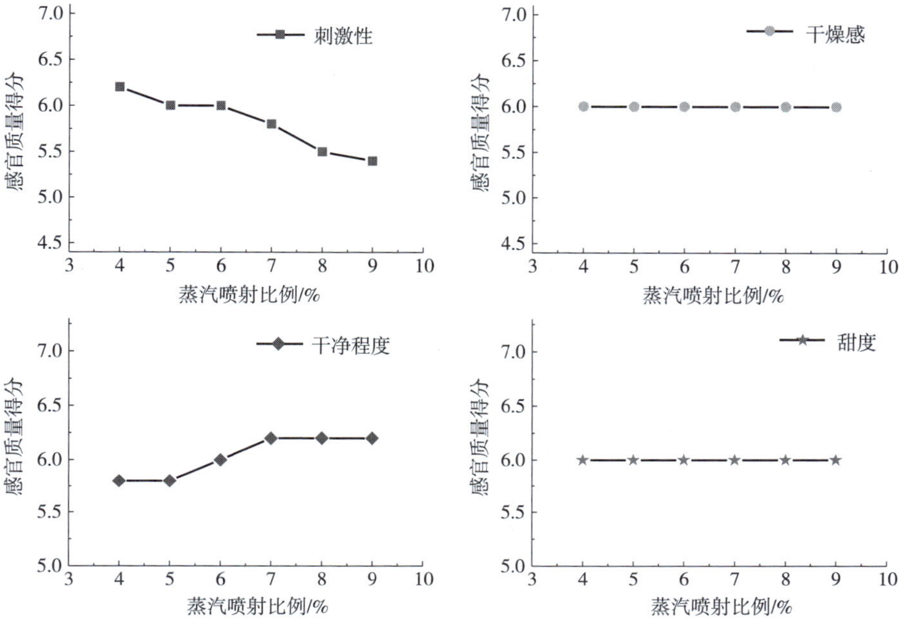

图 2-70　蒸汽喷射比例对卷烟口感特性的影响

量的影响较大。松散回潮蒸汽喷射比例在 4%~9%变化时，感官质量得分为 71.4~72.9 分，感官质量得分分差为 1.5 分，比例在 7%~9%变化时，感官质量得分为 72~72.9 分，影响较小。（2）不同的蒸汽喷射比例对丰满程度、杂气、细腻程度、刺激性、干净程度、浓度、成团性 7 个指标有影响，在试验数据范围内，较高的蒸汽喷射比例有利于卷烟丰满程度、干净程度的改善，有利于卷烟杂气的降低；较低的加湿蒸汽开度，卷烟的成团性较好，有利于卷烟刺激性的降低；过高过低的蒸汽喷射比例对细腻程度都有不利的影响；蒸汽喷射比例对浓度有影响，但效果不明显。

3. 排潮风门开度对松散回潮感官质量的影响

与对照样比较，排潮风门开度对卷烟感官质量的影响如图 2-71 至图 2-74 所示。

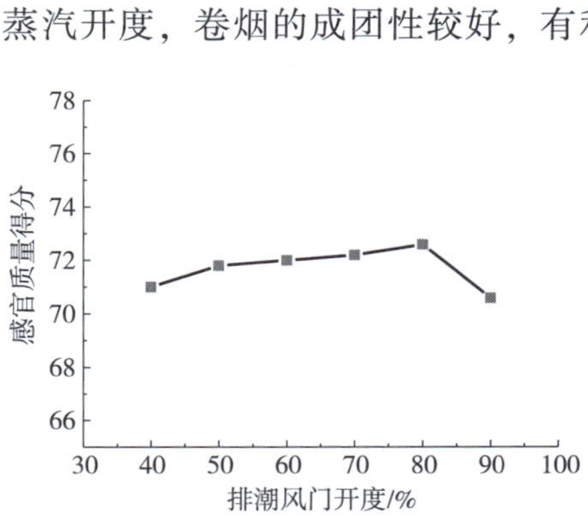

图 2-71　排潮风门开度对卷烟感官质量的影响

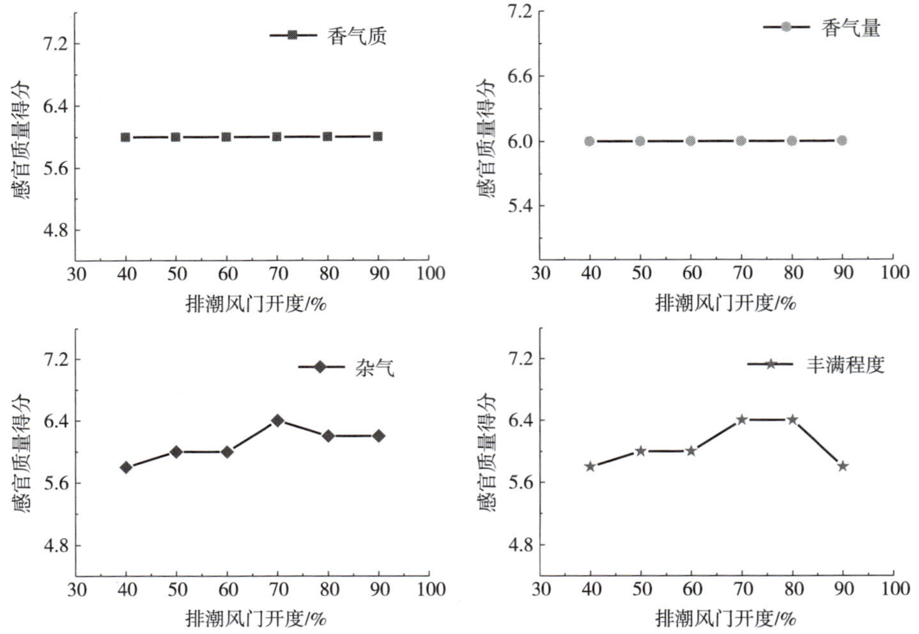

图 2-72　排潮风门开度对卷烟香气特性的影响

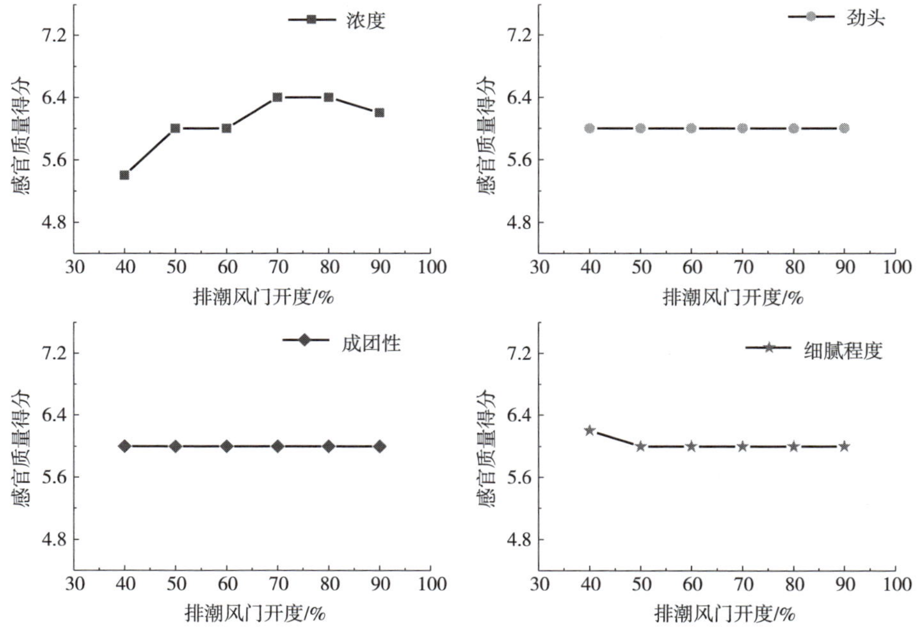

图 2-73　排潮风门开度对卷烟烟气特性的影响

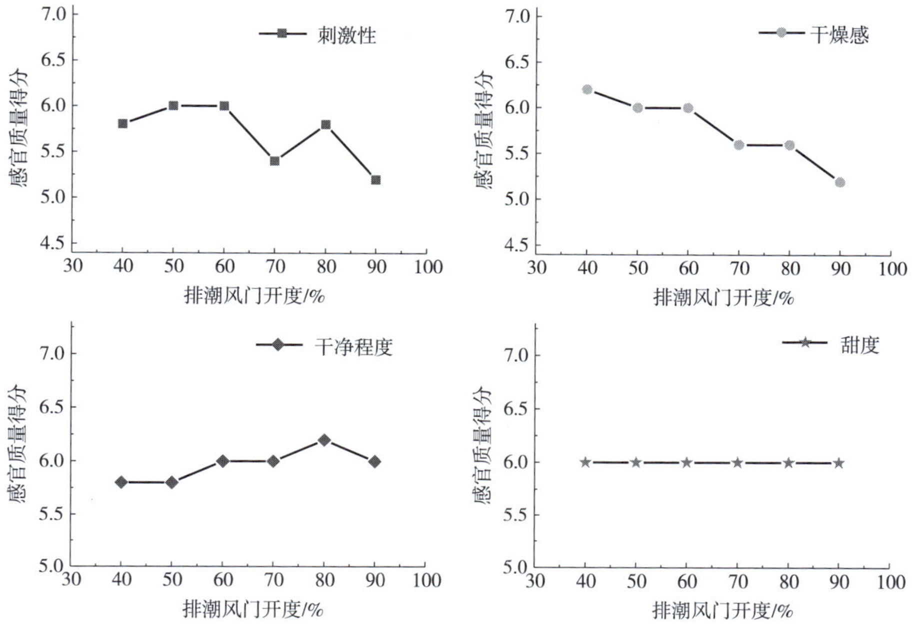

图 2-74 排潮风门开度对卷烟口感特性的影响

由图 2-71 至图 2-74 可以看出：（1）排潮风门开度的变化对卷烟的感官质量影响较大。排潮风门开度在 40%～90%变化时，感官质量得分为 70.6～72.6 分，感官评吸得分分差为 2.0 分，变化较大。较高的排潮风门开度有利于卷烟感官质量的提高，但过高的排潮风门开度对卷烟感官质量有明显不利的影响，排潮风门开度在 80%左右时，感官质量得分较高。（2）从不同的排潮风门开度对卷烟丰满程度、浓度、杂气、细腻程度、刺激性、干燥感、干净程度等指标有影响。在试验数据范围内，过低或过高的排潮风门开度对丰满程度都有不利的影响，较低的排潮风门开度有利于卷烟刺激性的降低和干燥感的减弱，较高的排潮风门开度有利于卷烟干净程度、浓度的提高和杂气的降低，排潮风门的变化对细腻程度的影响不大。

4. 热风温度对松散回潮感官质量的影响

与对照样比较，热风温度对卷烟感官质量的影响如图 2-75 至图 2-78 所示。

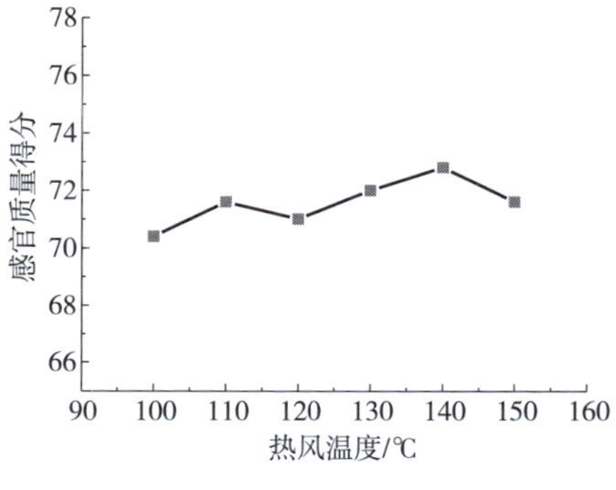

图 2-75 热风温度对卷烟感官质量的影响

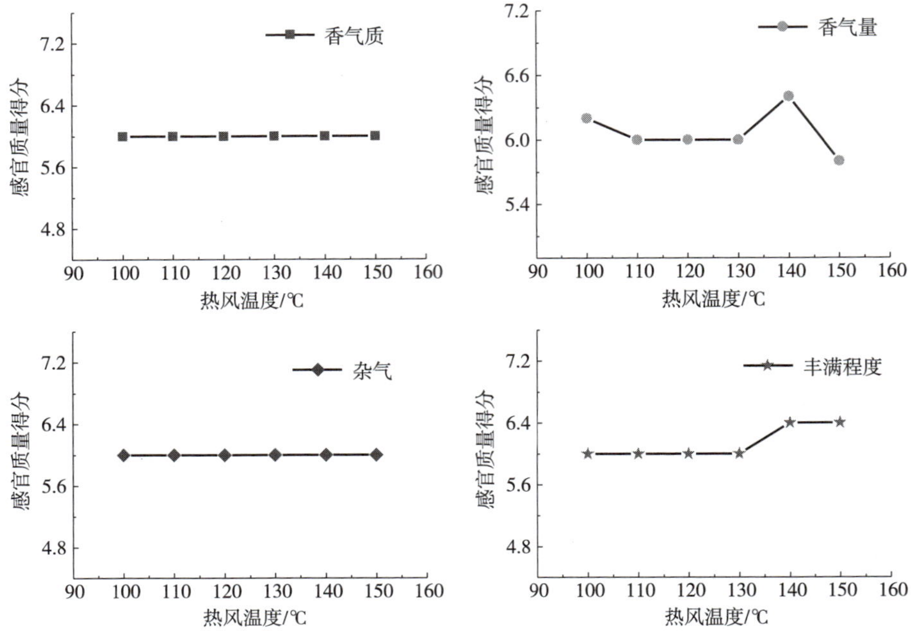

图 2-76　热风温度对卷烟香气特性的影响

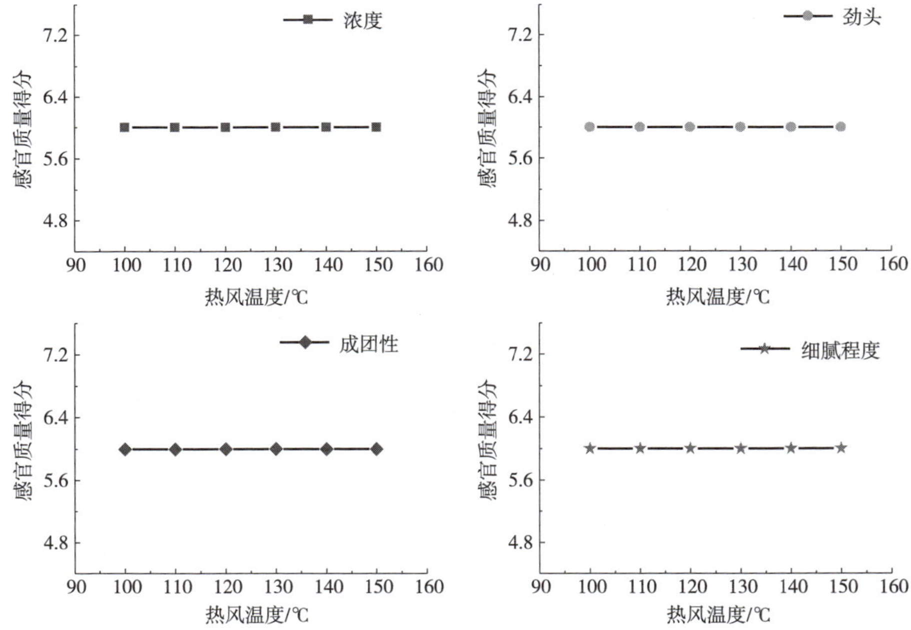

图 2-77　热风温度对卷烟烟气特性的影响

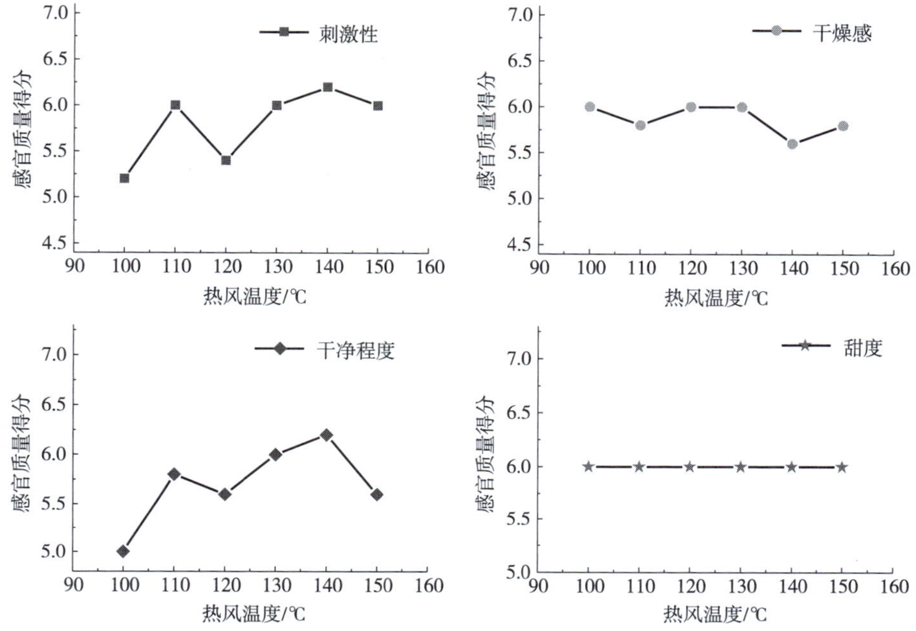

图 2-78 热风温度对卷烟口感特性的影响

由图 2-75 至图 2-78 可以看出：（1）热风温度对卷烟感官质量影响较大。热风温度在 100~150℃变化时，感官质量得分为 70.4~72.8 分，感官评吸得分分差为 2.4 分，变化较大。较高的热风温度有利于黄金叶（天叶）卷烟感官质量的提高，热风温度在 130~150℃变化时，感官质量得分为 71.6~72.8 分，变化不大。（2）不同的热风温度对黄金叶（天叶）卷烟的香气量、丰满程度、刺激性、干燥感、干净程度有影响，较低的热风温度对卷烟丰满程度没有影响，随着热风温度的提高，丰满程度有所改善；较高的热风温度有利于刺激性的降低和干净程度的提高；热风温度较低时，卷烟干燥感减弱；不同的热风温度对卷烟香气量有影响，但影响趋势不明显。

5. 热风风机频率对松散回潮感官质量的影响

与对照样比较，热风风机频率对卷烟感官质量的影响如图 2-79 至图 2-82 所示。

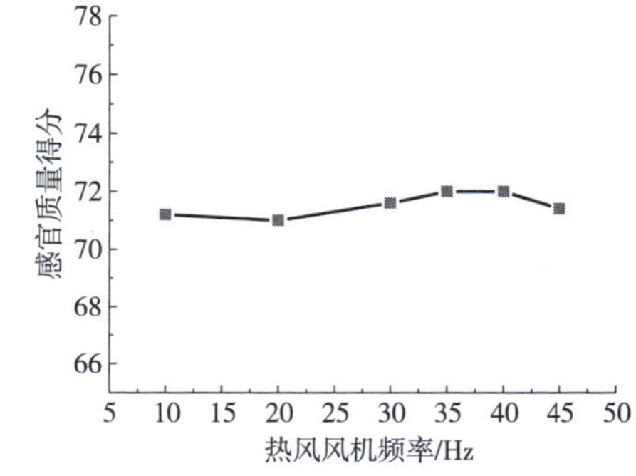

图 2-79 热风风机频率对卷烟感官质量的影响

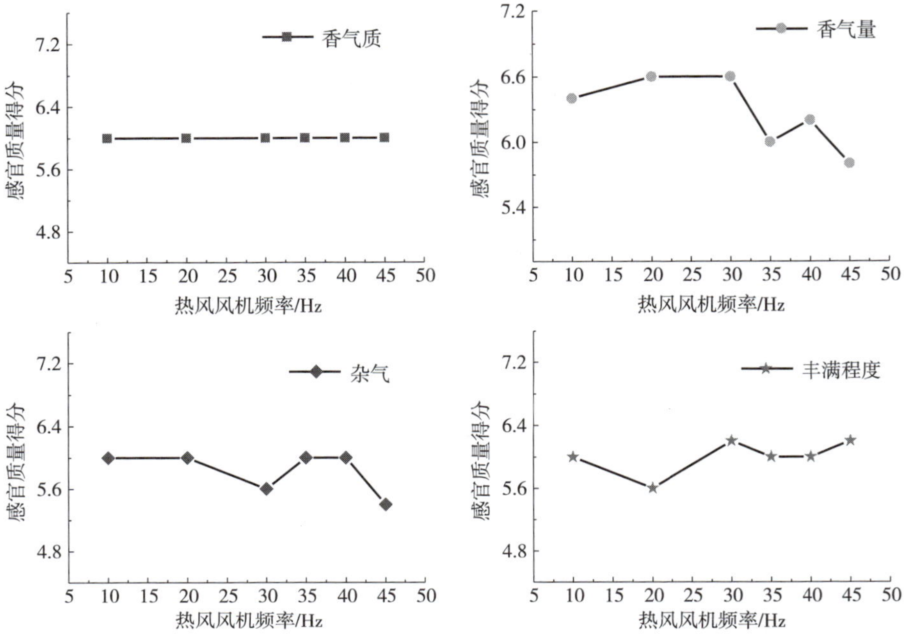

图 2-80　热风风机频率对卷烟香气特性的影响

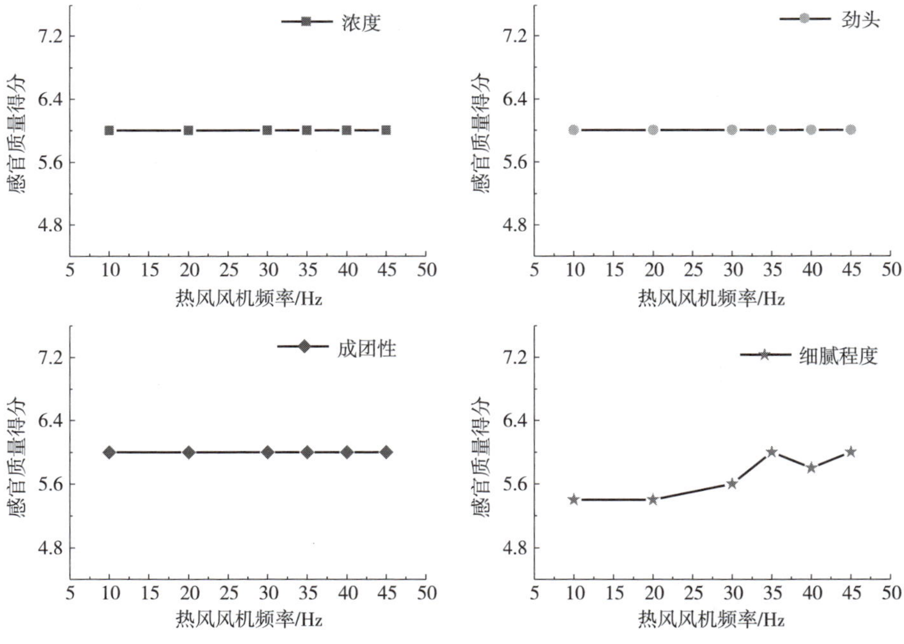

图 2-81　热风风机频率对卷烟烟气特性的影响

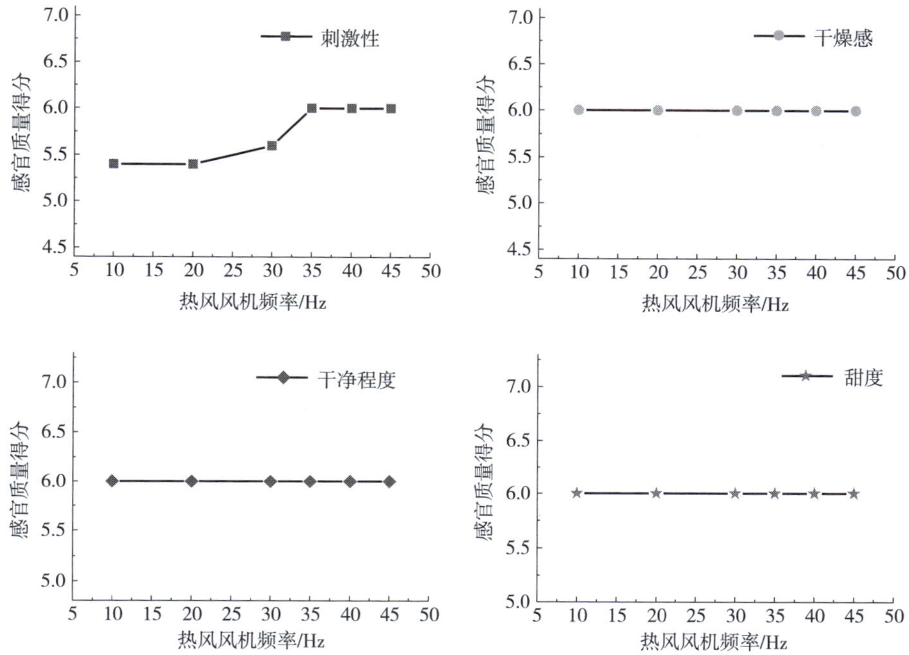

图 2-82　热风风机频率对卷烟口感特性的影响

由图 2-79 至图 2-82 可以看出：（1）回潮热风风机频率对卷烟感官质量影响不大。热风电机频率在 10~45Hz 变化时，感官质量得分为 71.0~72.0 分，感官质量得分分差为 1.0 分，变化较小。热风电机频率在 30~45Hz 变化时，感官质量得分为 71.4~72.0 分，比较稳定。（2）不同的热风风机频率对黄金叶（天叶）卷烟的香气量、丰满程度、杂气、细腻程度、刺激性有影响，较低的热风风机频率有利于卷烟香气量的提高；热风风机频率较低时卷烟的刺激性较大，随着热风风机频率的增加，卷烟的刺激性有所降低；热风风机频率对卷烟的丰满程度、杂气和细腻程度有影响，但效果不明显。

二、润叶加料试验

（一）试验方法

采用单因素试验方法，根据调研及现有控制模式选择润叶加料机的主要控制参数：筒体转速、排潮风门开度、蒸汽喷射比例。各因素及其水平取值如表 2-12 所示。

表 2-12　　润叶加料试验因素及其水平

因素	1	2	3	4	5	6
筒体转速/(r/min)	6.0	7.0	8.0	9.0	10.0	—
排潮风门开度/%	40	50	60	70	80	90
蒸汽喷射比例/%	4.0	5.0	6.0	7.0	—	—

注：试验时，其他控制参数固定不变。

(二) 物理质量分析

1. 筒体转速对润叶加料物理质量的影响

筒体转速对润叶加料物理质量影响的试验结果如表 2-13 和图 2-83 所示。

表 2-13　　润叶加料物理质量试验测试结果（筒体转速）

技术条件	RJ11	RJ12	RJ13	RJ14	RJ15
物料流量/(kg/h)	500	500	500	500	500
物料水分/%	17.2	17.0	17.0	16.9	16.5
蒸汽压力/MPa	1.10	1.09	1.11	1.11	1.10
料液雾化压力/MPa	0.25	0.26	0.25	0.25	0.25
料液温度/℃	63	63	63	63	63
热风温度/℃	130	130	130	130	130
回风温度/℃	58.1	58.3	58.0	57.9	58.2
排潮风门开度/%	80	80	80	80	80
筒体转速/(r/min)	6.0	7.0	8.0	9.0	10.0
出口物料温度/℃	46.5	47.0	47.2	46.0	47.4
出口物料含水率/%	20.0	19.2	20.0	19.5	19.4

由图 2-83 可以看出：筒体转速的改变对加料后烟叶含水率和温度影响不大。

2. 排潮风门开度对润叶加料物理质量的影响

排潮风门开度对润叶加料物理质量影响的试验结果如表 2-14 和图 2-84 所示。

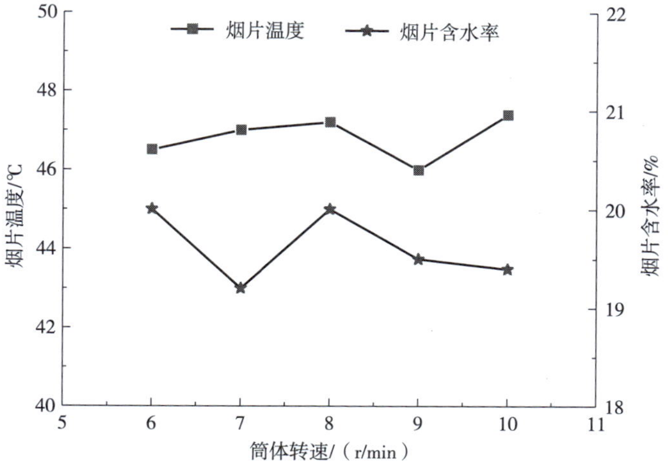

图 2-83 筒体转速对出口烟片温度和含水率的影响

表 2-14 润叶加料物理质量试验测试结果（排潮风门开度）

技术条件	RJ21	RJ22	RJ23	RJ24	RJ25	RJ26
物料流量/(kg/h)	500	500	500	500	500	500
物料水分/%	17.5	17.2	17.3	17.5	16.8	17.2
蒸汽压力/MPa	1.10	1.09	1.10	1.10	1.10	1.12
料液雾化压力/MPa	0.25	0.26	0.25	0.25	0.25	0.25
料液温度/℃	63	63	63	63	63	63
热风温度/℃	130	130	130	130	130	130
回风温度/℃	58.1	58.3	58.0	57.9	58.2	57.2
排潮风门开度/%	40	50	60	70	80	90
筒体转速/(r/min)	9.0	9.0	9.0	9.0	9.0	9.0
出口物料温度/℃	54.2	53.0	51.0	48.8	47.1	46.2
出口物料含水率/%	20.3	20.0	19.8	20.3	19.2	19.3

由图 2-84 可以看出：（1）随着排潮风门开度的增大，加料后烟叶温度影响逐渐减小，排潮风门开度在 40%~70%时，温度减小的幅度较大，再随着排

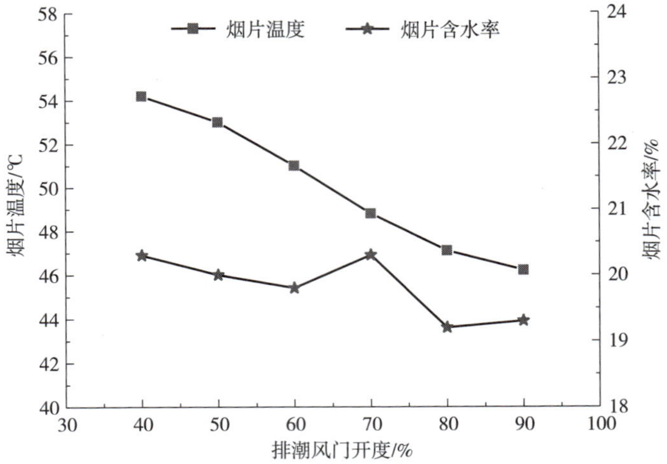

图 2-84　排潮风门开度对出口烟片温度和含水率的影响

潮风门的增大，温度的减小幅度变慢；（2）随着排潮风门的变化，加料后烟叶的含水率变化不大。

3. 蒸汽喷射比例对润叶加料物理质量的影响

蒸汽喷射比例对润叶加料物理质量影响的试验结果如图 2-85 所示。

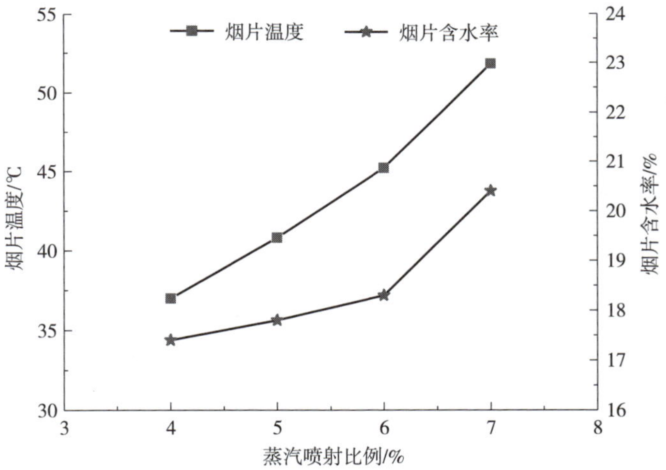

图 2-85　蒸汽喷射比例对出口烟片温度和含水率的影响

由图 2-85 可以看出：随着蒸汽喷射比例的升高，加料后烟叶的温度和含水率均有逐步增加趋势。

（三）感官质量分析

1. 筒体转速对润叶加料感官质量的影响

与对照样比较，不同筒体转速下卷烟感官质量变化如图 2-86 至图 2-89 所示。

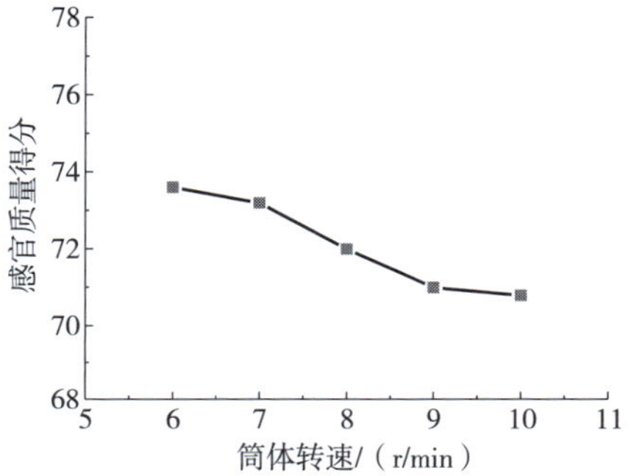

图 2-86 筒体转速对卷烟感官质量的影响

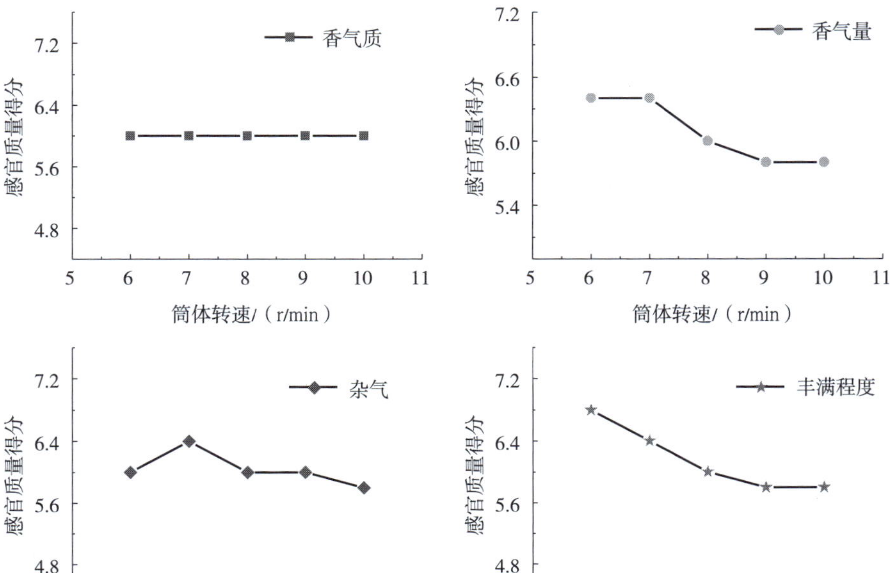

图 2-87 筒体转速对卷烟香气特性的影响

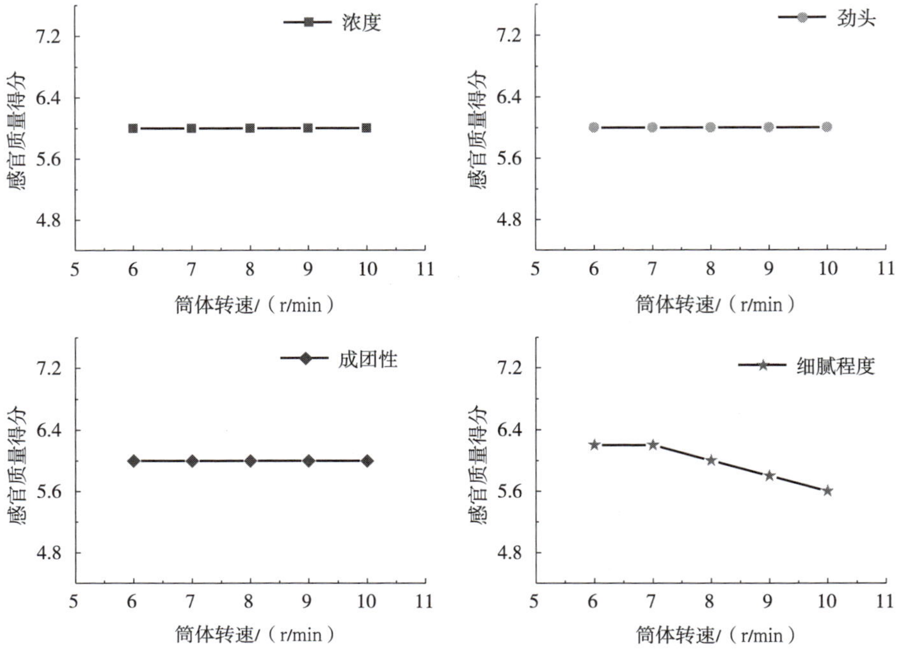

图 2-88　筒体转速对卷烟烟气特性的影响

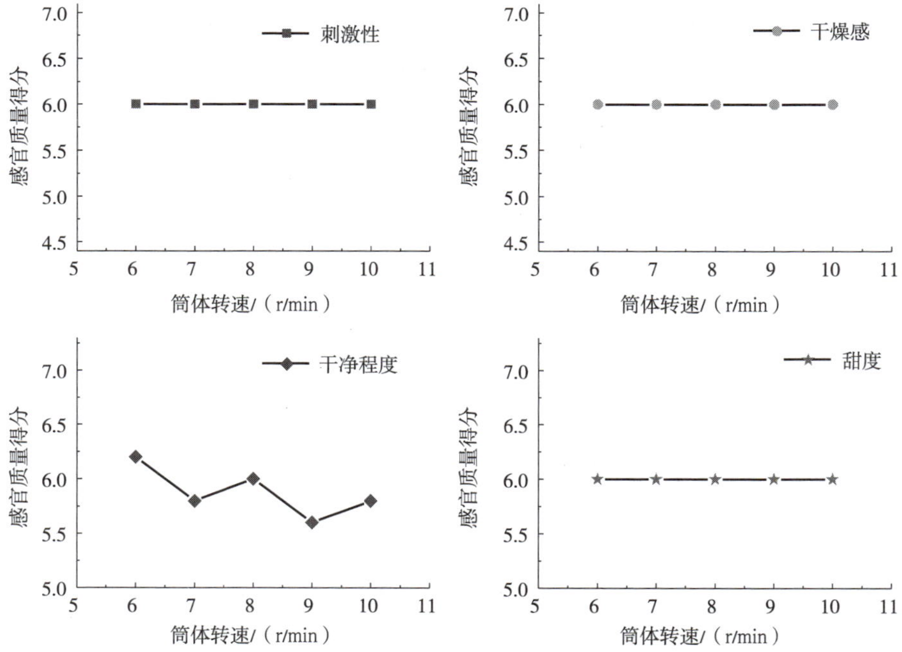

图 2-89　筒体转速对卷烟口感特性的影响

由图 2-86 至图 2-89 可以看出：(1) 加料筒体转速对卷烟感官质量的影响较大，筒体转速在 6～10r/min 变化时，感官质量得分为 70.8～73.6，感官质量得分分差为 2.8 分，变化较大。较低的筒体转速有利于感官质量的提高，筒体转速在 6～7r/min 时，卷烟的感官质量得分较高。(2) 不同的筒体转速对香气量、丰满程度、细腻程度、杂气、干净程度等指标有影响，在试验数据范围内，较低的筒体转速有利于卷烟香气量、丰满程度、细腻程度、干净程度的提高，有利于卷烟杂气的降低。

2. 排潮风门开度对润叶加料感官质量的影响

与对照样比较，不同排潮风门开度下卷烟感官质量变化如图 2-90 至图 2-93 所示。

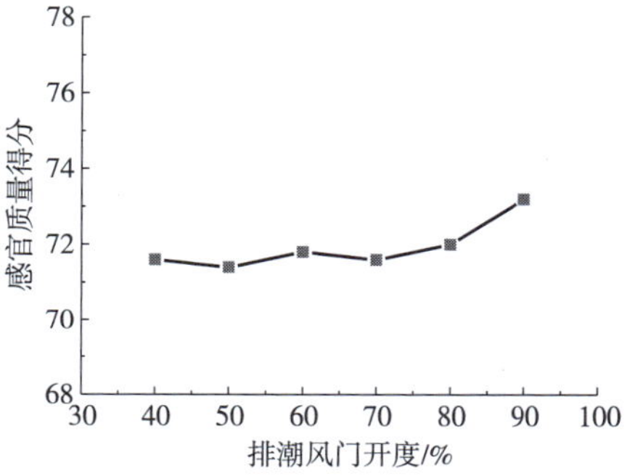

图 2-90　排潮风门开度对卷烟感官质量的影响

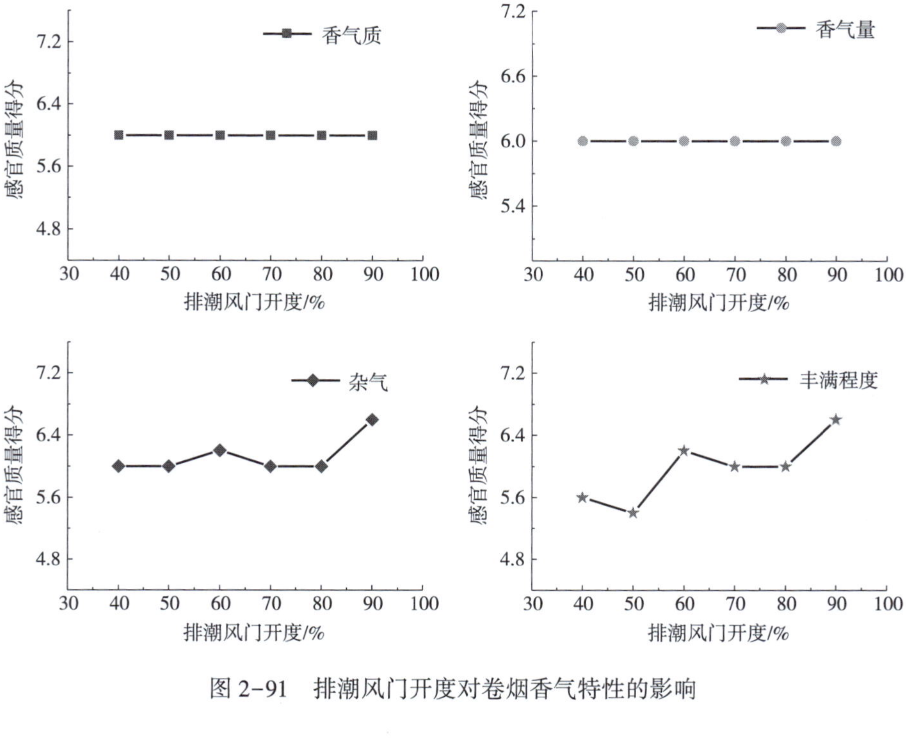

图 2-91　排潮风门开度对卷烟香气特性的影响

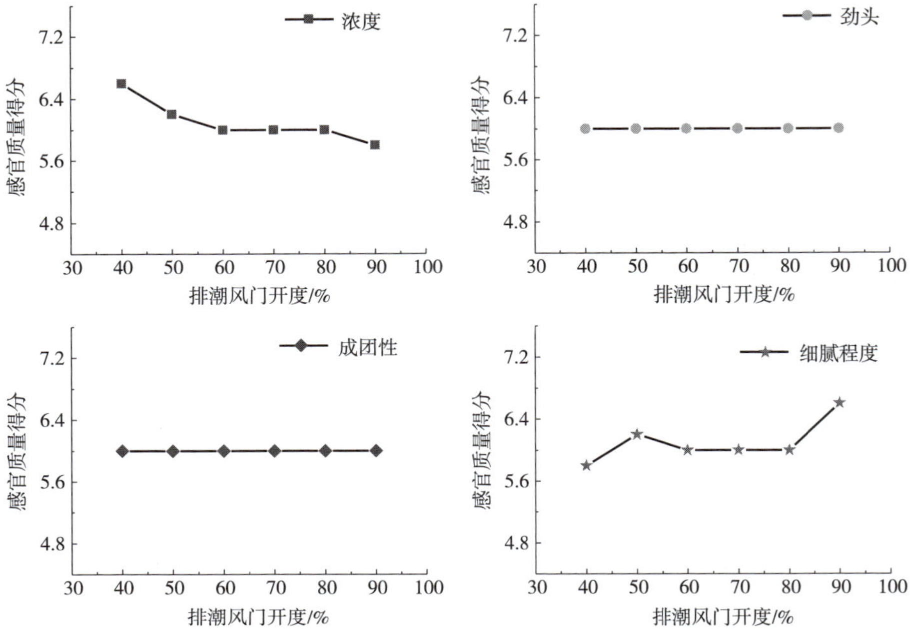

图 2-92　排潮风门开度对卷烟烟气特性的影响

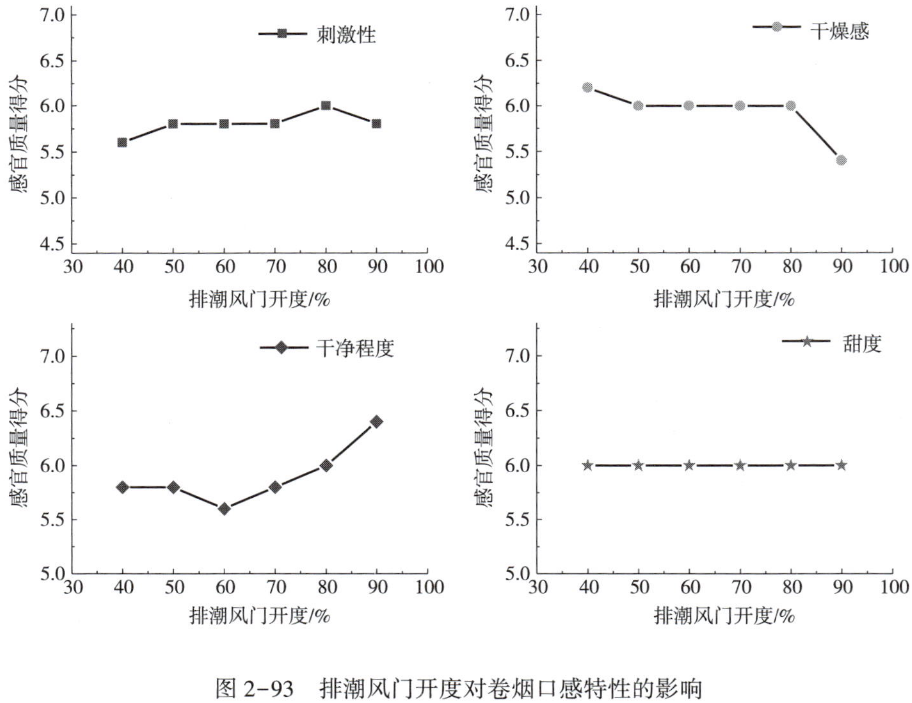

图 2-93　排潮风门开度对卷烟口感特性的影响

由图 2-90 至图 2-93 可以看出：（1）加料排潮风门开度对卷烟感官质量有一定影响。排潮风门开度在 40%~90%变化时，感官质量得分在 71. 4~73. 2 分，感官质量得分分差为 1. 8 分，较高的排潮风门开度有利于卷烟内在质量的提高。（2）不同的排潮风门开度对卷烟的丰满程度、浓度、细腻程度、杂气、刺激性、干燥感、干净程度有影响，在试验数据范围内，较低的排潮风门开度有利于卷烟浓度的提高和干燥感的减弱；较高的排潮风门开度有利于卷烟丰满程度、干净程度的提高；排潮风门开度对细腻程度、刺激性、杂气有一定的影响，但是效果不明显。

3. 蒸汽喷射比例对润叶加料感官质量的影响

与对照样比较，不同蒸汽喷射比例下卷烟感官质量变化如图 2-94 至图 2-97 所示。

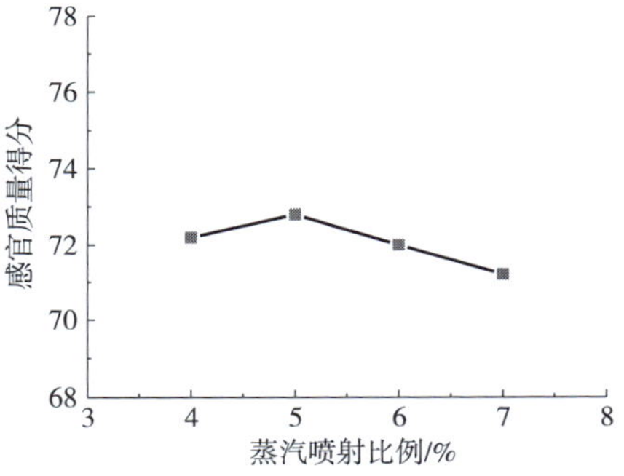

图 2-94　蒸汽喷射比例对卷烟感官质量的影响

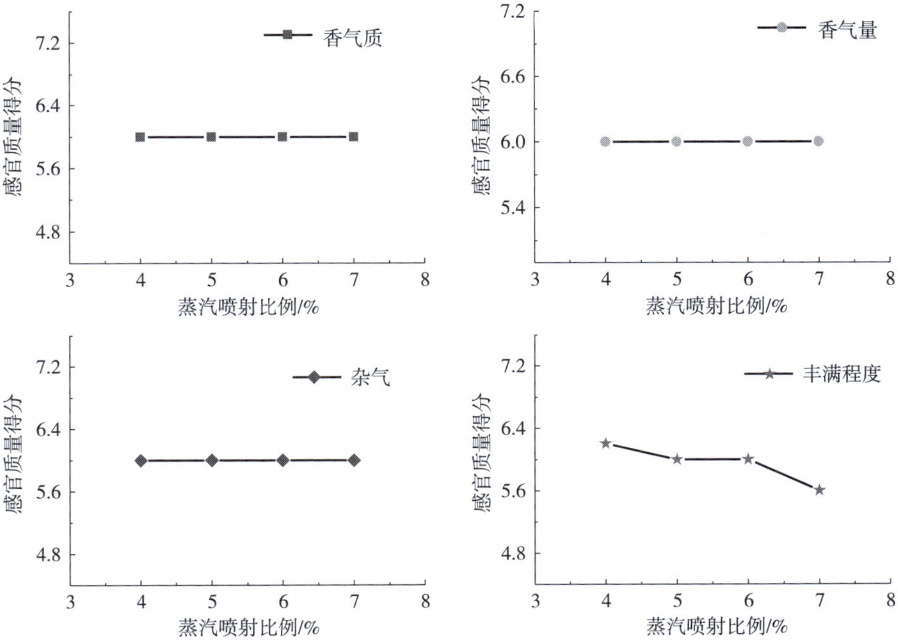

图 2-95　蒸汽喷射比例对卷烟香气特性的影响

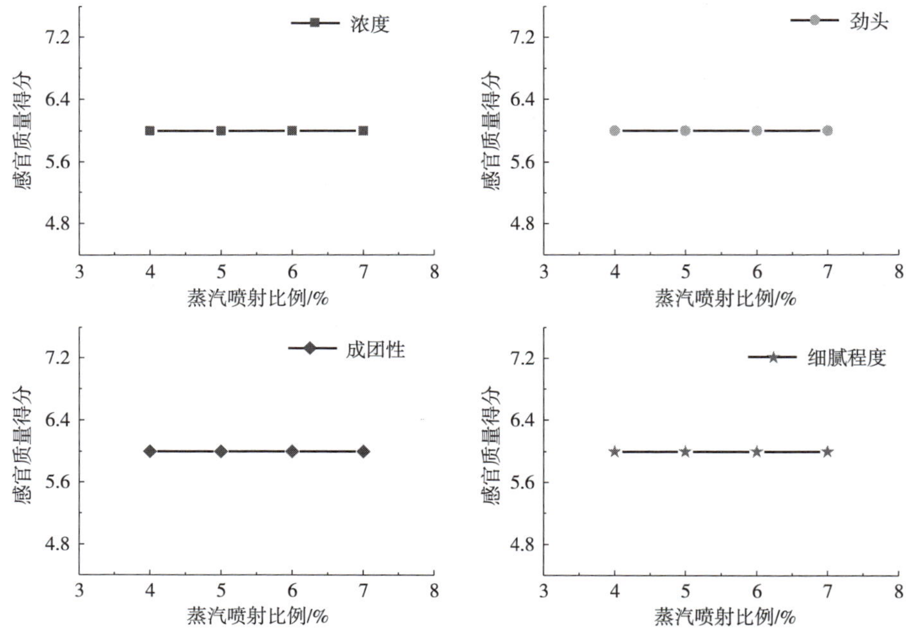

图 2-96　蒸汽喷射比例对卷烟烟气特性的影响

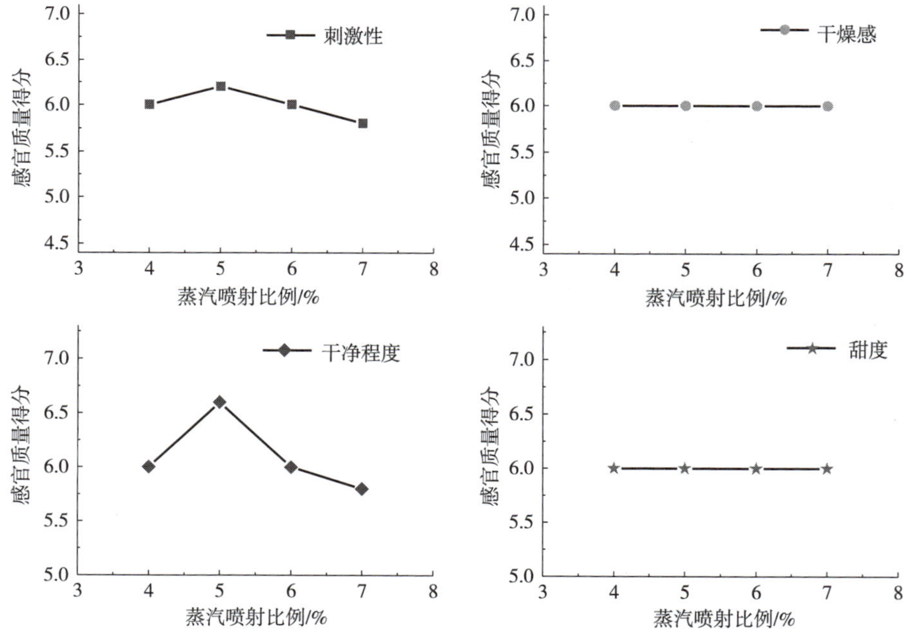

图 2-97　蒸汽喷射比例对卷烟口感特性的影响

由图 2-94 至图 2-97 可以看出：（1）加料蒸汽喷射比例对卷烟感官质量有一定影响。蒸汽喷射比例在 4%～7%变化时，感官质量得分为 71.2～72.8 分，感官质量得分分差为 1.6 分，总体变化不大。较低的蒸汽喷射比例有利于黄金叶（天叶）卷烟感官质量的提高。（2）不同的蒸汽喷射比例对黄金叶（天叶）卷烟的丰满程度、刺激程度、干净程度有影响，在试验数据范围内，较低的蒸汽喷射比例有利于卷烟丰满程度和干净程度的提高，但过低的蒸汽喷射比例对干净程度有不利的影响；较低的蒸汽喷射比例有利于卷烟刺激性的降低，但过低的蒸汽喷射比例对刺激性有不利的影响。

三、滚筒烘丝试验

（一）试验方法

采用单因素试验方法，根据调研及现有控制模式选择松散回潮机的试验因素为：筒壁温度、滚筒负压、热风温度、热风风量、筒体转速进行调整试验。各因素及其水平取值如表 2-15 所示。

表 2-15　　滚筒干燥试验因素及其水平

因素	1	2	3	4	5	6	7	8	9
筒体转速/(r/min)	7	8	9	10	11	12	—	—	—
筒壁温度/℃	120	125	130	132	134	136	138	140	150
滚筒负压/mbar	0.00	-0.005	-0.01	-0.015	-0.02	-0.03	—	—	—
热风温度/℃	90	100	110	120	130	140	—	—	—
热风风量/(m^3/h)	1200	1600	2000	2400	2800	3050	—	—	—

注：试验时，其他控制参数固定不变。

（二）物理质量分析

1. 滚筒负压对滚筒干燥物理质量的影响

滚筒负压对滚筒干燥物理质量影响的试验结果如表 2-16 和图 2-98 所示。

表 2-16　　滚筒干燥试验测试结果（滚筒负压）

参数设置	SH 1	SH 2	SH 3	SH 4	SH 5	SH 6	SH 7	SH 8
入口烟丝流量/(kg/h)	500	500	500	500	500	500	500	500
入口烟丝水分/%	19.6	19.6	19.6	19.6	19.6	19.6	19.6	19.6

续表

参数设置	SH 1	SH 2	SH 3	SH 4	SH 5	SH 6	SH 7	SH 8
筒壁温度/℃	134	134	134	134	134	134	134	134
热风温度/℃	105	105	105	105	105	105	105	105
热风风量/(m^3/h)	1800	1800	1800	1800	1800	1800	1800	1800
滚筒负压/mbar	0.00	-0.005	-0.01	-0.015	-0.02	-0.03	—	—
筒体转速/(r/min)	10	10	10	10	10	10	10	10
出口烟丝温度/℃	62.9	61.6	56.4	54.5	51.2	50.0	49.4	49.2
出口烟丝水分/%	13.58	13.30	13.09	12.90	12.96	12.82	12.72	12.66

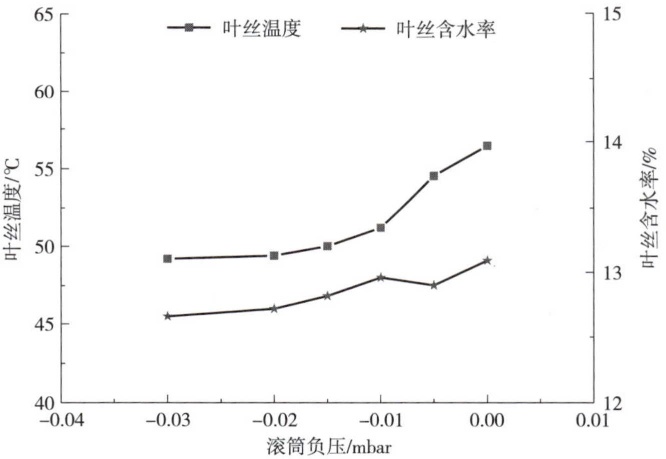

图 2-98　滚筒负压对出口叶丝温度和含水率的影响

由图 2-98 可以看出：(1) 滚筒负压对出口烟丝温度影响较大，随着滚筒负压增大，出口烟丝温度呈逐渐降低趋势。滚筒负压从 0 增大到-0.02mbar (1mbar=100Pa) 时，出口烟丝温度从 56.4℃降低到 49.4℃，降低了 7℃，有显著影响。滚筒负压超过-0.02mbar 后，对出口烟丝温度的影响明显减弱，滚筒负压从-0.02mbar 增大到-0.03mbar，出口烟丝温度仅降低了 2℃。(2) 滚筒负压对出口烟丝水分有一定的影响。随着滚筒负压增大，出口烟丝水分呈现逐渐降低趋势。滚筒负压在 0mbar 至-0.03mbar 之间变化时，出口烟丝水分从 13.09 降低到 12.66，降低了 0.43。

2. 筒壁温度对滚筒干燥物理质量的影响

筒壁温度对滚筒干燥物理质量影响的试验结果如表 2-17 和图 2-99 所示。

表 2-17　　滚筒干燥试验测试结果（筒壁温度）

参数设置	SH 1	SH 2	SH 3	SH 4	SH 5	SH 6	SH 7	SH 8	SH 9
入口烟丝流量/(kg/h)	500	500	500	500	500	500	500	500	500
入口烟丝水分/%	19.5	19.6	19.7	19.6	19.7	19.6	19.5	19.6	19.6
筒壁温度/℃	120	125	130	132	134	136	138	140	150
热风温度/℃	105	105	105	105	105	105	105	105	105
热风风量/(m^3/h)	1800	1800	1800	1800	1800	1800	1800	1800	1800
滚筒负压/mbar	-0.01	-0.01	-0.01	-0.01	-0.01	-0.01	-0.01	-0.01	-0.01
筒体转速/(r/min)	10	10	10	10	10	10	10	10	10
出口烟丝温度/℃	47.5	49.2	50.1	50.5	50.5	50.4	50.5	50.6	53.1
出口烟丝水分/%	14.82	13.74	13.0	12.91	12.75	12.62	12.50	12.43	11.68

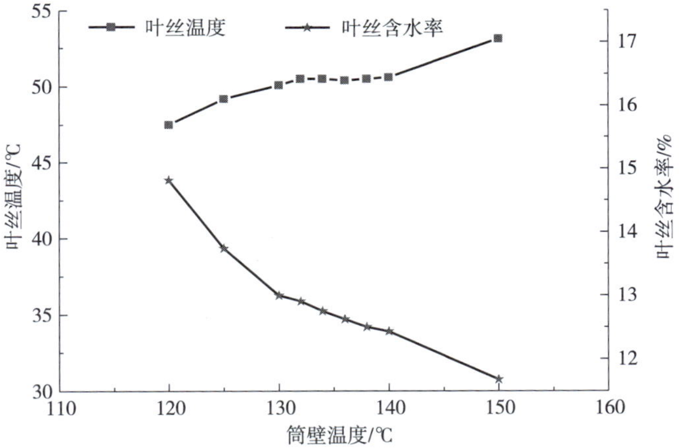

图 2-99　筒壁温度对出口叶丝温度和含水率的影响

由图 2-99 可以看出：(1) 筒壁温度对出口烟丝温度影响不显著。随着筒壁温度升高，出口烟丝温度呈逐渐升高趋势。从试验结果看，筒壁温度从 120℃升高到 150℃，出口烟丝温度从 47.5℃升高到 53.1℃，筒壁温度升高了 30℃，出口烟丝温度仅升高了 5.6℃。(2) 筒壁温度对出口烟丝水分影响显著，筒壁温度与出口烟丝水分的变化近似呈线性关系。筒壁温度从 120℃上升至 150℃，出口烟丝水分相应从 14.82%降低到 11.68%，水分下降了 3.14%。在 120~140℃范围内，筒壁温度每升高 2℃，出口烟丝水分相应约降低 0.1%。出口烟丝水分一般在筒壁温度调节 2min 后产生变化。

3. 热风温度对滚筒干燥物理质量的影响

热风温度对滚筒干燥物理质量影响的试验结果如表 2-18 和图 2-100 所示。

表 2-18　　滚筒干燥试验测试结果（热风温度）

参数设置	SH 1	SH 2	SH 3	SH 4	SH 5	SH 6
入口烟丝流量/(kg/h)	5000	5000	5000	5000	5000	5000
入口烟丝水分/%	19.5	19.6	19.7	19.6	19.7	19.6
筒壁温度/℃	134	134	134	134	134	134
热风温度/℃	90	100	110	120	130	140
热风风量/(m^3/h)	1800	1800	1800	1800	1800	1800
滚筒负压/mbar	-0.01	-0.01	-0.01	-0.01	-0.01	-0.01
筒体转速/(r/min)	10	10	10	10	10	10
出口烟丝温度/℃	51.8	52.2	54.7	53.9	52.2	51.9
出口烟丝水分/%	13.35	13.41	13.10	12.94	13.0	12.90

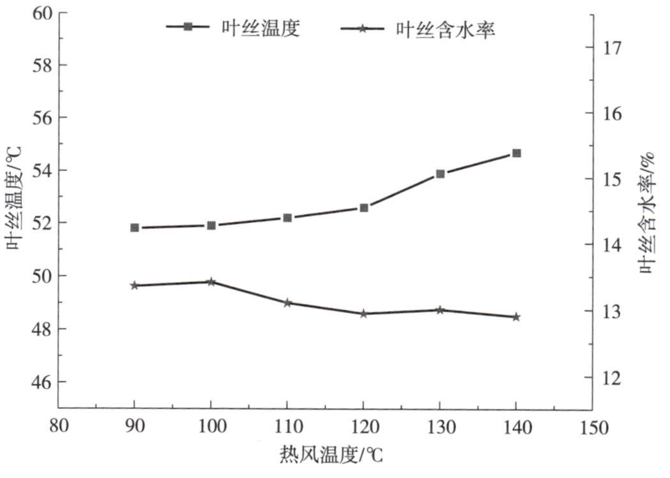

图 2-100　热风温度对出口叶丝温度和含水率的影响

由图 2-100 可以看出：(1) 热风温度对出口烟丝温度影响不大。随着热风温度升高，出口烟丝温度一般呈逐渐升高趋势。热风温度从 90℃ 升高到 140℃，出口烟丝温度从 51.8℃ 升高到 54.7℃，热风温度升高了 50℃，出口烟丝温度仅升高了 2.9℃。(2) 热风温度与出口烟丝水分的变化不成线性关系，总的来看，热风温度在 90～140℃ 变化时对出口烟丝水分影响不太显著。热风温度从 90℃ 上升至 140℃，出口烟丝水分相应从 13.41% 降低到 12.9%，水分下降了 0.51%。热风温度在 120～140℃ 时有饱和现象，即热风温度变化时出口水分无明显变化。

4. 筒体转速对滚筒干燥物理质量的影响

筒体转速对滚筒干燥物理质量影响的试验结果如表 2-19 和图 2-101 所示。

表 2-19　滚筒干燥试验测试结果（筒体转速）

参数设置	SH 1	SH 2	SH 3	SH 4	SH 5	SH 6
入口烟丝流量/(kg/h)	500	500	500	500	500	500
入口烟丝水分/%	19.5	19.6	19.7	19.6	19.7	19.6
筒壁温度/℃	134	134	134	134	134	134
热风温度/℃	105	105	105	105	105	105
热风风量/(m^3/h)	1800	1800	1800	1800	1800	1800
滚筒负压/mbar	-0.01	-0.01	-0.01	-0.01	-0.01	-0.01
筒体转速/(r/min)	7	8	9	10	11	12
出口烟丝温度/℃	53.6	52.2	52.3	52.1	52.9	53.0
出口烟丝水分/%	12.73	13.0	13.85	13.65	11.84	12.30

由图 2-101 可以看出：(1) 筒体转速对出口烟丝温度基本没有影响。筒体转速在 7～12r/min 变化，出口烟丝温度在 53.6～52.1℃ 变化，出口烟丝温度仅波动 1.5℃；(2) 筒体转速对出口烟丝水分影响显著。筒体转速从 7r/min 上升至 12r/min，出口烟丝水分与其不成正负相关关系，而是先上升后下降再上升呈现波浪形，水分在 11.84%～13.85% 波动，水分变化幅度达到 2.01%。

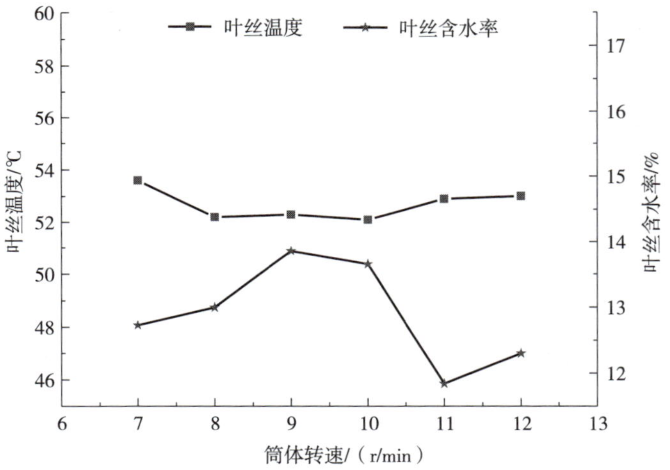

图 2-101　滚筒转速对滚出口叶丝温度和含水率的影响

5. 热风风量对滚筒干燥物理质量的影响

热风风量对滚筒干燥物理质量影响的试验结果如表 2-20 和图 2-102 所示。

表 2-20　　滚筒干燥试验测试结果（热风风量）

参数设置	SH 1	SH 2	SH 3	SH 4	SH 5	SH 6
入口烟丝流量/(kg/h)	500	500	500	500	500	500
入口烟丝水分/%	19.5	19.6	19.7	19.6	19.7	19.6
筒壁温度/℃	134	134	134	134	134	134
热风温度/℃	105	105	105	105	105	105
热风风量/(m^3/h)	1200	1600	2000	2400	2800	3050
滚筒负压/mbar	-0.01	-0.01	-0.01	-0.01	-0.01	-0.01
筒体转速/(r/min)	10	10	10	10	10	10
出口烟丝温度/℃	50.5	51.2	53.7	57.5	62.2	64.3
出口烟丝水分/%	13.38	12.71	13.30	13.15	13.20	13.12

由图 2-102 可以看出：(1) 热风风量对出口烟丝温度影响显著，随着热风风量增大，出口烟丝温度呈逐渐升高趋势。热风风量从 1200m^3/h 上升至

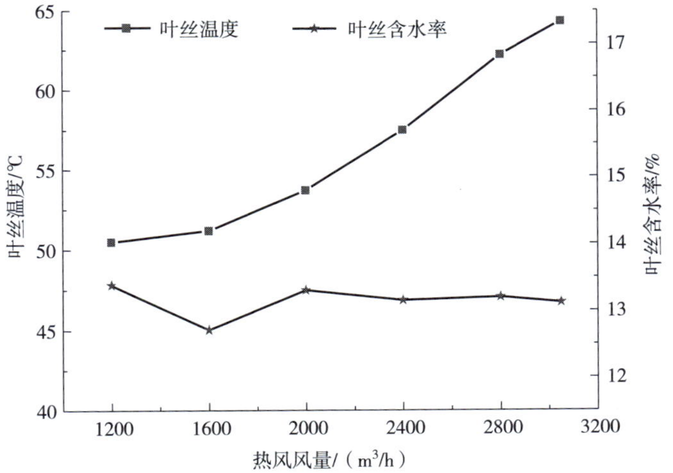

图 2-102　热风风量对滚筒烘丝出口叶丝温度和含水率的影响

3050m³/h，出口烟丝温度相应从 50.5℃升高到 64.3℃，出口烟丝温度升高了 13.8℃。（2）热风风量对出口烟丝水分有一定影响。热风风量从 1200m³/h 上升至 3050m³/h，出口烟丝水分与其不成正负相关关系，而是先上升后下降再上升呈现波浪形，水分在 12.71%～13.38%波动，水分变化幅度达到 0.66%。

（三）感官质量分析

1. 滚筒负压对滚筒干燥感官质量的影响

与对照样比较，不同滚筒负压下卷烟感官质量变化如图 2-103 至图 2-106 所示。

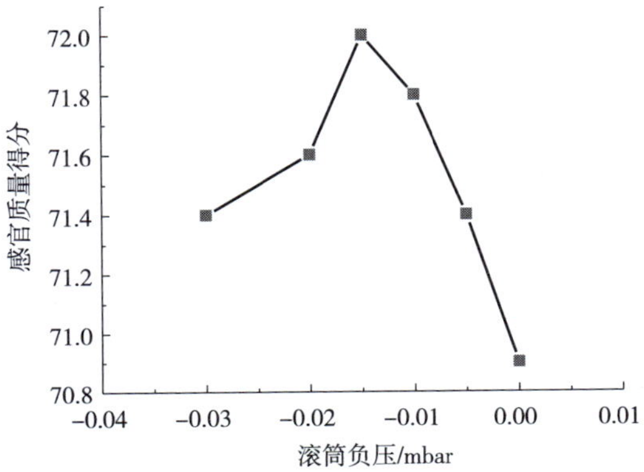

图 2-103　滚筒负压对滚筒烘丝卷烟感官质量的影响

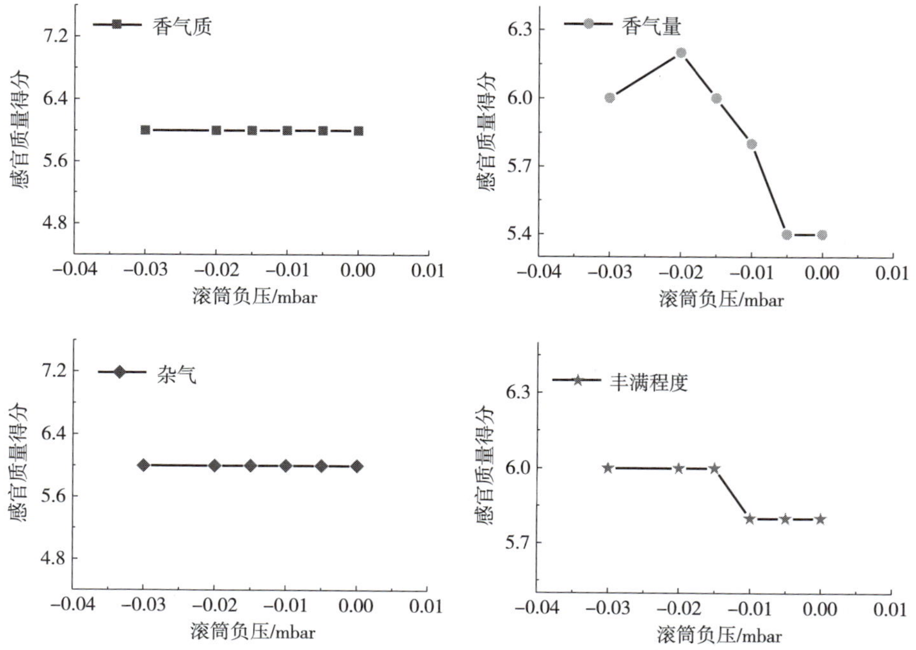

图 2-104　滚筒负压对卷烟香气特性的影响

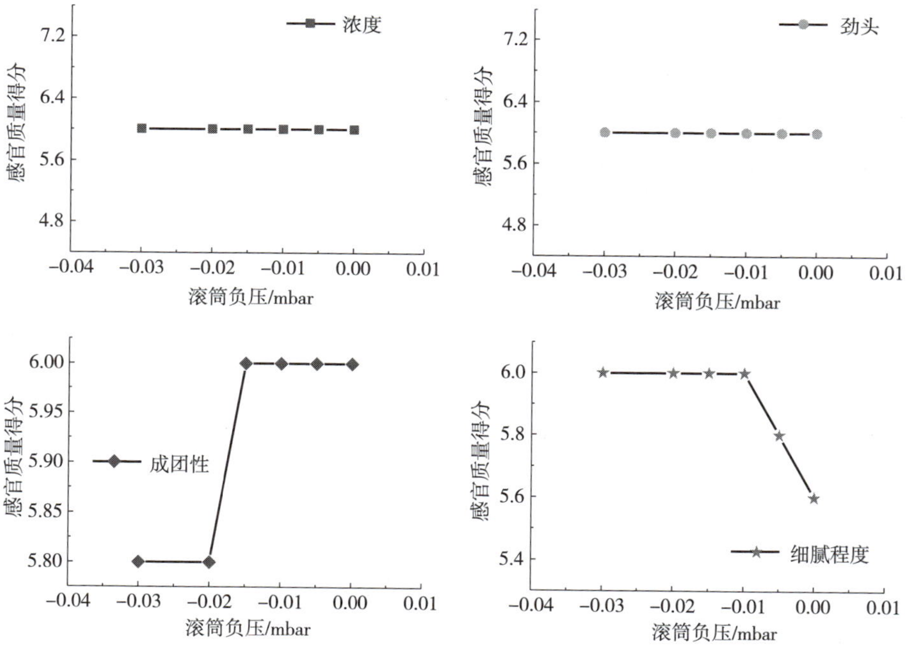

图 2-105　滚筒负压对卷烟烟气特性的影响

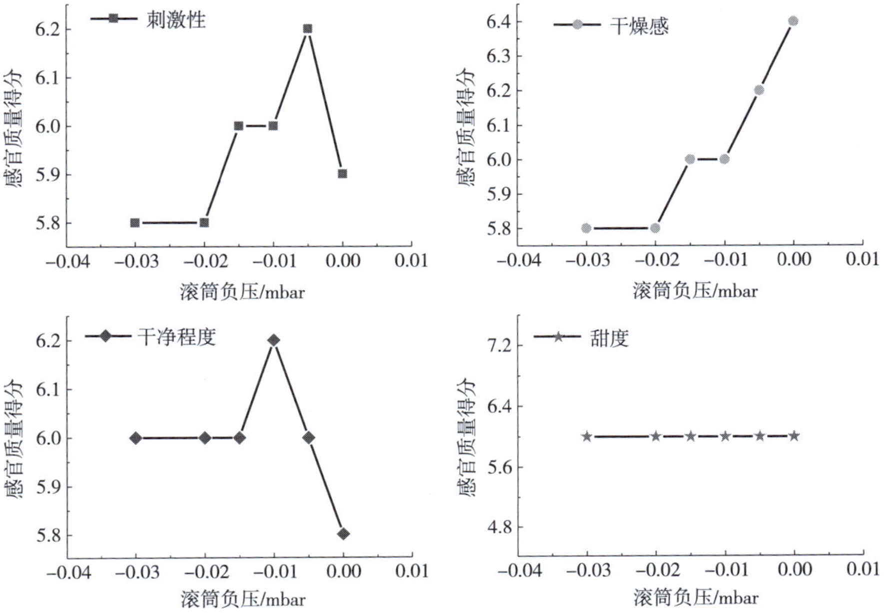

图 2-106　滚筒负压对卷烟口感特性的影响

由图 2-103 至图 2-106 可以看出：（1）总体来说，滚筒负压对感官质量影响不大：从图可以看出，滚筒负压在-0.03~0mbar 变化时，感官质量得分在 70.9~72.0 分，感官质量得分分差为 1.1 分，变化不大。过高过低的负压均不利于感官质量的提高。滚筒负压在-0.01~0.02mbar 时，感官质量总得分在 71.6~72.0 分，感官质量变化较小。（2）不同的滚筒负压对香气量、丰满程度、成团性、细腻程度、刺激性、干燥感、干净程度等指标有影响，较高的滚筒负压有利于香气量和细腻程度的提高；滚筒负压较低时，卷烟的成团性、干燥感、刺激性、干净程度较好，但过低的滚筒负压对卷烟干净程度和刺激性有明显不利的影响；滚筒负压对丰满程度的影响不明显。

2. 筒壁温度对滚筒干燥感官质量的影响

与对照样比较，不同筒壁温度下卷烟感官质量变化如图 2-107 至图 2-110 所示。

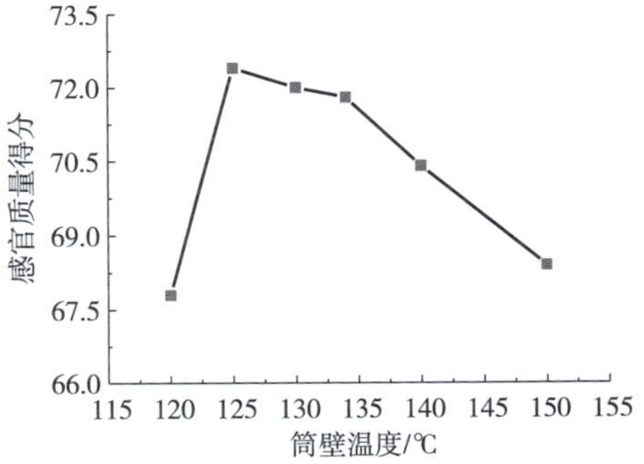

图 2-107　筒壁温度对卷烟感官质量的影响

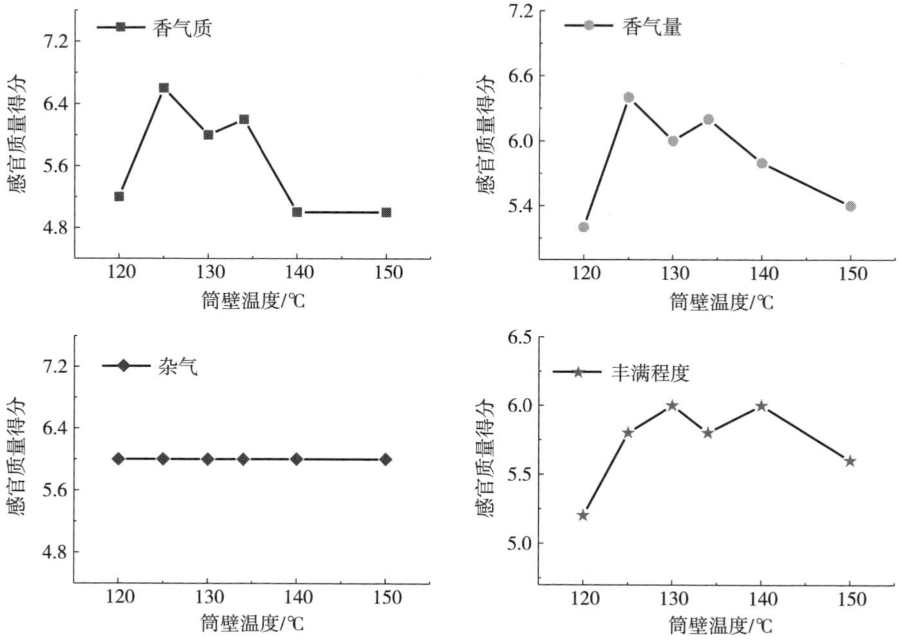

图 2-108　筒壁温度对卷烟香气特性的影响

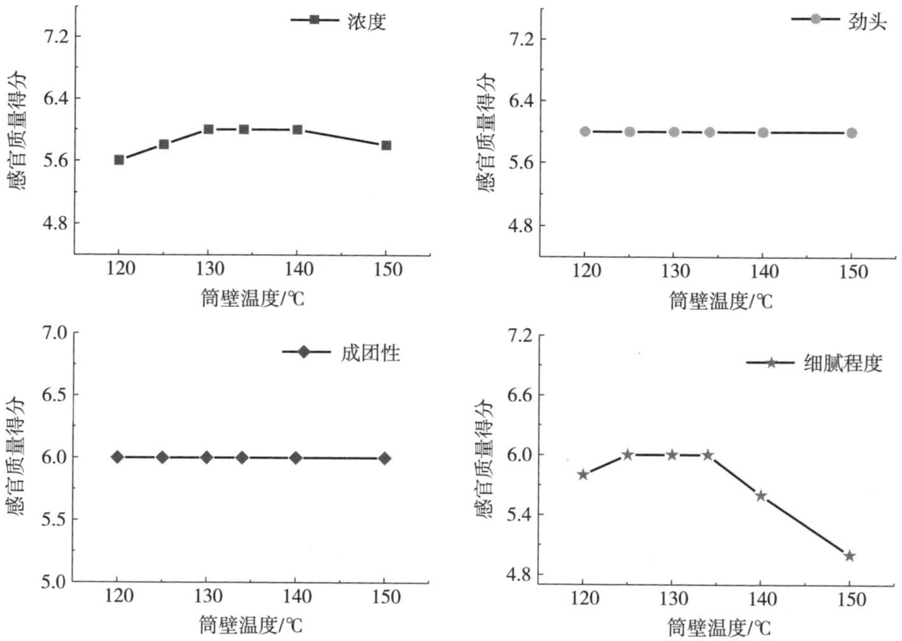

图 2-109　筒壁温度对卷烟烟气特性的影响

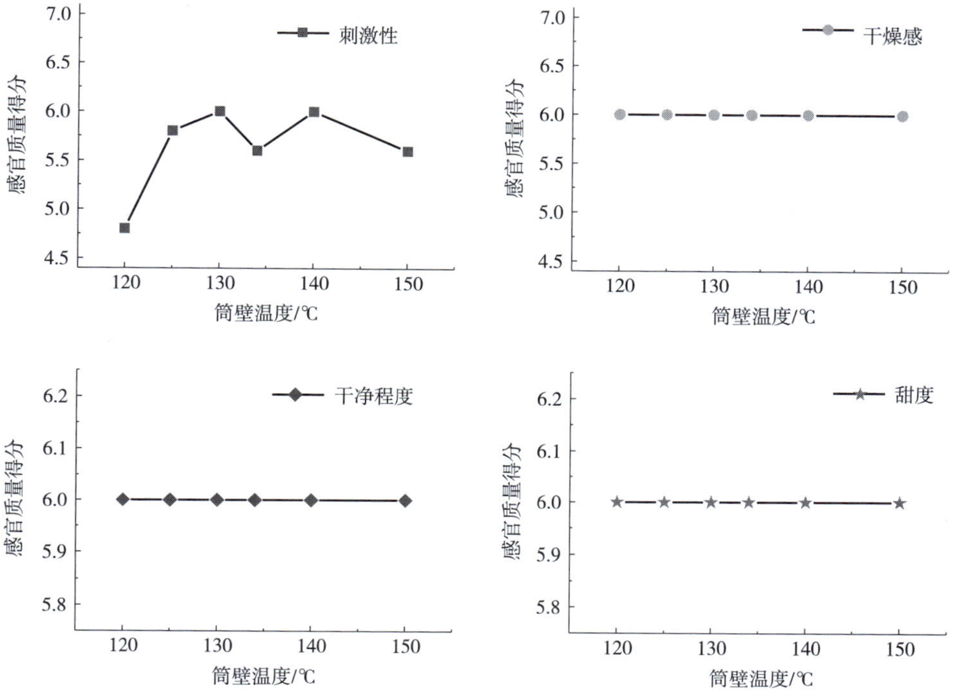

图 2-110　筒壁温度对卷烟口感特性的影响

由图 2-107 至图 2-110 可以看出：(1) 在试验的数据范围内，筒壁温度的变化对卷烟感官质量的影响明显。较低的筒壁温度有利于卷烟感官质量的提高，但过低的筒壁温度对感官质量有明显不利的影响。筒壁温度在 120～125℃变化时，感官质量得分在 67.8～72.4 分，感官质量得分分差为 4.6 分，变化较大。温度在 125～134℃变化时，感官质量得分在 71.8～72.4，变化较小。(2) 不同的筒壁温度对香气质、香气量、丰满程度、细腻程度、浓度、刺激性等指标有影响，较低的筒壁温度有利于香气质、香气量的提高，但过低的筒壁温度对它们有明显不利的影响；过高过低的筒壁温度对丰满程度都有不利的影响；筒壁温度对浓度的影响不明显；较低的筒壁温度可以明显提高烟气的细腻程度；较高的筒壁温度有利于卷烟刺激性的减小。

3. 筒体转速对滚筒干燥感官质量的影响

与对照样比较，不同筒体转速下卷烟感官质量变化如图 2-111 至图 2-114 所示。

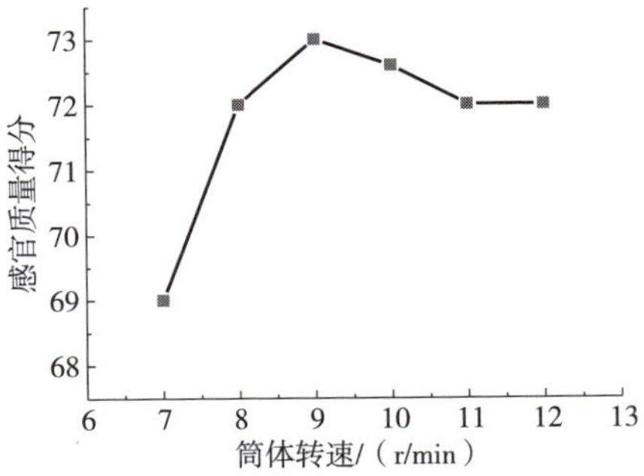

图 2-111　滚筒转速对卷烟感官质量的影响

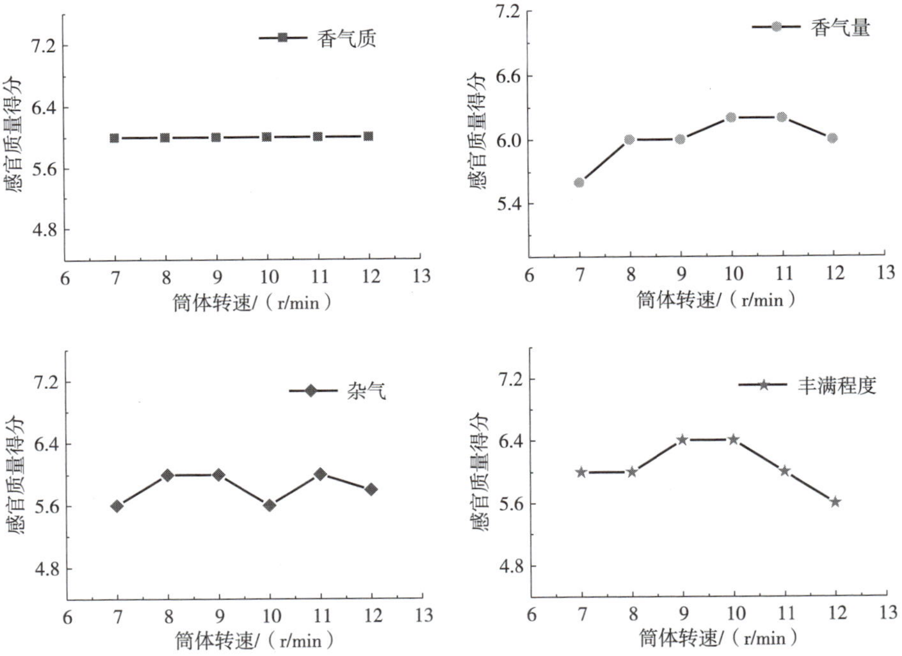

图 2-112　滚筒转速对卷烟香气特性的影响

由图 2-111 至图 2-114 可以看出：（1）在试验的数据范围内，烘丝机筒体转速对感官质量的影响较大。烘丝机筒体转速在 7～12r/min 变化时，感官质量得分在 69.0～73.0 分，感官质量得分分差为 4.0 分，变化较大。过低的筒体转速对感官质量有明显不利的影响，转速在 8～12r/min 变化时，感官质量得分在 72.0～73.0 分，感官质量变化较小。（2）不同的筒体转速对香气

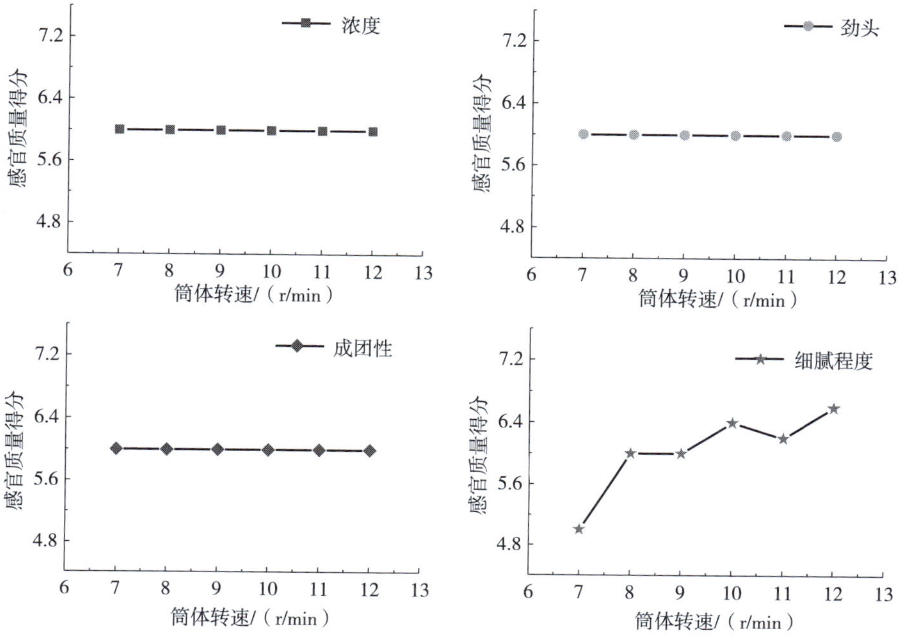

图 2-113　滚筒转速对卷烟烟气特性的影响

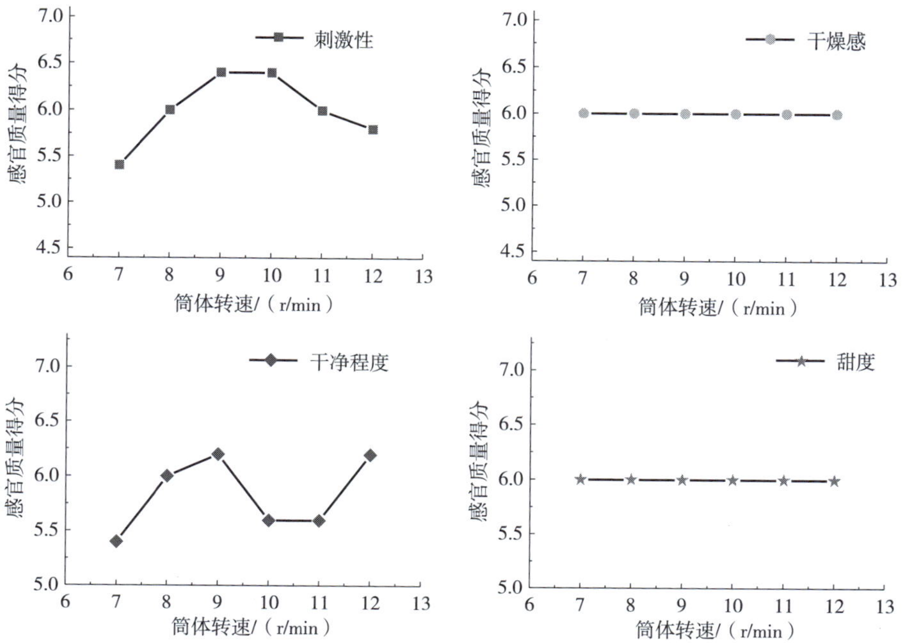

图 2-114　滚筒转速对卷烟口感特性的影响

量、丰满程度、细腻程度、杂气、刺激性、干净程度有影响，较高的筒体转速有利于香气量和细腻程度的提高；较低和较高的筒体转速对丰满程度、刺激性都有不利的影响；筒体转速对杂气、干净程度有影响，但影响效果不明显。

4. 热风温度对滚筒干燥感官质量的影响

与对照样比较，不同热风温度卷烟感官质量变化如图 2-115 至图 2-118 所示。

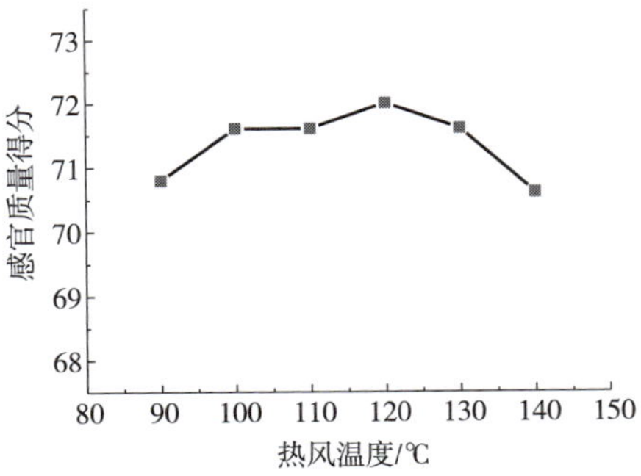

图 2-115　热风温度对卷烟感官质量的影响

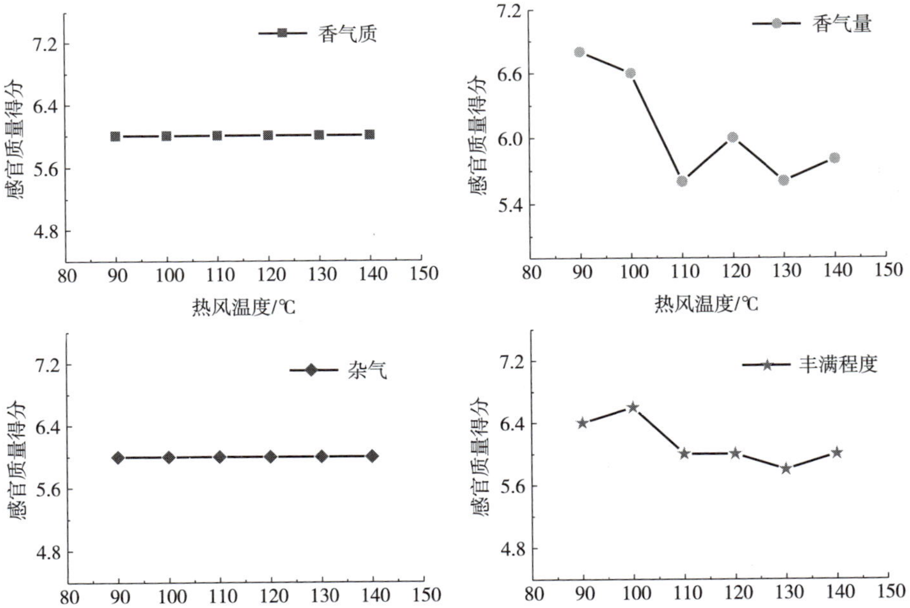

图 2-116　热风温度对卷烟香气特性的影响

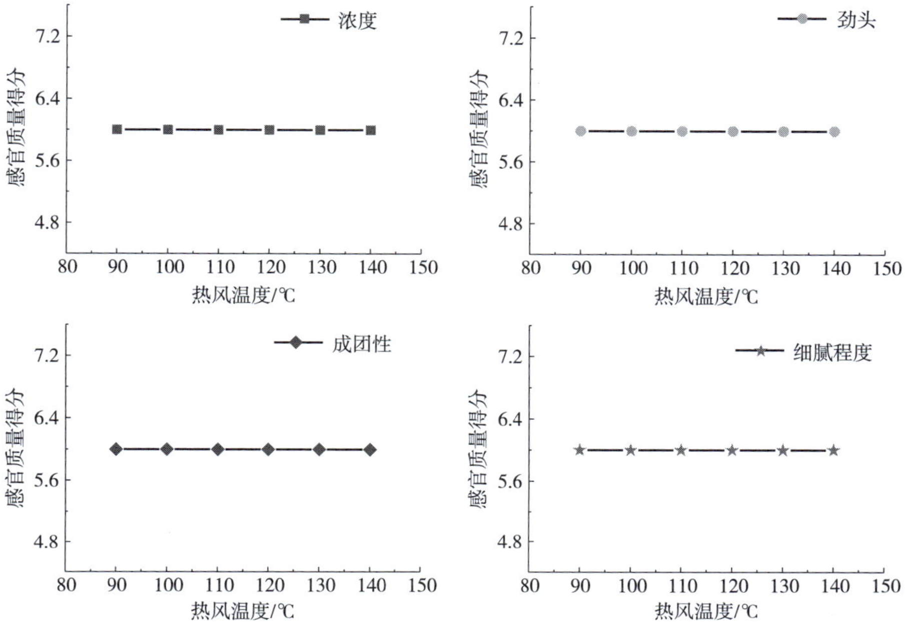

图 2-117　热风温度对卷烟烟气特性的影响

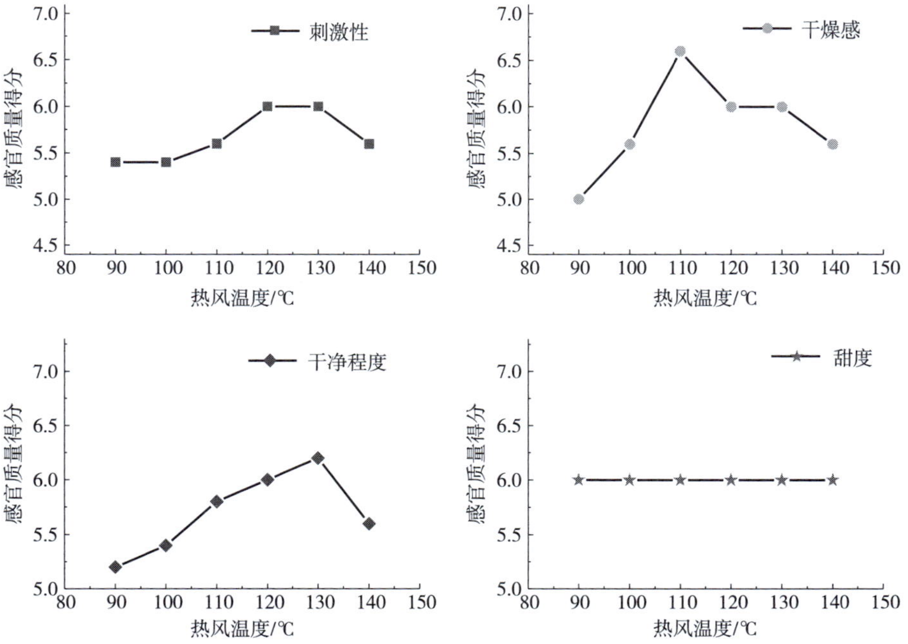

图 2-118　热风温度对卷烟口感特性的影响

由图 2-115 至图 2-118 可以看出：

（1）热风温度对感官质量的影响不大。热风温度在 90~140℃变化时，感官质量得分在 70.6~72.0 分，感官评吸得分分差为 1.4 分，变化不大。过高过低的热风温度均不利于感官质量的提高，热风温度在 100~130℃变化时，感官质量得分在 71.6~72.0 分，影响较小。

（2）不同的热风温度对香气量、丰满程度、刺激性、干燥感、干净程度有影响，在试验数据的范围内，较低的热风温度有利于香气量、丰满程度的提高，并且对香气量的影响较为明显；较高的热风温度有利于刺激性的减小和干净程度的提高；过低和过高的热风温度均对干燥感有不利的影响。

5. 热风风量对滚筒干燥感官质量的影响

与对照样比较，不同热风风量卷烟感官质量变化如图 2-119 至图 2-122 所示。

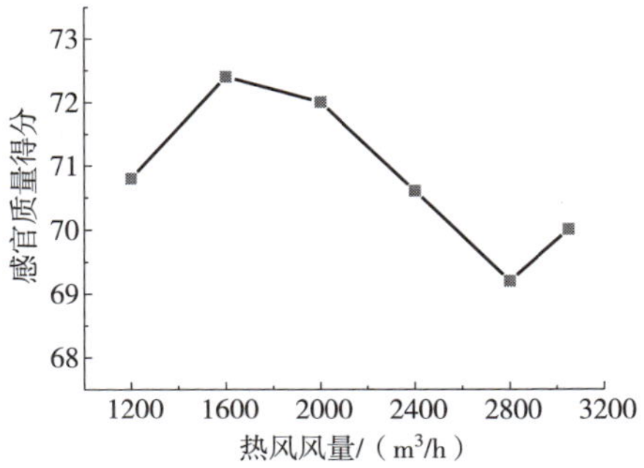

图 2-119　热风风量对卷烟感官质量的影响

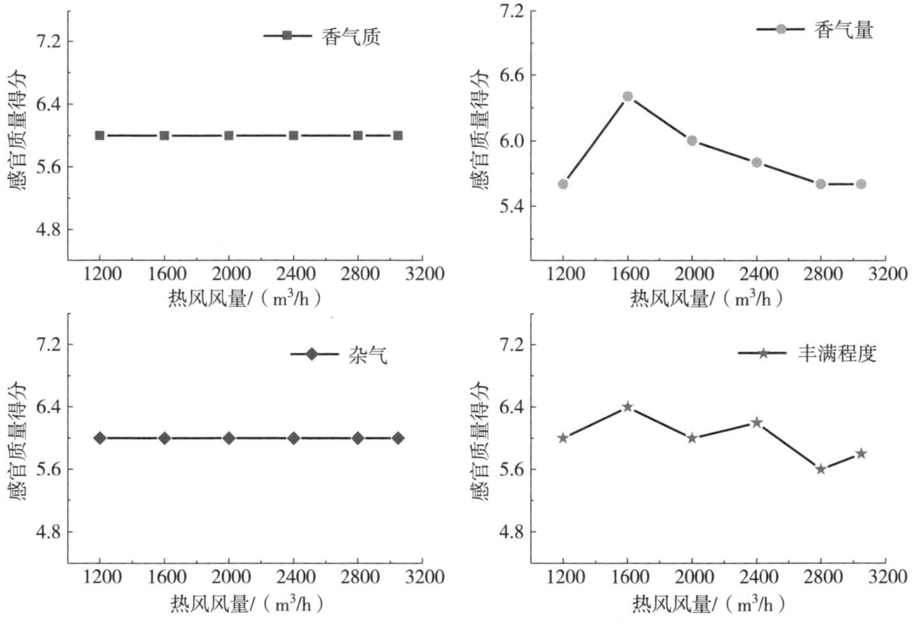

图 2-120　热风风量对卷烟香气特性的影响

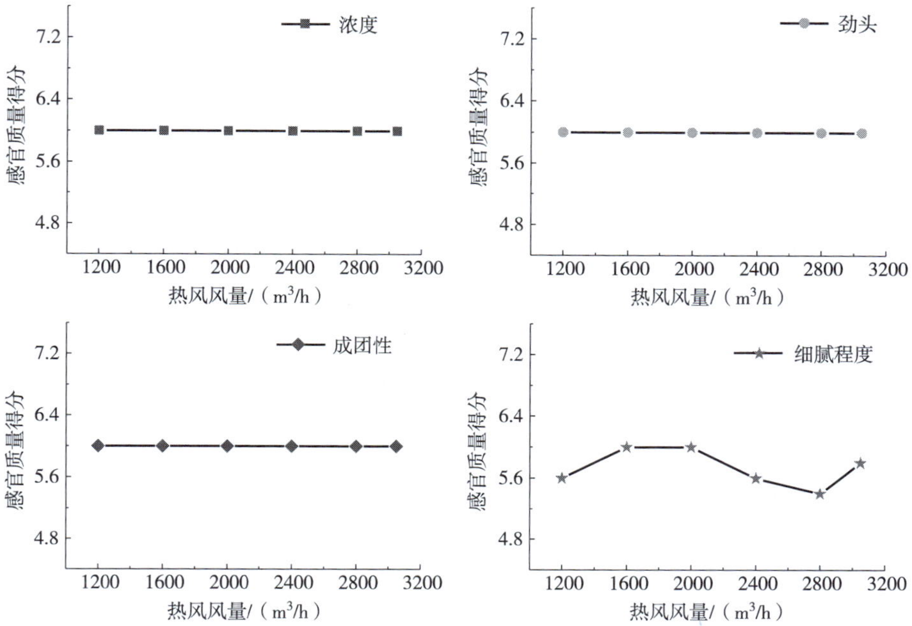

图 2-121　热风风量对卷烟烟气特性的影响

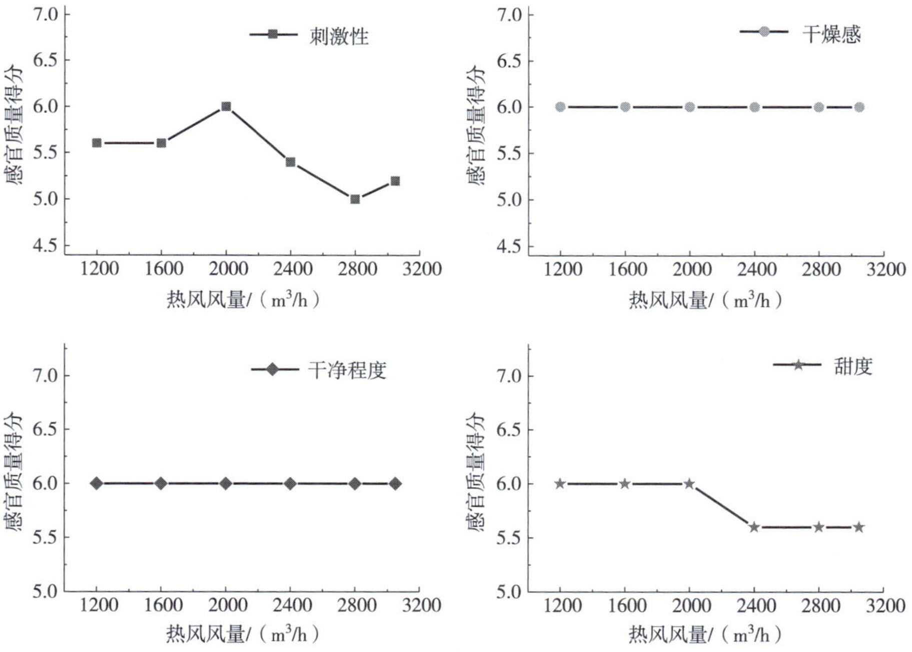

图 2-122　热风风量对卷烟口感特性的影响

由图 2-119 至图 2-122 可以看出：

（1）烘丝热风风量对感官质量的影响较大。热风风量在 1200～3050m^3/h 变化时，感官质量得分在 69.2～72.4 分，感官评吸得分分差为 3.2 分，变化较大。较低的热风风量有利于感官质量的提高。

（2）不同的热风风量对香气量、丰满程度、细腻程度、刺激性、甜度等指标有影响，较低的热风风量有利于香气量、甜度的提高，刺激性的减小；热风风量对丰满程度和细腻程度有影响，但影响效果不明显。

第三节　品控参数设计

依据工序参数对质量影响的试验研究结果，将工艺参数分为关键参数、重要参数和一般参数，如表 2-21 所示。生产过程中，应对关键、重要参数进行重点管控，下面以松散工序为例，对品控参数的设计域及控制域的确定方法进行介绍。

表 2-21　　工艺参数分类

类别	定义
关键参数指标	卷烟加工过程中对卷烟产品的质量及其稳定性具有重大影响且会造成严重质量缺陷的工艺参数或指标
重要参数/指标	卷烟加工过程中对卷烟产品的质量及其稳定性具有较大影响且须进行有效控制的工艺参数或指标
一般参数/指标	卷烟加工过程中对卷烟产品的质量及其稳定性具有一定影响但在一定范围内不会造成重大质量影响的工艺参数或指标

一、设计域分析

1. 设计域确定方法

以感官作为衡量依据，通过试验分析，判定各关键和主要参数对工序加工感官质量的影响程度，进而确定各参数的设计域范围。

设计域的确定原则如下：评价同一加工参数不同加工强度条件下加工感官质量与正常生产样品感官质量的偏离程度，偏离程度计算公式如下：

$$D = \sum_{i=1}^{m} \sum_{j=1}^{n} Q_i(|R_{ij} - R_{i0}|)/n$$

通过感官偏离程度 D 值来判断试验样品与正常生产样品的符合程度，感官质量发生明显变化时的加工强度即为参数设计域边界。

2. 试验方法

按试验设计进行试验，试验参数记录采用数采统计的办法进行，在设备运行稳定后进行数据采集，采集 10min 共 30 组数据，进行统计平均后记录在表 2-22 中。

表 2-22 松散回潮工序参数记录表

项目编号	物料流量/(kg/h)	汽水喷嘴蒸汽压力/MPa	加水流量/(L/h)	工作蒸汽压力/MPa	回风温度/℃	热风风机频率/Hz	筒体转速/(r/min)	物料入口含水率/%	物料出口含水率/%	物料出口温度/℃
HC-1	7428.0	0.2	350.4	1	54.7	50.5	8	12.4	17.88	57.1
HC-2	7493.0	0.2	350.8	1	49.4	50.5	8	11.9	17.39	51.5
HC-3	7516.2	0.2	350.8	1	60.0	50.5	8	12.2	18.00	57.3
HC-4	7509.8	0.2	349.3	1	65.1	50.5	8	11.7	17.90	59.3
HC-5	7548.4	0.2	350.9	1	70.0	50.5	8	12.2	18.20	59.4

3. 试验结果

以正常生产松散回潮样品（HC-1 组试验）作为对照样，采用感官质量评价办法对样品香气特性、烟气特性、口感特性三个方面进行感官评价，并按照相关计算办法，根据 13 项评吸指标的权重求算出每个试验样品的 D 值，结果如表 2-23 所示。

表 2-23 松散回潮工序感官质量评价

指标编号	香气特性				烟气特性					吸味特性				总分	D 值
	香气风格	香气质	香气量	透发性	杂气	劲头	浓度	细腻程度	成团性	刺激性	干燥感	回甜	残留		
HC-1	—	5.00	6.00	6.00	5.00	6.00	6.00	6.00	5.00	6.00	5.00	6.00	5.00	67.00	—
HC-2	1.11	4.89	5.78	5.78	4.67	5.89	5.89	6.00	5.11	5.78	5.00	5.78	4.22	64.78	1.19
HC-3	1.00	5.78	5.89	5.89	5.67	6.00	5.78	6.00	5.11	6.11	5.56	6.00	5.89	69.67	1.23
HC-4	1.00	5.11	5.89	6.11	5.33	6.56	5.78	5.78	5.33	5.33	5.11	5.67	5.00	67.00	1.31
HC-5	1.11	5.33	5.67	6.11	4.78	5.89	6.00	5.78	5.11	5.33	5.11	5.67	4.78	65.56	1.65
备注															

HC-1~HC-5 为关于松散回潮回风温度五水平单因素试验，由表 2-23 中数据可知该组试验中 HC-4 的试验样品感官质量评价最好，HC-1~HC-5 组试验 D 值的大小依次为 0.00、1.19、1.23、1.31、1.65。根据专家对样品的评吸比较结果，HC-2 与 HC-1 样品评吸基本无差异，HC-3 与 HC-1 样品评吸略有差异，因此以 D 值为 1.2 作为感官偏离程度临界值。由此，回风温度在 50~58℃时，该牌号试验烟叶样品感官质量没有发生明显变化，认定该牌号试验烟叶样品回风温度设计域在 50~58℃。

二、控制域分析

1. 控制域确定方法

对以往加工过程参数及测定指标数据进行统计分析，计算在满足 $C_{pk} \geqslant 1.0$ 情况下的参数和指标的允差范围。在至少满足 3σ 加工条件下，尽可能提高加工过程设备能力指数，具体确定步骤为：

（1）对生产数采历史数据进行分析，确定样本平均值 $\bar{x}$ 、标偏 s；

（2）根据数据统计分析结果，与设定中心值 M 进行比较，确定中心值偏移量 ε；

（3）利用过程能力指数公式计算技术标准范围 T，计算公式为 $T = 2 \times (3s \times C_{pk} + \varepsilon)$；

（4）由技术标准范围 T，结合《卷烟工艺规范》和设备控制状况最终确定控制域范围。

2. 数据统计分析

针对研究工序和卷烟牌号，对参数和指标的设定值及设定允差范围进行收集，收集 30 批正常生产的操作参数及检测指标的数采数据，作为数据分析的基础。30 批数据应均匀分布在早班、中班、晚班 3 个不同班次。

结合设定值对收集到的数据进行分析。对收集到的 30 批数据的头尾进行处理，保留生产稳定后的数据，随机选取每批生产稳定后的参数或指标数据中的 60 个作为考察数据样本，对样本的平均值、波动范围、样本标准偏差等进行统计计算。根据设定中心值及数据分析得到的样本平均值及样本标准偏差，保证 $C_{pk} \geqslant 1.0$，利用公式 $T = 2 \times (3s \times C_{pk} + \varepsilon)$ 计算各参数及检测指标的允差范围。具体计算结果如表 2-24 所示。

表 2-24　　松散回潮工序控制域研究数据表格（QPL）

项目	物料流量/（kg/h）	汽水喷嘴压力/MPa	加水流量/（L/h）	回风温度/℃	筒体转速/（r/min）	入口物料		出口物料	
						含水率/%	温度/℃	含水率/%	温度/℃
设定值（*M*）	7500	0.2	350	55	8	—	—	17.5	50
设定允差	±200	±0.02	—	±3	_	—	—	±1	±5
最大值	7851	0.20	—	58.90	8	—	—	19.50	57.69
最小值	7203	0.20	—	53.46	8	—	—	16.31	46.01
平均值	7498	0.20	—	54.84	8	—	—	17.74	51.88
标偏（*s*）	101	0.00	—	0.54	0	—	—	0.48	2.41
偏移量	2	0	—	0.16	0	—	—	0.24	1.88
计算允差（*T*）	608	0	—	3.57	0	—	—	3.36	16.22
备注	试验牌号：QPL；数据采集频次：20s/个								

由表 2-24 数据统计分析可知，在松散回潮工序，物料流量设定值合理，但允差设定范围 200kg/h 小于统计分析计算允差范围，计算允差为±304kg/h；汽水喷嘴压力和筒体转速控制较好，基本恒定；回风温度设定值合理，设定允差范围合理，略大于回风温度计算允差；出口物料含水率设定值与计算平均值基本一致，但设定允差较小，需适当放宽出口物料含水率允差范围；出口物料温度设定值小于测定统计平均值 1.88℃，计算允差较设定允差偏大，需重新分析设定。

3. 控制域确定

根据数据统计计算与分析结果，结合《卷烟工艺规范》和设备控制状况对设定允差进行修订，最终确定各工序控制域范围，具体表格见表 2-25。

表 2-25　　松散回潮工序控制域（QPL）

参数	设定中心值	允差上限	允差下限
物料流量/（kg/h）	7500	7800	7200
汽水喷嘴压力/MPa	0.20	0.22	0.18
回风温度/℃	55.00	58.00	52.00

续表

参数	设定中心值	允差上限	允差下限
筒体转速/(r/min)	8.0	—	—
物料出口含水率/%	17.50	19.00	16.00
物料出口温度/℃	52.00	59.00	45.00

通过研究可知，一些设备参数及质量指标设定值及允差没有进行设定或设定不合理；由于设备控制方式及控制路径的差异，部分参数或指标设置较为宽泛，通过控制域研究可为重新制定或完善参数或指标设置以达到质量稳定控制提供依据；同时在控制域研究过程中，引入过程能力指数的概念有利于发掘设备的潜力，最大限度满足设备加工要求。

第三章
工艺风险防控

卷烟产品从产品设计、卷烟生产、市场流通一直到最终消费抽吸的整个产品生命周期中始终存在产品质量风险。在产品工艺设计和卷烟生产过程中应导入基于风险的理念，应用风险管理相关方法和工具，开展工艺风险管理，减少产品质量风险损失，使质量风险损失控制在企业可接受水平。质量风险管理贯穿于产品工艺设计和卷烟生产过程中，包括对工艺质量风险开展相应的识别、评估、应对及评审等四个方面。

第一节　概念与过程

一、风险管理概念

风险是指损失发生的可能性以及后果的危害性，是一种不确定性。质量风险是交付产品的质量属性和顾客的期望值的偏离所引起的危机。质量风险管理就是通过对产品质量风险因素的识别、评估、应对，以减少风险源的存在，降低风险发生的概率，从而减少风险损失，使风险损失控制在决策者的可接受水平。

风险管理是一个系统化的过程，是对产品在整个生命周期过程中，对风险的识别、评估、应对和评审的过程。风险管理通常遵循以下原则。

①控制损失，创造价值：以控制损失、创造价值为目标的风险管理，有助于组织实现目标，提升治理水平。

②融入组织管理过程：风险管理不是独立于组织管理过程的单独活动，而是组织管理过程的重要组成部分。

③支持决策过程：组织的所有决策都应考虑风险和风险管理，风险管理有助于组织决定行动优先顺序并选择可行的行动方案，帮助决策者做出合理的决策。

④应用系统的、结构化的方法：系统的、结构化的方法有助于风险管理效率的提升，并产生一致、可比、可靠的结果。

⑤以信息为基础：风险管理要以有效的信息为基础。

⑥环境依赖：风险管理取决于组织所处的内部和外部环境以及组织承担的风险。

⑦持续改进：风险管理是适应环境变化的动态过程，应通过风险评审等方式，使风险管理得到持续改进。

二、风险管理过程

风险管理过程通常包括风险识别、风险评估、风险控制以及风险评审等四个阶段。

风险识别是指风险管理部门运用一定的方法，系统地、连续地认知所面临的各种风险以及分析风险事故发生的潜在原因，生成一个全面的风险列表。风险识别包含两个环节：一是感知风险，即了解客观存在或潜在的各种风险；二是分析风险，即分析引起风险的各种因素。风险识别的方法有多种，主要有现场调查法、流程图分析法、事故树分析法、风险清单分析法等。

风险评估是在风险识别的基础上，利用相关信息和适宜工具，对识别出的风险进行定性或定量的分析，衡量风险大小，为风险应对提供输入。风险评估应关注三个方面的问题：一是风险产生的后果是什么；二是风险发生的可能性是多少；三是当前对该风险的控制情况。风险评估常用的工具有失效模式和效应分析法、危险与可操作性分析法等。

风险应对是在现有技术及管理水平上以最少的资源投入达到消减风险的结果，将风险控制在可接受水平，是风险管理的最终目的。风险降低的途径包括风险规避、损失控制、风险转移和风险保留。

风险评审是指对风险应对的情况进行审查和评价，观察是否有超出当时风险评估所在状态的情况，是否有必要通过技术改进或采取其他措施降低风险。企业应建立年度的风险审查制度，全面、系统分析一年来的产品质量各项指标以及风险控制情况，总结偏差特点和趋势，建立降低风险的改进计划。

风险管理是一个动态的、持续改进的过程，风险管理流程如图 3-1 所示。

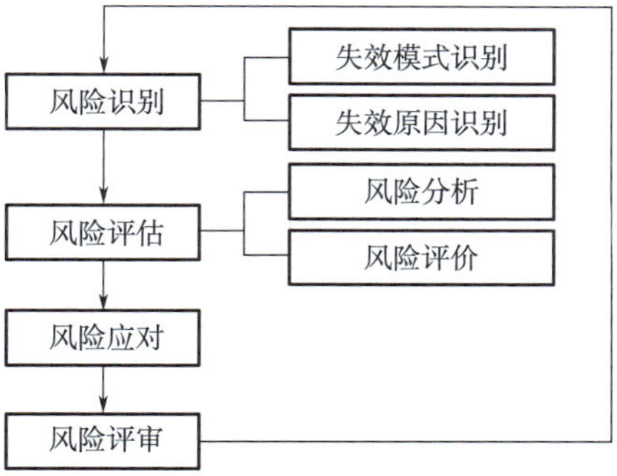

图 3-1　风险管理流程

第二节　工艺风险识别

风险无处不在，只有全面、系统、准确地识别出产品工艺设计和卷烟生产过程中存在或面临的工艺质量风险，才能客观评估质量风险，进而主动地选择适当有效的方法应对。

风险识别是风险管理的第一步。风险识别包括两部分：一是识别产品工艺设计和卷烟生产过程中存在或潜在的产品质量风险（即产品失效模式），生成产品失效模式列表；二是分析失效模式产生的原因，生成失效原因因果矩阵表。其中，对于失效模式的识别是基础，失效原因分析是风险识别的关键。

一、失效模式识别

通过系统、全面、准确地识别产品工艺设计和卷烟生产过程可能出现的产品偏离顾客期望的情况，为后续针对性开展失效原因分析、风险评估、风险应对确立目标。

（一）识别原则

1. 系统全面的原则

围绕产品形成的过程，贯穿于产品的整个生命周期。

2. 合理准确的原则

基于外部和内部顾客的期望，聚焦各级质量标准的要求。

3. 真实客观的原则

依据客观的历史经验资料，追溯质量风险事故的历史记录。

4. 潜在性假设原则

基于工艺设计和生产过程的失效机理，提出合理的假设，识别潜在的失效模式。

（二）识别途径

失效模式识别途经主要包括三个方面：基于工艺设计失效的识别、基于产品质量特性失效的识别和基于现有规章制度失效的识别。

1. 基于工艺设计的失效模式识别

卷烟生产过程各环节都有明确的工艺任务和目标，基于经验记录或逻辑推理，分析各环节发生偏离工艺目标的可能性，可从以下方面展开：

（1）工艺流程设计缺陷；

（2）工序设备选型缺陷；

（3）设备参数设计缺陷；

（4）工艺指标设计缺陷；

（5）原材料类型设计缺陷；

（6）监测与测量的设计缺陷；

（7）其他通用技术设计缺陷。

2. 基于产品质量特性的失效模式识别

卷烟生产过程中各工序产品（成品、半成品、在制品）都有相应的质量特性要求，基于产品质量特性的失效模式识别，可从以下方面展开：

（1）产品基本功用的丧失；

（2）产品的安全性缺陷；

（3）产品对健康的危害；

（4）产品感官质量偏离设计值；

（5）产品尺寸规格偏离与包装损坏；

（6）产品物理性能的偏离；

（7）产品外观的瑕疵；

（8）其他与产品质量特性有关的偏离。

3. 基于现有规章制度的失效模式识别

基于已有的法律法规、行业和企业标准要求以及顾客期望，识别工艺设计和卷烟生产过程可能出现的不符合要求情况，从以下方面展开：

（1）与国家法律、法规的冲突；

（2）与国家标准、行业标准的冲突；

（3）市场反馈的不良信息（含投诉）；

（4）与企业生产经营战略的冲突；

（5）与物流管理制度的冲突；

（6）与工艺管理制度的冲突；

（7）与行业内外科学试验结论的冲突；

（8）与其他有关规章制度的冲突。

（三）识别步骤

失效模式识别通常以过程或工序为对象，识别工艺设计和卷烟生产各过程中可能出现的失效模式，步骤如下。

1. 明确质量特性

依据国家相关法律法规、行业和企业标准要求以及顾客期望，确定原料贮存、烟用材料贮存、制丝过程、滤棒成型、卷制包装及成品贮存等卷烟生产各过程或工序输出的质量特性。

2. 确定失效模式

将未满足质量特性要求的质量属性确定为失效模式。

3. 定义失效模式

对失效模式进行定量或定性的描述，并依照卷烟产品质量形成路径生成失效模式及定义。

（四）识别结果

在失效模式识别过程中，应特别关注过程中的失效信息是否都得到有效的收集整理，形成失效模式清单，并进行规范的技术性处理，包括失效模式的定义、失效模式数据源的固化等。

1. 失效模式清单

失效模式清单是工艺设计和卷烟生产过程中可能发生失效模式的集合，包括失效模式名称、所处工序、失效影响及其失效机理。失效模式清单中各失效模式的名称必须简明、正式，避免出现重名、口语化等情况。

2. 失效模式定义

失效模式定义为质量特性偏离标准要求的技术性描述，是对于各项失效模式的详细解释，便于在实际操作中对照进行失效判定，表述应清晰、明了。在许可的条件下，尽量采用可量化的失效模式定义，减少人为主观意见在失效判定中的比重，防止歧义。

3. 失效模式数据源固化

失效模式数据源是后续持续开展质量风险评价的基础和主要依据，可保证质量风险评价科学性、规范性、统一性。在识别失效模式过程中，应注意以下几点：

（1）每一项失效模式应至少有一个信息收集的方式；

（2）当存在多渠道失效信息收集时，应固化不同渠道数据的使用规则；

（3）避免出现同一失效模式重复使用同一数据源的情况；

（4）不同失效模式可使用同一数据源。

表 3-1 是失效模式及定义示例。

表 3-1　　失效模式及定义示例

过程	工序	序号	失效模式	定义
原料贮存	仓储	1	虫情	烟叶叶面中有大量虫眼、虫粪或活虫
		2	表层霉变	通过目视检查原料表层有白、青色绒毛状物或鼻闻有霉味
		3	包芯霉变（碳化）	通过目视检查原料包芯有白、青色绒毛状物或鼻闻有霉味（严重时产生碳化、阴燃）
			……	…………
烟用材料贮存	仓储	1	混牌	两种或两种以上规格烟用材料相混
		2	异味	烟用材料有自身材料固有气味之外的气味
		3	过期	烟用材料贮存期限超过规定要求
			……	…………
制丝过程	润叶加料	1	含水率高	批含水率平均值高于工艺标准值允差上限
		2	温度低	批温度平均值低于工艺标准值允差下限
		3	料液施加不均匀	加料瞬时比例标偏大于允差的 1/2 或雾化效果不良
			……	…………

续表

过程	工序	序号	失效模式	定义
滤棒成型	滤棒成型	1	错、混牌	错牌：使用材料与下达标准任何一项不符合 混牌：两种或两种以上规格滤棒相混
		2	滤棒缩头	滤棒端面下陷面积大于横截面 1/3 且深度大于 0.5mm
		3	滤棒切口不平齐	切口毛茬大于 1.0mm 或切口端面高低差大于 1.0mm
			……	…………
卷制包装	卷制	1	错、混牌	错牌：使用烟丝、材料与下达标准任何一项不符合 混牌：两种或两种以上规格产品相混
		2	熄火	卷烟点燃后，烟支连续阴燃的长度小于 40mm
		3	接装纸长短	接装纸长度差大于 1.0mm
			……	…………
	包装	1	盒内缺支	盒内烟支数量少于包装要求
		2	盒内烟支排列错误	排列方式不符合设计要求
		3	内衬纸破损	可视区域有破损；其他区域破损长度大于 5mm
			……	…………
成品贮存	成品入库	1	箱体破损	箱体破损长度大于 5cm 且刮破 2 层以上瓦楞纸
		2	箱体变形	因外力影响导致箱体明显变形
		3	箱体污渍	箱体表面有长度大于 5.0cm 的污渍
			……	…………

二、失效原因分析

失效模式的产生源自相关因素的失效或质量形成过程的失控。因此质量风险防控大部分情况并非针对失效模式本身，而是针对造成失效的原因和过程。为了保障质量风险的防控有效性，需要进行科学、系统的失效机理溯源分析。失效原因分析原则包括以下几点。

①系统梳理的原则：对可能引起失效的因素从产品形成过程的多个维度进行梳理，防止遗漏。

②层级深入的原则：对各个维度进行逐层分析，直至深入到末端因素。

③专业理论支撑的原则：结合专业理论知识，分析末端因素与失效模式之间影响关系。

④合理利用工具的原则：充分利用专业性分析工具，以提高分析效率，保证分析效果。

1. 失效原因分析方法

失效机理分析是质量风险控制中最为核心的环节，直接关系到质量风险防控的成效，应由稳定的专业团队进行。在进行分析时，应尽量全面收集失效机理信息，从以下方面开展原因分析。

（1）针对每个失效模式，采用因果分析方法，应用因果矩阵表，从人、机、料、法、环、测等多维度原因分析，识别并列举可能失效原因。

（2）在各维度上，利用层级分析法，绘制质量风险结构的层次图，一般情况下应深入到三层级或以上。

（3）在层次图上，枚举各层级的相关因素，并用专业知识判断是否存在影响关系，直至分析至末端因素。

（4）充分利用头脑风暴法、专家调查（访谈）法、经验判断法、鱼骨图法等专业性探测工具，确定关键的影响因素，分析其失效模式形成的基本规律。

2. 失效原因关联性分析

（1）根据失效原因与失效模式理论关联性的相对强弱及该失效原因导致失效模式发生频率的相对高低，对每个失效原因进行关联度评分，形成失效模式因果矩阵表。表 3-2 为关联度评分表的示例，表 3-3 为失效模式因果矩阵表的示例。

（2）根据关联度评分结果，一般选取强、中相关（关联度评分值大于等于 5 分）的失效原因作为失效要因，纳入风险分析对象。

表 3-2　　关联度评分表示例

<table>
<tr><th rowspan="2">关联度</th><th colspan="2">评分准则</th><th rowspan="2">分值</th></tr>
<tr><th>失效原因与失效模式的理论关联性</th><th>失效原因导致失效模式发生的频率</th></tr>
<tr><td rowspan="3">强相关</td><td>强</td><td>高</td><td>10</td></tr>
<tr><td>强</td><td>中</td><td rowspan="2">8~9</td></tr>
<tr><td>中</td><td>高</td></tr>
<tr><td rowspan="3">中相关</td><td>强</td><td>低</td><td rowspan="3">5~7</td></tr>
<tr><td>中</td><td>中</td></tr>
<tr><td>弱</td><td>高</td></tr>
<tr><td rowspan="3">弱相关</td><td>弱</td><td>中</td><td rowspan="2">2~4</td></tr>
<tr><td>中</td><td>低</td></tr>
<tr><td>弱</td><td>低</td><td>1</td></tr>
<tr><td>无相关</td><td colspan="2">失效原因与失效模式无关联</td><td>0</td></tr>
</table>

表 3-3 **失效模式因果矩阵表示例**

工序：叶丝干燥（LWD）

失效模式（果）	失效原因（因）																			
	人		机									料*		环		测		法	
			筒壁温度控制系统				排潮除尘系统				……		……		……		……		……
	技能不够	责任心不强	筒壁温度 PID 控制失效	温度传感器失效	减压阀失效	……	除尘风机故障	负压检测装置失效	筒壁负压 PID 控制失效	……	……	来料水分波动		设备清洁度超标		出口水分仪检测不准		筒壁温度指标超标	
含水率高	2	4	3	3	7		8	6	2			4		4		8		3	
含水率低	2	4	3	3	2		2	4	2			4		4		8		3	
温度高	2	3	3	3	2		2	2	2			3		0		2		3	
温度低	2	3	3	1	3		3	2	2			3		0		2		3	
水渍叶丝	2	4	0	0	2		0	0	0			4		5		0		0	
烟丝填充值低	2	2	3	4	5		7	5	4			3		0		4		3	

* 在风险分析中，料的因素由上工序进行分析，不纳入该工序中分析

日期：　　　　部门：　　　　制表：　　　　审批：

第三节　工艺风险评估

风险评估旨在衡量风险大小，为风险应对提供输入。风险评估包括风险分析和风险评价。

一、风险分析

风险分析是从风险的严重度（*S*）、风险发生的频度（*O*）和风险的可探测度（*D*）三个维度进行综合分析，得出风险顺序数（RPN 值），确定风险水平。风险分析步骤如下：

①风险维度评分准则制订：根据质量风险对产品影响后果或潜在后果的程度制订严重度评分准则，根据质量风险发生的频率制订频度评分准则，根据对质量风险的探测控制能力及其原因的预防控制能力制订探测度评分准则；

②风险维度评分：依据风险维度评分准则对确定的质量风险从严重度、频度和探测度三个维度进行评分；

③风险顺序数计算：依据质量风险的严重度、频度和探测度的评分结果，将三者评分值相乘，计算得出风险顺序数，确定风险水平。

（一）风险维度评分准则制订

首先应制订风险维度评分准则，为风险分析提供依据。

1. 严重度评分准则制订

根据失效模式对产品影响后果或潜在影响后果的程度制订严重度评分准则。严重度由弱到强用 1～10 分来表示，1 分代表程度最低，10 分代表程度最高。

严重度评分准则制定应考虑以下因素：

（1）影响消费者吸食；

（2）影响消费者使用；

（3）影响卷烟感官质量；

（4）影响卷烟物理或外观质量。

表 3-4 给出制丝过程严重度评分准则的示例，表 3-5 给出卷包过程严重度评分准则的示例。

表 3-4　　制丝过程严重度评分准则示例

严重程度	评分准则	失效模式		分值
很严重	影响消费者吸食	安全性限制性指标超标、有害污染物、霉变等		10
严重		一类杂物（塑料、橡胶）、油烟、异味等		9
很高		叶组配方错、香精香料配方错、错混牌等		8
高		水渍烟、料渍烟、烟虫等		7
中等	影响感官质量	后工序（干燥后）	香精施加比例不符、料液施加比例不符、掺配比例不符、二三类杂物等	6
低			水分超标、温度超差、湿团烟丝等	5
很低		前工序（干燥前）	水分超标、颜色转深等	4
轻微			温度超标等	3
很轻微	影响烟丝物理质量	切片宽度不均匀、片烟结块、切丝宽度不均匀、烟丝粘连、烟丝填充值低、烟丝碎丝率高等		2
无	无影响	无影响		1

表 3-5　　卷包过程严重度评分准则示例

严重程度	评分准则	失效模式	分值
很严重	影响消费者吸食	安全性限制性指标超标、有害污染物、霉变等	10
严重		一类杂物（塑料、橡胶）、油烟、异味等	9
很高	影响消费者使用	烟支爆口、错装、少装、错支、缺支、漏气、熄火等	8
高		翻盖打不开、烟支空松、拉带缺失或拉不开等	7
中等	影响感官质量	烟支吸阻超标、烟支总通风率超标、二三类杂物等	6
低	影响卷烟物理或外观质量	条盒破损、小盒破损、小盒内烟支倒装、烟支含水率超标等	5
很低		烟支质量、圆周、硬度、长度、含末率超标等	4
轻微		烟支表面不洁、盒装叠角损伤、接装纸颜色不均等	3
很轻微		烟支夹末、商标纸针眼外露、烟支搭扣翘边等	2
无	无影响	无影响	1

2. 频度评分准则制订

根据特定要因导致失效模式发生的频率制订频度评分准则。频度由低到高用1~10分来表示，1分代表发生可能性极低，10分代表发生可能性很高。

频度评分准则制定应考虑以下因素：

（1）卷烟制造各过程的产品质量特性；

（2）失效模式发生频率的统计样本量。

表3-6给出制丝、卷制包装过程频度评分准则的示例。

表3-6　制丝、卷制包装过程频度评分准则示例

失效模式发生的可能性（频率）	制丝过程评分准则	卷制包装过程评分准则	分值
很高	$M \geq 10\%$	$M \geq 2\%$	10
高	$10\% > M \geq 5\%$	$2\% > M \geq 1\%$	9
	$5\% > M \geq 2\%$	$1\% > M \geq 0.5\%$	8
	$2\% > M \geq 1\%$	$0.5\% > M \geq 0.2\%$	7
中等	$1\% > M \geq 0.2\%$	$0.2\% > M \geq 0.05\%$	6
	$0.2\% > M \geq 0.05\%$	$0.05\% > M \geq 0.01\%$	5
	$0.05\% > M \geq 0.01\%$	$0.01\% > M \geq 0.002\%$	4
低	$0.01\% > M \geq 0.001\%$	$0.002\% > M \geq 0.0003\%$	3
	$M < 0.001\%$	$M < 0.0003\%$	2
极低	未发生过失效	未发生过失效	1

注：M指不良率。

3. 探测度评分准则制订

根据对失效模式的探测控制能力及其要因的预防控制能力制订探测度评分准则。探测度由低到高用1~10分来表示，1分代表肯定能发现或预防问题，10分代表不能探测出问题或控制措施缺失。

探测度评分准则制定应考虑以下因素：

（1）是否有针对要因的预防措施；

（2）是否有针对结果的探测控制；

（3）探测控制方式；

（4）产品特性检验或试验的结果。

表 3-7 给出探测度评分准则的示例。

表 3-7　　探测度评分准则示例

探测可能性	控制方式		评分准则	分值
几乎不可能	无控制方式或控制完全无效		无现行的制造过程控制措施，不能进行探测和预防	10
很微小	针对结果的探测控制（事后检验）	离散抽样	使用离散数据进行抽样检验，控制效果很差，失效模式发生很多	9
微小		离散全检	使用离散数据进行 100%检验，控制效果差，失效模式发生多	8
低		连续检验	使用连续数据进行抽样检验，控制效果较差，失效模式发生较多	7
中等		连续全检	使用连续数据进行 100%检验或者使用离散型数据的控制图，控制效果中等，失效模式发生一般	6
中等偏高	针对原因的预防控制（事前预防）	无检验	针对失效原因控制包括使用连续型数据的控制图，控制效果较好，失效模式发生少	5
较高		离散抽检或全检	针对失效原因控制包括使用连续型数据的控制图或者防错，控制效果好，失效模式发生较少	4
高		连续检验	针对失效原因控制包括使用连续型数据的控制图或者防错，控制效果很好，失效模式发生很少	3
很高		连续检验	针对失效原因控制包括使用连续型数据的控制图或者防错，控制效果极好，失效模式发生极少	2
肯定能探测	控制方式非常有效		针对失效模式的原因进行非常有效的控制，失效模式不会发生	1

（二）风险维度评分

1. 严重度评分

依据严重度评分准则，对失效模式的严重度进行评分。

2. 频度评分

依据频度评分准则，对失效模式各要因的频度进行评分，评分步骤如下：

（1）依据收集到的相关数据，计算失效模式的不良率。

（2）依据失效要因识别结果，将失效模式因果矩阵表中关联度评定为强、中相关的失效要因纳入分析对象。

（3）依据失效原因关联度的评分值，按式（3-1）将失效模式的不良率分配至各失效要因。

$$M_i = \frac{X_i}{\sum_{i=1}^{n} X_i} \times N \tag{3-1}$$

式中　M_i——失效模式要因的不良率；

X_i——纳入分析的失效要因关联度赋分值；

N——失效模式不良率。

（4）依据失效模式要因的不良率，对照频度评分准则，对失效模式要因的频度进行评分。

3. 探测度评分

依据探测度评分准则，对失效模式各要因的探测度进行评分，评分步骤如下：

（1）识别失效模式的现行控制方法，列出针对失效模式各要因的预防控制方法和针对结果的探测控制方法。

（2）依据现行控制方法，结合失效模式要因频度评分结果，对照探测度评分准则，对失效模式各要因的探测度进行评分。

（三）风险顺序数计算

依据失效模式严重度、失效模式要因的频度、失效模式要因的探测度的评分结果，将三者评分值相乘，计算得出失效模式各要因的风险顺序数（$RPN=S\times O\times D$），并按工序将以上分析结果形成风险分析表。表 3-8 为风险分析表示例。

二、风险评价

风险评价将风险分析的结果与企业的风险等级评定准则进行比较，确定风险等级，以便做出风险应对的决策。

表 3-8　风险分析表示例

工序（a）	失效模式（b）	失效模式不良率（c）	对产品的影响（d）	严重度（e）	失效要因（f）	失效要因不良率（g）	频度（h）	现行控制方法		探测度（k）	风险顺序数（l）
								针对原因的预防控制（i）	针对结果的探测控制（j）		
叶丝干燥	含水率高	0.120%	影响感官质量	5	减压阀减压失效，筒壁压力降低，筒壁温度无法满足脱水要求	0.029%	4	周期点检（每 2d）	100% 在线检测；批检测	4	80
					除尘风机通信故障，造成除尘风机停止运行，设备的排潮能力下降，滚筒内部的热风含水率偏高，脱水能力下降，导致含水率偏高	0.033%	4	无		6	120
					负压检测装置堵塞，造成负压检测不准确，除尘风机频率下降，滚筒排潮能力下降，热风含水率增高，脱水能力下降，导致含水率偏高	0.025%	4	周期维护（每季度）		4	80
					出口水分仪检测不准确，显示值比实际值低，导致实际含水率高	0.033%	4	每周校准		4	80

叶丝干燥	含水率低	0.110%	影响感官质量	5	出口水分仪检测不准确，显示值比实际值高，导致实际含水率低	0.110%	5	每周校准	100%在线检测；批检测	5	125

填表说明：

（a）填写工序名称；

（b）填写失效模式名称；

（c）填写失效模式的不良率：根据不良率计算方法计算得出失效模式的不良率；

（d）填写对产品质量影响的情况；

（e）填写失效模式严重度分值：根据严重度评分准则评出严重度分值；

（f）填写失效模式的主要原因：将失效模式因果矩阵表中评分值大于等于 5 分（强、中相关）的失效原因作为失效要因纳入表中进行分析，原因内容尽量翔实；

（g）填写失效模式各要因的不良率：按式（3-1）将（c）栏中的不良率计算出失效模式各要因的不良率；

（h）填写失效模式各要因的频度分值：根据（g）栏中的不良率对照频度评分准则评出频度分值；

（i）填写针对失效模式各要因的预防控制方法；

（j）填写针对失效模式结果的探测控制方法；

（k）填写探测度分值：根据针对失效要因的预防控制方法和针对结果的探测控制方法，对照探测度评分准则评出探测度分值；

（l）填写风险顺序数分值：计算风险顺序数，将（e）、（h）、（k）栏中的分值相乘。

（一）风险等级评定准则制订

依据企业质量风险管控现状，结合各过程的风险分析结果，制订风险等级评定准则，作为风险等级确定的依据。

风险等级评定准则可按以下原则制订：

（1）将风险等级划分为高风险、中风险及低风险三个类别；

（2）按卷烟制造各过程制订相应的风险等级评定准则；

（3）将风险顺序数按分值由大到小进行排序，根据企业质量风险管控现状，确定划分高风险、中风险及低风险的 RPN 值。

风险等级评定可根据帕累托法则（重要的少数），风险顺序数由大到小按“20%-40%-40%”划分高、中、低风险。

（二）风险等级确定

将计算得出各过程的风险顺序数与企业的风险等级评定准则进行比较，确定各风险项的风险等级。

第四节 工艺风险应对

依据风险识别和风险评估的结果，结合企业质量风险管控现状，选取风险等级高的风险项，针对失效原因及现行的控制、探测措施，制订并实施必要的风险消除或降减措施，通过降低风险发生的频度或提高风险的可探测度，将风险控制在企业可以接受的程度。

一、风险应对原则

1. 顺序控制原则

按严重程度、频度、探测度顺序优先控制高损失风险、多发风险、易探测风险，严格控制重点风险，兼顾一般风险。

2. 聚焦重点原则

风险的严重度不会随着主观意愿而发生改变，在法律法规、顾客需求等客观条件未发生改变的情况下，风险控制的重点应落在降低频度、探测度分值上。

3. 防控结合原则

采用事前、事中、事后控制相结合。事前消除风险发生的根源降低概率，事中防止损失持续扩大，事后处置应最大程度减少损失。

4. 可接受的原则

结合企业实际和顾客需求，确认可以认为已经采取了最佳的质量风险策略的情况，明确质量风险已经降低至可接受的水平。

通常选取应对风险项的优先顺序如下：

（1）风险等级高的风险项；

（2）严重度高的风险项；

（3）频度高且现行控制或探测措施不完善的风险项；

（4）顾客关注的风险项；

（5）新增风险项。

二、风险应对流程

风险应对通常按如下流程展开：

（1）依据风险评估结果及企业质量风险管控现状，确定应对风险项；

（2）针对每一个应对风险项的失效原因及现行的控制、探测措施，制订相应措施进行应对；

（3）对风险应对措施的实施结果和效果进行验收；

（4）将经过验证有效的风险应对成果，包括相应的技术措施和管理措施，纳入相关作业指导书或质量管理体系中，以标准化形式予以固化；

（5）依据风险应对后的相关数据信息，对该风险项进行重新评估。

三、风险应对措施

风险应对措施包括技术措施和管理措施。

1. 技术措施

技术措施包括但不限于以下方面：

（1）设备防错纠错技术；

（2）不合格品检测及剔除技术；

（3）在线监测与智能化控制技术。

2. 管理措施

管理措施包括但不限于以下方面：

（1）管理和作业流程优化；

（2）标准化作业程序优化；
（3）可视与看板管理；
（4）6S（整理、整顿、清扫、清洁、素养、安全）管理；
（5）员工能力与质量意识提升。

第五节　工艺风险评审

质量风险随着过程变动、控制方法改进及管理方式的改变而发生变化，风险管理是一个动态的、持续改进的过程。企业应建立年度的风险评审制度，全面、系统分析一年来的工艺质量指标以及风险控制情况，总结偏差特点和趋势，建立降低风险的改进计划。

一、风险识别过程的评审

风险识别是一个长期的过程，失效模式会随着新产品的投产、市场关注转向、企业资源配置调整、新技术新工艺应用、新法规的发布等情况而发生或多或少的变化，需要建立一套定期或不定期的失效模式审核机制，以应对实际过程失效模式的变化。

二、风险评估过程的评审

失效机理分析是一个长期的过程，卷烟生产过程某项失效模式的失效原因会随着新工艺的使用、新设备的投用、新方法的应用等情况而发生或多或少的变化，需要建立一套定期或不定期的失效机理评估审核机制，以应对实际过程的失效机理变化。

三、风险应对过程的评审

针对制订风险降低措施，应制订有效、及时的评审机制。评审重点包括三个方面：

（1）措施执行的评审　应评审控制措施执行与计划的符合性，包括技术改造是否完工、流程优化是否固化、标准执行是否落地等。

（2）实施效果的评审　应评审控制措施实施效果与预期目标的一致性。包括风险的严重度是否降低、频度是否减少、可探测度是否提升等。

（3）新增风险的评审 应评审控制措施的实施过程是否带来新的质量风险，或导致其他风险的扩大。

四、持续改进

质量风险管理是一个长期的动态过程，应根据企业实际情况，实施质量风险的动态管理，确认质量风险管理的开展周期，确保质量风险管理活动始终处于良好状态，持续开展“PDCA”改进活动：

（1）应根据市场关注转向、新法规的发布等外部条件和内部质量风险防控水平的变化，定期调整质量风险接受的标准；

（2）应根据企业内部资源的配置变化、管理变化、产品变化、质量要素的实际情况变化，及时调整质量风险管理的范围；

（3）随着质量风险降低工作的持续开展，失效模式、失效原因等要素都会发生改变，应定期或及时地识别这些变化，使得质量风险评估模型可以真实地反映当前企业质量风险防控的真实水平，推进质量风险管理向深层次推进。

第四章
工艺文件管理

卷烟生产是典型的流程型工业生产过程，工业产品生产的基础就是标准，也是产品稳定生产的先决条件。卷烟生产的依据是工艺标准、工艺通知等文件，对工艺文件的管理尤其重要。本章节主要介绍工艺文件的分类、编制、变更、管理、归档、保密等内容要求。

第一节　工艺文件分类

工艺文件一般可分为企业标准类工艺文件、工艺通知类工艺文件。企业标准类工艺文件的执行期限为长期；工艺通知类工艺文件宜注明具体执行期限，一般有效期不宜超过 1 年。

一、企业标准类工艺文件

企业标准类工艺文件一般包括以下类型。

（一）产品标准

对产品的质量特性及标识、检验方法和交付（接受）准则所做的技术规定，是企业交付的内控标准，包括产品通用要求和产品特性要求。

（二）烟用原辅材料技术标准

对卷烟产品生产过程中所用的原料、烟用材料的质量要求所制定的标准，内容包括质量特性要求、检测方法要求、入库检验项目和接收准则等内容，可包含烟用材料运输贮存要求和贮存期限的要求。

（三）工艺技术标准

为达到产品标准要求所制订的半成品、在制品、自制材料的质量特性，以及产品实现过程的标准，包括工艺规程、工序能力验证方法。

1. 工艺规程

规定不同生产线和不同规格产品、半成品及自制材料的工艺流程、工艺任务、工艺指标（质量特性）、工艺参数、工艺条件，使用原料和材料以及来料质量要求（指操作者能识别判断的），过程检测方法，生产作业环境要求及对产品质量特性起重要作用的基础设施要求。

工艺规程可分为通用工艺规程和产品工艺规程两类，通用工艺规程可按生产点（生产线）编制，内容包括工艺流程、工艺任务、工艺条件、来料质量、生产作业环境等。

2. 工序能力验证方法

工序能力验证方法包括工艺、工序的验证方法以及过程能力测量的评价方法和工序异常、质量事故的判定准则。

（四）搬运贮存技术标准

搬运贮存技术标准包括产品、半成品（在制品）、原料、烟用材料在搬运、贮存、养护中的技术条件、要求和方法。

对贮存、运输质量和安全起重要作用的基础设施要求也可归为此类。

（五）监视与测量方法标准

监视与测量方法标准主要指对产品、半成品（在制品）、原料、烟用材料等进行质量检验，对产品生产过程控制指标进行分析检验或验收的方法标准。内容一般为取样的方法、检验所用仪器和检验条件、检测方法、检测结果的判定和复检规则等。

（六）其他

其他企业标准类工艺文件可包括但不限于如下内容：

（1）设备、环境要求；

（2）卷烟配方管理要求；

（3）产品名称及代码编制要求；

（4）产品标识和可追溯性要求；

（5）产品过程控制要求；

（6）不合格品控制要求。

二、工艺通知类工艺文件

工艺通知类工艺文件一般包括产品工艺技术要求、叶组配方要求、标准要求变更三方面。

1. 产品工艺技术要求

对产品的名称、等级、类型、规格、配方、理化指标设计值、加香加料、主要烟用材料的品种规格和烟支、卷烟小盒、条盒、箱装产品标识，以及卷烟生产过程控制中重要工艺参数等内容及要求所作的规定，用于指导产品的制造加工。

2. 叶组配方要求

对一定时期内的卷烟产品叶组配方、地区、等级等要求所做的规定。

3. 标准要求变更

当企业标准类工艺文件发生变更，所做出的一定时期内的调整要求，包括制叶（梗）丝、膨丝、白肋烟处理、打叶复烤、烟草薄片、卷接包、滤棒成型等生产工艺和烟用原辅材料标准。

第二节　工艺文件编制

一、企业标准类工艺文件的编制、审批和发布

企业标准类工艺文件一般由技术部门负责编制、公司主管领导审批、标准化管理部门发布。需形成相应控制程序，对企业标准类工艺文件的编制、审批和发布流程进行控制。

（一）工艺规程编制原则

卷烟工艺规程是卷烟厂将原材料加工成符合质量标准的产品所经过的全过程的技术规定。工厂制造产品都必须有工艺规程，并以此作为生产过程管理的技术法规。

1. 工艺规程的主要内容

（1）在制品技术标准及检验方法；

（2）工艺流程图；

（3）流程和工序制造能力标定；

（4）主要配套材料的标准和使用要求；

（5）工序工艺主要内容应包括：工艺任务、制造规格、来料标准、设备特征、技术条件和操作规则。

2. 工艺规程编制的原则

（1）能制造出符合产品质量标准和产品设计要求的卷烟产品；

（2）技术上先进、实践上可行；

（3）优质低耗、高效、安全，经济上合理；

（4）符合标准化编写模式，并通过企业标准化委员会审核，由工艺职能部门发布。

3. 工艺规程编制的依据

（1）卷烟工艺规范；

（2）产品质量标准和产品设计标准；

（3）本厂生产线及技术装备特点；

（4）所用原材料标准和特点；

（5）成功的先进技术和经验；

（6）试验研究成果和工艺测试、分析结果。

（二）工艺标准审批发布

企业标准类工艺文件在提交形式审查前宜开展技术审查，形成的技术审查报告与修改后的标准一同提交形式审查，技术审查报告中需包含审核人员、批准人、审查过程、结论、是否存在重大分歧等内容。审查重点包括但不限于以下内容：

（1）指标参数、方法、程序、规定、试验方案、试验数据、研究成果等内容的准确性、真实性、科学性；

（2）标准规定表述的准确性；

（3）资料与标准编制说明的完整性；

（4）与技术法规的合规性；

（5）与其他标准的协调性。

二、工艺通知类工艺文件的编制、审批和发布

工艺通知类工艺文件一般由技术部门负责编制、审批并发布。需形成相应控制程序，对工艺通知类工艺文件的编制、审批和发布流程进行控制。

三、工艺文件的转化

生产部门应严格按照发布的企业标准类工艺文件、工艺通知类工艺文件

要求，编制形成部门级工艺文件，并经批准后发布实施。

第三节　工艺文件变更

一、工艺文件的更改

（1）当产品的设计或工艺加工条件发生较大变动或较长期的变化时，需对企业标准类工艺文件进行更改。

（2）更改应贯彻“先试验，后修改”原则，确保审慎、严谨、可行。

（3）需形成更改控制程序，对工艺文件更改流程进行控制，对更改后文件进行评审。

（4）企业标准类工艺文件中的技术指标要求需临时变更时，可以工艺通知类工艺文件形式发布。

（5）需定期审视、清理工艺通知类工艺文件，并对涉及技术内容新增、调整的相关企业标准类工艺文件进行修订。

二、工艺文件临时变更

（1）临时变更主要通过工艺通知类工艺文件实现，适用要求如下：

①适用于对原有标准条款的补充和调整；

②在发放时应确保无重大分歧；

③有效期不宜超过一年；

④由标准归口部门领导批准签发。

（2）临时变更的工艺指标需满足生产经营活动的质量要求。

（3）临时变更一般需先确定变更内容、变更范围、执行期限等内容，再按规定办理审批手续。

第四节　工艺文件管理

一、工艺标准类管理

工艺标准类管理分为电子化管理和纸质文件管理两种模式。

（一）电子化管理

1. 上传、撤销管理

文件的上传、撤销需遵循如下原则：

（1）在具备条件的情况下，企业标准类工艺文件的发放方式宜以网上发放为主，包括电子文档的上传、撤销以及在网上公告新增、修订、废止标准等信息。

（2）在电子文档上传过程中，应对编辑操作界面、浏览界面所显示的电子文档，与原件进行核对确认，确保标准格式、内容、属性等所有信息与原件的一致性。

（3）受政策、法律、行业及企业实际情况要求及限制，属于企业敏感信息或其他不宜公开的标准不宜以网上形式发放电子文档，但可提供标准属性信息。

（4）应定期开展标准电子文档的上传、维护及标准属性检查。

2. 文件阅读管理

在获得阅读授权的情况下，方可进行标准电子文档的阅读。阅读授权宜采用分级授权模式进行管理。

3. 文件备份管理

需定期对标准电子文档尤其是其有效版本进行数据备份。

（二）纸质文件管理

1. 文件发放

特殊情况下，可以纸质形式发放企业标准类工艺文件，文件发放需遵循如下原则：

（1）根据文件需求数量进行发放，并做好发放记录；

（2）可采用逐级形式进行发放，也可直接发放至文件使用人。

2. 文件的标识和编号

文件应盖上受控印章，并填写发放编号。印章及编号格式需统一。

3. 文件的回收

废止和撤销的文件需按发放范围及数量进行回收，做好登记，并将回收作废文件逐一清点、统一处理。

因法律或积累知识等目的所保留的任何已作废的文件，均需在文件加盖作废印章，以防误用。

二、工艺通知类管理

1. 文件的标识及编号

宜形成统一的标识及编号规则，所有工艺通知类工艺文件的标识、编号均应符合规则要求。

2. 发放与回收程序

（1）在具备条件的情况下，工艺通知类工艺文件的发放方式宜以网上发放为主，接收人员需经授权后方可获得查阅文件权限。

（2）电子文档需标有执行起、止日期。需提前废止的，需在新文件中明确需废止的原文件编号，并宜备注原文件提前废止的时间和理由。

（3）纸质文件的发放与回收可参考上文纸质文件管理。

三、工艺文件的控制

（1）工艺文件一经网上发布或盖上带有编号的印章后，即表示处于受控状态，需采取如下措施：

①不得擅自复制、修改；

②不得使用不处于受控状态的工艺文件。

（2）文件的编制和更改应经审批后方能生效。

（3）文件在使用时要注意保管，防止遗失，包括电子文档、电子文档的打印件、纸质文件。

（4）工艺文件超过使用期限后，应撤回过期作废文件，以避免因使用该类文件而造成产品质量问题。

第五节　工艺文件归档

一、归档制度

各类工艺技术文件均需建立归档制度。

二、归档职责

企业标准类工艺文件一般可由标准化管理部门负责归档；工艺通知类工

艺文件一般可由文件编制部门或档案管理部门负责归档。

三、归档要求

归档要求包括但不限于：

（1）归档的工艺文件需材料齐全、内容完整准确、层次分明，符合形成规律。

（2）工艺文件需在规定的时间内归档，一般宜在文件发布的同时即做好归档工作。

（3）归档工艺文件的文件材料、图纸等需字迹清晰，以利长期保存。

（4）移交档案时宜形成移交清册作为备查和后续利用档案的依据。

（5）归档工艺文件的整理要遵循文件形成规律，保持文件材料之间的有机联系，便于保管利用。

（6）宜开展档案信息化建设，包括电子文件归档、档案数字化、档案计算机管理和利用等工作；加强归档电子文件收集，规范电子档案整理、存储、备份、鉴定、迁移、利用等工作。

第六节 工艺文件保密

工艺文件属于企业秘密，应做好信息安全保密工作，保密要求包括但不限于：

（1）未经主管部门批准，不得以任何形式对外交流。

（2）工艺文件的文档和备份不宜带出企业。

（3）装有工艺文件电子文档的电子储存设备需妥善保管。

（4）涉及核心机密的工艺文件不宜上网发布，其中核心资料宜形成双人保管制度，即需二人同时在场方可获取文件资料。

（5）发生或发现工艺文件出现失密情况，应及时报告并处置。

第五章
工艺数据规范

卷烟企业在“十二五”技改以来，卷烟生产的自动化、信息化水平大幅提升，生产过程数据量快速增长，为工艺管控和质量分析提供了良好基础。为充分发挥和挖掘数据的价值，数据规范是根本。因此，本章节就工艺数据的分类、表征、采集与处理等内容进行介绍。

第一节　工艺数据分类

根据卷烟加工数据特性，以工艺质量作为分类的视角，按照工艺要素为制丝数据的分类维度，以易于使用、便于管理、有效支撑企业进行工业数据采集和应用。将制丝加工数据分为人员作业数据、设备运行数据、批次物料数据、工艺设定数据、环境条件数据、质量检测数据六类。

一、人员作业数据

人员作业数据主要包括人员的基本信息及其作业信息等，人员信息数据示例见表 5-1。子分类包括：

（1）人员信息数据　人员身份、技能信息。

（2）人员作业数据　人员排班、作业数据。

表 5-1　人员信息数据示例

分类	内容	说明
人员基本信息	工号、姓名、性别、联系方式、所属部门、岗位权限、人员资质	人员的基本识别信息和专业技能
人员作业信息	工单信息、在岗时间（班次）、加工产品（以时间记录、以产品序号记录）、作业设备	上岗人员的在岗情况和操作情况

二、设备运行数据

设备运行数据主要包括设备健康状态数据、设备能耗数据、设备运行参数的实时反馈数据。设备数据包括设备基础信息、设备运行状态信息和设备统计信息。设备数据是影响生产过程产品质量的关键要素。设备运行数据示例见表5-2，子分类包括：

（1）设备健康数据　设备本身的机械、电子状态数据、报警数据。

（2）加工状态数据　加工过程中各传感器测量值。

表5-2　设备运行数据示例

分类	内容	说明
设备基础信息	设备名称、型号、规格、生产厂家、资产编号、采购时间、操作规程等	识别设备的基本信息，多为静态信息
设备运行状态	设备开、停机信息，设备异常信息，设备故障（事故）信息，设备故障（事故）抢修的进展信息，动态检修信息等	多为动态信息
设备统计信息	设备完好率、设备利用率、设备故障率、停机（或停产）时间、停机（或停产）次数、设备平均无故障时间（MTBF）、平均修复时间（MTBR）、设备综合效率（OEE）等	多为统计信息

三、批次物料数据

批次物料数据包括物料基础信息、在线感知信息定期检验信息和缺陷管理信息，是对生产过程的物料质量进行评价的依据。批次物料数据示例见表5-3。

表5-3　批次物料数据示例

分类	内容	说明
物料基础信息	库存物料和线边库存物料的实时位置（包括工厂、产品线等）、实时数量、实时状态、入厂（入库）单号、到达日期、供应商编号、供应商名称、送检单号、送检单状态等	物料包括原料和在制品
在线感知信息	来料流量、水分、温度；出口水分、温度等	
定期检验信息	物料编号、物料名称、交换地址、物料类别、供应商编号、供应商名称，检验项目、检验标准、检验结果等	

续表

分类	内容	说明
缺陷管理信息	物料编号、物料名称、检测结果、缺陷分析、问题记录、问题处理、返工确认、问题台账等	

四、工艺过程数据

工艺过程数据包括但不局限于原材料质量要求以及各个加工设备的参数设定值。子分类应包括：

（1）来料状态信息　描述原料的基本性能和基本状态。

（2）工艺设置参数　加工环节的各项参数设置。

（3）其他　其他未确定分类数据。

五、环境条件数据

环境条件数据包括但不局限于天气数据、温度数据、气压数据、相对湿度数据。由于环境条件数据类型、来源比较相似，不设置子分类。

六、质量检测数据

质量检测数据包括但不局限于各个工艺环节的材料基本数据、检化验数据和最终质检数据。产品质量数据是指描述产品质量特征的数据，包括在生产和检测过程中直接影响产品质量的信息。产品质量数据包括产品标识信息、生产标识信息、产品检测信息等内容。产品质量检测数据示例见表5-4。子分类包括：

（1）质检具体数据　单一检测项的数据。

（2）质检报告数据　最终的质检报告数据，以文档形式给出。

（3）辅助判定数据　多格式辅助判断数据，包括但不局限于图片、音频、视频。

（4）其他　其他未确定分类数据。

表5-4　质量检测数据

分类	内容	说明
产品标识信息	产品标识码	唯一标识产品或批次

续表

分类	内容	说明
生产标识信息	生产批号、工序号、设备号、工序产品等	产品生产过程涉及的制造设备标识信息
定期检验信息	物料编号、物料名称、交换地址、物料类别、供应商编号、供应商名称，检验项目、检验标准、检验结果等	
产品检测信息	合格品、废品及返修品、产品尺寸、产品质量（重量）、产品性能参数等	表征产品质量的信息
质量统计信息	产品合格率、产品返修率、批次合格率等统计信息	

第二节　工艺数据描述

基于 GB/T 18391—2009 系列标准和 YC/T 534. 1—2015《烟草行业数据元　第 1 部分：结构与原则》定义的有关规则，工艺数据通过标识符、中文名称、英文名称、说明、缩写名、数据类型、数据格式、约束/条件、频次、计量单位、值域 11 个属性来定义和描述工艺数据元。

1. 标识符

该标识符由 4 段 9 位字母和数字组成，其中第一段代表工艺数据的一级分类，如制丝标记为 ZS；第二段代表数据元所属二级分类，为 2 位阿拉伯数字；第三段代表三级分类，为 2 位阿拉伯数字，第四段代表数据元在分类中的序号，为 3 位阿拉伯数字。

2. 中文名称

数据元的中文指称。

3. 英文名称

数据元的英文指称，由一个或多个单词组成。

4. 说明

表达一个数据元的本质特性并使其区别于所有其他数据元的陈述。

5. 缩写名

数据元的英文缩写名称。

6. 数据类型

数据类型用于表示数据元的符号、字符或其他表示的类型。表 5-5 包含了数据类型可能的取值列表，但不限于表中所列。

表 5-5　数据类型可能的取值列表

表示符	数据类型	说明
C	字符型	可以包含汉字、字母字符、数字字符（不进行数学运算）和符号等
N	数值型	用“0”到“9”数字形式表示的数值（包括整型数和实型数），可进行数学运算
D	日期型	采用 GB/T 7408—2005《数据元和交换格式　信息交换日期和时间表示法》中规定的 YYYYMMDD 格式

7. 数据格式

从业务角度规定的数据元值的格式需求，包括所允许的最大和/或最小字符长度，数据元值的数据格式等。

数据元值的字符长度表示方法，如表 5-6 所示。

表 5-6　字符长度表示法

分类	表示方法
固定长度	在数据类型表示符后直接给出字符长度的数目
可变长度	可变长度不超过定义的最大字符数，在数据类型表示符后加“..”后给出数据元最大字符数目 可变长度在定义的最小和最大字符数之间，在数据类型表示符后给出最小字符长度数后加“..”后，再给出最大字符数

应用示例如下：

（1）C 字符型（包括各种字符、字母、数字字符和汉字等）

C12　　固定长度为 12 个字符（相当于 6 个汉字）长度的字符串。

C..12　　可变长度，最大为 12 个字符长度的字符串。

C4..12　　可变长度，最小为 4 个字符，最大为 12 个字符长度的字符串。

C..　　可变长度，长度位数不限。

（2）N 数值型

N3	整型数，固定长度为 3 位数字的整型数。
N. . 3	整型数，最大长度为 3 位数字的整型数。
N7，2	实型数，最大长度为 7 位的十进制小数格式（包括小数点和小数点后面的数字），小数点后保留 2 位数字。如 3748. 25、467. 38。
N4. . 7，1. . 2	实型数，最大长度为 7 位，最小长度为 4 位的十进制小数格式（包括小数点和小数点后面的数字），小数点后最多保留 2 位，最少保留 1 位数字。如 9748. 25、7. 38、4545. 3。

（3）D 日期型

D8	采用 YYYYMMDD 格式表示年月日。如 2008 年 8 月 8 日，应表示为 20080808。
D4	采用 YYYY 格式表示年。如 2008 年，应表示为 2008。

8. 约束/条件

说明一个数据元是否选取的表示符。约束/条件表示符列表，如表 5-7 所示。

表 5-7　约束/条件表示符列表

表示符	含义	说明
M	必备	表明该数据元必须选择
O	可选	根据实际应用可以选择也可以不选的数据元。已经定义的可选数据元，可指导数据元标准制定人员充分说明其信息
C	条件必选	当满足约束条件中所定义的条件时应选择。条件必选用于以下三种可能性之一： ——当在多个选项中进行选择时，至少一个选项必选，且必须使用； ——当另一个数据元已经使用时，选用一个数据元； ——当另一个数据元已经选择了一个特定值时，选用一个数据元

9. 频次

描述数据元出现的次数。频次表示方法列表，如表 5-8 所示。

表 5-8　频次表示方法列表

表示符	说明
n	表示数据元必须出现，且只能出现 n 次，其中无符号 n 为正整数
0..1	表示数据元可能出现 0 次或 1 次，但至多 1 次
0..*	表示数据元可能出现 0 次或多次
1..*	表示数据元至少出现 1 次
n..*	表示数据元至少出现 n 次

10. 计量单位

数值型数据元值的计量单位。

11. 值域

由数据格式决定的，数据允许值的集合。值域有两种类型，如表 5-9 所示。

表 5-9　值域类型

类型	说明
可枚举值域	由允许值列表规定的值域，每个允许的值和值含义均应成对表示。其中： （1）可选值较少的（如 3 个或 3 个以下），在“值域”属性中直接列举； （2）可选值较多的（如 3 个以上），在“值域”属性中写出值域代码表名称。如代码表属引用标准的，则须注明标准号
不可枚举值域	由描述规定的值域，在“值域”属性中须准确描述该数据元的允许值

第三节　工艺数据采集

一、采集类别

工艺数据采集类别包含质量指标、工艺参数、设备参数、物料参数、产量及消耗等。

1. 质量指标

在线检测数据。生产过程中通过在线仪器仪表获取的直接表征在制品质量特性的质量数据，如物料含水率、物料温度等。

离线检测数据。生产过程中通过离线人工检测获取的直接表征在制品质量特性的质量数据，如烟丝结构、填充值等。

2. 工艺参数

在线检测数据。生产过程中通过在线仪器仪表获取的直接或间接表征在制品加工工况状态的参数数据，如热风温度、风速、蒸汽压力等。

离线检测数据。生产过程中通过离线人工检测获取的直接或间接表征在制品加工状态的参数数据，如滚筒转速、物料通过时间等。

3. 设备参数

生产过程通过在线仪器仪表获取的表征设备运行状态的参数数据，如电机启停状态、电机频率、电流负载等。

4. 物料参数（条码）

赋予单件物料或者一定范围物料的一组编码数据。作为表征物料唯一身份属性和必要的特征信息的编码数据。

5. 产量及消耗

表征各过程物料产量及消耗数据。各工序具体采集对象按企业实际情况确定。

二、采集内容

（一）基础数据

1. 生产日历

基于业务需求，集团需要对各厂制丝、卷包、成型生产日历信息进行集成，至少需要包含工作日历、生产厂编码、日期。

2. 班组及班次

根据各生产厂实际生产情况，对生产班组和生产班次进行建模，为后续生产信息归集、分析提供基础。当需要修改班组和班次建模时，为保证历史数据能够正常归集，不得删除或修改原班次，可增加新的班次。通过班次与关系表，将班次、班组与生产日历进行绑定，为数据归集提供依据。在企业修改班组班次对应关系后，为保证历史数据能够正常归集，不得删除或修改原班组班次对应关系，可增加新班组班次对应关系。

3. 工艺路线建模

根据各企业制丝实际生产情况，对工艺路线进行编码建模，为后续应用提供基础。

4. 工艺段建模

根据各企业制丝实际生产情况，对工艺段进行编码建模，并通过工艺路线编码，建立工艺段与工艺路线对应关系，为后续工艺段归集提供依据。

5. 工艺设备关联关系

根据各生产厂卷包实际生产情况，例如将卷接机与包装机进行绑定，为数据归集提供依据。

6. 产品与设备关联关系

根据各厂实际生产情况，将设备、牌号、实际产能进行绑定，为数据归集提供依据。

（二）实时数据

1. 制丝基础实时数据采集

围绕制丝基础实时数据，依据企业实际情况，规范制丝过程各工序基础数据数采要求。设计要求按每一个工序都需要包含以下实时数采数据点：牌号（规格）、批次号、工单号、生产状态（工序）、班次。

2. 制丝工艺质量实时数据采集

围绕制丝工艺质量实时数据，依据各工厂实际生产情况，按数据采集总体要求设计制丝各工段及工序工艺质量实时数据数采要求，形成企业实时数据采集标准。具体包含产生数据的仪器仪表的管理要求、采集点、采样频率、数据处理要求、传输要求等。

3. 制丝物料消耗实时数据采集

围绕制丝物耗实时数据，依据工厂实际生产情况，设计制丝各工序物耗数据数采要求。要求按每一个工序都需要包含工艺流量、物料累计量等实时数据采集点。企业需明确制丝生产线电子秤数量、对应的位置、与生产线、工段的关系以及电子秤的点检表。

4. 制丝设备实时数据采集

围绕制丝设备实时数据，依据工厂实际生产情况，设计制丝生产线各工段设备数据数采要求，需明确制丝生产线、工段有哪些主机设备以及每台设备的状态信息：设备运行状态、故障停机原因编码、故障停机原因描述。

5. 卷包基础实时数据采集

围绕卷包过程基础实时数据，依据企业实际情况，规范卷包各工序基础数据数采要求。每一个工序都需要包含以下实时数采数据点：卷接班次、机台号、设备编号、牌号（规格）、车速。

6. 卷包产量实时数据采集

卷包过程所有数采点按班、牌号进行归集，当换班、换牌时，需对数采点进行清零。

7. 卷接物料消耗实时数据采集

卷包过程所有数采点按班次、牌号进行归集，当换班、换牌时，需对数采点进行清零。因各个机型能够采集的辅料消耗点和名称不一致，工厂依据每一个机台实际情况，按以下要素进行采集：班次滤嘴棒消耗、卷烟纸消耗、盘纸消耗、水松纸消耗。

（三）业务数据

1. 制丝生产批次信息

制丝生产批次信息，至少需要包含以下列举的内容，用于后续归集、统计批次生产、质量、物耗、停机断料等信息：批次编码；牌号编码；年份；开始时间；结束时间；计划产量；实际产量；生产厂编码。

2. 制丝生产工单信息

围绕制丝工艺质量，通过与制丝生产工单信息集成，将生产牌号信息、生产工艺信息、生产时间信息进行对接，形成各工艺段生产信息，为后续工艺质量数据归集及分析提供依据，至少需要包含以下列举的内容：批次编号；工单号；牌号编码；工艺段编码；开始时间；结束时间；产出产量；生产厂编码。

3. 制丝生产工序信息

围绕制丝工艺质量，通过与制丝生产工序信息集成，将生产牌号信息、生产工艺信息、各生产工序时间信息进行对接，形成各工序生产信息，为后续数据归集及分析提供依据。

4. 制丝生产业务数据

将生产业务信息按照批次、工单、工段、牌号等维度进行归集，一般包含以下几个方面的业务数据集成：

（1）工艺质量统计结果明细；

（2）物料消耗统计明细；

（3）生产过程统计明细；

（4）生产过程设备故障信息。

5. 卷包生产业务数据

卷包生产业务数据一般包含以下几个方面的业务数据集成：

（1）生产月计划主信息；

（2）卷包生产工单信息；

（3）物料消耗统计明细；

（4）设备有效作业率信息；

（5）设备异常信息。

三、采集方式

1. 人工采集方式

通过手动方式录入数据，如设备、仪器、人员的基本信息，数据采集终端包括键盘、按键、触摸屏等，通常用于无法通过其他采集方式获取数据，只能通过手动录入数据的场合。

2. 半自动采集方式

通过人工操作数据采集终端获取数据，例如工人通过操作扫码枪等设备获取生产数据，该采集方式通常用于车间层管理系统数据的采集。

3. 自动采集方式

由设备获取数据，通过自动传输方式实时传输至数据中转站或数据中心，该采集方式通常用于设备层和单元层。

4. 智能采集方式

数据采集终端具有智能模式识别功能，能够从采集的实时数据中提取高级抽象特征，例如通过图像数据提取产品质量特征、通过振动数据提取设备运行状态特征、通过电流信号提取工艺与能耗特征等，该采集方式通常用于设备层和单元层。

5. 数据抽取

企业信息或业务管理等系统产生的数据通过 HTTP、FTP、JDBC 等协议进行抽取，再通过 HTTP、MQTT 等协议将抽取转换后的数据存储到 SQL、BLOB 等数据库中，该类采集方式通常适用于车间层、企业层、协同层数据的采集。

四、采集要求

工厂需定义统一的数据采集要求，一般须直接采集底层数据，不采用与集控系统做接口的方式采集，确保数据可信、可用。

1. 在线数据要求

企业应制订详细的在线数据采集规则，至少包含以下要求：

（1）数据采集应连续均匀采样，且能反映生产加工完整过程；

（2）数据采集应采用合理的采样周期，以反映该特性在过程中的真实状态；

（3）数据采集应兼顾样本量及采集系统效率，其中稳态数据至少应达到50个以上。

2. 离线数据要求

企业应制订详细的离线数据检测规范，至少包括以下要求：

（1）离线数据的检测应依据相关标准或规范进行检测；

（2）离线检测数据的样本应能在一定时间范围内（一批或多批）反映该特性在过程中的真实状态。

3. 数据来源要求

过程数据由离线和在线检测仪器检测产生，检测数据可通过自动采集、人工干预或人工采集获得，企业应制定测量仪器的校准及管理要求以及相关检测操作规程。

4. 采集频率要求

为保证实时数采数据的完整性、准确性、高效性，底层数据采集频率建议为 1s，不得高于 2s。

5. 数据存储要求

为保证实时数据的及时性、完整性，实时数据点必须存储在工厂历史数据库中，且存储周期不少于 3 年。数据存储应确保数据的准确性和完整性，数据存储系统应满足以下要求：

（1）接收和存储数据（自动采集和手工录入），并记录绝对时间；

（2）具备数据归档管理及转储功能；

（3）具备检索数据的能力。

第四节 工艺数据处理

一、数据清洗

企业根据自身实际情况制定数据清洗规则。下述原因引起的异常数据可列入剔除范围：

（1）设备固有性能造成数据异常，如温度传感器故障产生的数据；

（2）数据自动采集系统本身异常造成数据异常，如网络通信故障产生的数据；

（3）其他原因造成的数据异常，如人为干扰产生的数据。

二、数据归属

在线检测数据经过清理后按批次进行归属，形成批过程数据。离线数据按批次进行归属，并与检测时间、检测人员等信息相关联。

三、工况划分

采集到的数据集主要分为有效数据和无效数据两大类，其中有效数据的工况划分如图 5-1 所示。

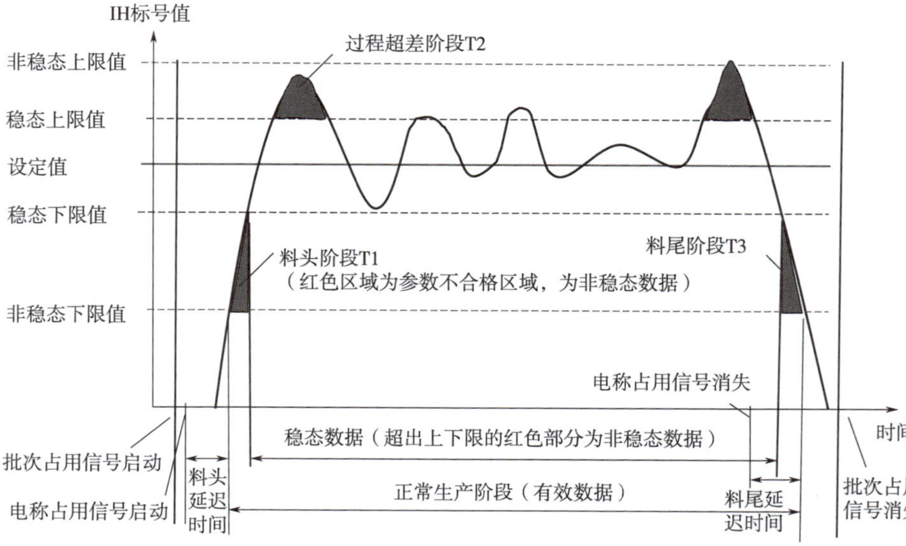

图 5-1 有效数据工况划分

1. 有效数据

有效数据表征在制品实际加工状态，可通过标记开始和结束时间点确定有效数据范围。

（1）有效数据开始的判定：以批开始时间作为参考轴，按照物料流量信号加逻辑判定或其他在线测量仪器信号进行判定。

（2）有效数据结束的判定：以批结束时间作为参考轴，按照物料流量信号加延迟时间或其他在线测量仪器信号进行判定。

2. 无效数据

无效数据指批过程数据中除有效数据外的数据。

四、统计分析

数据分析应针对有效数据进行，有效数据分稳态和非稳态两类数据分别计算分析。

（1）稳态数据可分别进行离散程度、偏离程度分析或整体过程能力分析。

（2）非稳态数据可用非稳态时间与批过程时间占比进行分析，并按式（5-1）计算：

$$x = \frac{t_{PV}}{t_{spec}} \tag{5-1}$$

式中　x——非稳态持续时间与批过程时间占比；

t_{PV}——非稳态持续时间，s；

t_{spec}——非稳态基准时间，s。

注：非稳态持续时间用非稳态数据个数乘以采样周期计算，非稳态基准时间为历史生产批次非稳态时间统计平均值。

非稳态数据亦可采用非稳态时间内加工物料总量与批次物料总量比值进行分析。

第六章 通用条件保障

工艺条件是保证加工工艺实现和顺利生产的基础，也是产品质量的重要保障。本章节主要介绍卷烟生产相关的工艺人员、加工能源、生产环境和虫情控制等通用条件方面的内容与要求。

第一节 工艺人员保障

从事工艺管理密切相关的人员，应经过相应岗位技能培训并获得资格后方可上岗，并不断提升其技能，在工艺、设备或操作方法等条件发生变化时，应及时开展相应培训。所有参与生产的人员（包括操作人员、质量检验等）都必须根据其相应的层次，熟练掌握其职责范围内的加工技术标准、工艺要求及其控制方法，并自觉地遵照执行。

第二节 加工能源保障

生产线所有水、电、气、汽供给符合工艺技术要求。

（1）工艺供水压力≥0. 30MPa，供水水质应符合 GB 5749—2022《生活饮用水卫生标准》的规定，总硬度不宜超过 90mg/L（以 $CaCO_3$ 计）。

（2）生产电能质量应符合设备、装置启动和正常运行的要求，动力用电电压波动范围应小于 10%，频率波动范围应小于 1%，谐波畸变应小于 10%。

（3）压缩空气、蒸汽工艺条件和参数应符合生产线各单机的要求，并采取措施降低蒸汽流量和压力的波动。

（4）对烟片复烤、叶丝干燥等供热品质要求较高的设备，宜设专用管道供热和蒸汽稳压装置。

（5）加强能耗管理，并制订规范性文件，包括能耗统计指标、方法、分析及定额。

(6) 健全完善能源计量监测手段，最终形成“工厂级、车间级、工段（机台）级”三级计量体系。

第三节　生产环境控制

卷烟工艺规范要求在确保生产运行稳定、产品质量最佳的前提下，综合考虑原材料消耗和能源消耗等因素，尽可能使卷烟制造过程处于良好的环境条件。卷烟生产企业应制订生产环境温湿度管理规定，包括不同区域和季节的环境温湿度要求，温湿度测点位置、高度、数量，监控要求，检测数据分析，异常情况处置要求，对空调场所门窗管理等。

卷烟生产车间隔热、保湿性能良好，门窗密闭性能良好，不发生因室内外温差大而出现的结露现象。根据空调系统的能力，结合实际情况提前启动空调系统，保证在制品、成品所处环境温湿度符合要求。生产过程中空调必须按规定运行，生产正常停歇时，存留在制品的场所，空调不能停止运行。

主要车（房）间空手温湿度要求见表6-1，有特殊技术要求的车（房）间卷烟企业应制订空气温湿度应控制标准。

表6-1　　主要车（房）间空气温湿度

序号	车（房）间名称	空气温度/℃		空气相对湿度/%		备注
		设计值	允差	设计值	允差	
1	打叶复烤回暖房	30~40	—	60~80	—	—
2	打叶复烤选叶车间	18~30	—	60~80	—	
3	片烟醇化库	5~38	—	≤70	—	安全储存条件
		10~30	—	55~65	—	醇化适宜条件
4	打叶复烤成品库、卷烟加工原料配方库、卷烟成品周转库	5~38	—	≤70	—	—
5	打叶复烤车间、制丝车间、膨胀烟丝车间	18~30	—	—	—	冬季不低于低值，夏季不高于高值
6	贮叶房	35~40	±2	70	±5	—

续表

序号	车（房）间名称	空气温度/℃		空气相对湿度/%		备注
		设计值	允差	设计值	允差	
7	掺配加香间	22~27	—	62	±5	温度基准值冬季取低值，夏季取高值
8	贮丝房（含半成品丝、成品梗丝、成品膨胀丝贮存）	22~27	±2	62	±5	—
9	卷接包车间、滤棒成型车间、材料平衡库	22~27	±2	60	±5	温度基准值冬季取低值，夏季取高值

第四节　清洁生产管理

卷烟生产企业应制订包括生产环境空间及设备的清洁计划和方案，优先使用清洁、可再生能源，降低生产过程中的资源消耗，减少或控制生产过程中的粉尘、噪声、固体废弃物、废液、废气和辐射等，保持生产环境的整洁干净。制订相关清洁标准，明确清洁对象、方法、重点、程度、周期、使用工具与材料、责任人等项目保证清洁质量，推进清洁工作的标准化、制度化。不能因为清洁工作导致卷烟产品出现质量问题，改善员工工作环境，符合国家规定的卫生标准，生产过程中排放的废水、废气（汽）、噪声等应符合相关法律法规。涉烟废弃物按照相关管理制度和法律法规进行处理。

卷烟企业在实施清洁工作时应注意以下几个方面：

（1）对员工进行安全培训教育，对可能发生的受伤、事故（触电、碰伤、坠落砸伤）等不安全因素进行警示和预防。

（2）明确清洁工具和材料、清洁位置严格按清洁步骤进行清洁避免损伤设备或二次污染。

（3）生产现场各种标识应清晰、规范、完整、符合要求。

（4）除尘系统应保持良好工作状态，具备较好的除尘能力。

（5）不仅对设备本身清洁，连带附属、辅助设备也要清扫。

（6）让员工学习设备基本构造，了解其工作原理，清洁过程中对出现漏油、漏气、异常振动及异常声响具备基本的判断常识。

（7）生产现场实施有可能产生异味污染的作业活动时，必须报相关部门同意并制订相应保证措施后方可进行。

（8）节假日停产、设备技改、修理结束后，开机前相关人员必须对生产设备清洁状况、环境气味进行检查，确保消除质量隐患。

（9）对容易发生跑、冒、滴、漏的部位进行重点检查确认。

（10）对清洁过程中发现的问题应及时处理，如松动的螺栓应及时拧紧；管道堵塞应及时疏通；对跑、冒、滴、漏现象应分析原因，并及时处理；及时更换老化或破损的水管、气管、油管等。

（11）对清洁区域进行划分，明确责任人，不能存在死角。

（12）生产现场及原材料摆放场所须保持清洁，环境条件应符合相关要求，防止烟虫及害虫的产生。

第五节　虫情控制保障

卷烟企业虫情控制应遵循预防为主、综合治理的原则。根据企业自身特点建立虫情管控机制，包括建立虫情控制区域、虫情监视、虫情防控、灭虫措施等方案。虫情控制应注重掌握虫情规律性，应从时间规律性、区域规律性和环境规律性等方面综合考虑，有针对性开展防控工作。虫情防控措施应注重综合治理，包括防虫设计、诱捕监视、药物灭虫、深度清洁和生产性预防等内容。

一、虫情预防

卷烟企业在新建、改扩建或在设备技改和新增设备时，在设计方案中应充分考虑虫情预防的要求，便于卫生清洁，防止虫源滋生。

1. 周围景观及厂房要求

（1）环绕厂房周围宜设置宽度≥1m 的碎石或混凝土路面。

（2）工厂四周的围栏外，宜设置≥2m 宽的清洁带。

（3）灌木丛和栽种的树木与厂房距离宜≥5m，最好只栽种草坪和花圃。

（4）厂房外的路灯与厂房的距离宜≥20m，宜使用汞灯或钠汽灯。

（5）厂房、车间外的照明应使用低功率的黄灯。

（6）工厂的所有排水系统应易于清理。

（7）垃圾桶放置位置与厂房及排水道的距离宜≥10m。

（8）厂房、车间的通风口宜将其做成直径为 3m 的半球体。

2. 车间内设施要求

（1）应留有清洁卫生活动的通道和空间。

（2）车间内墙和地板的连接处宜做成“ノ”形，而不是“┘”形。

（3）所有地方都能使用真空吸尘器。

（4）墙壁、地板、天花板和设备应漆成浅色的，宜是奶油色或灰色。

（5）维修和安装工作应完备，不应在墙壁和地板上留有孔洞、缝隙。

（6）不应使用临时性的天花板和防护墙（空心墙）。

（7）地下部分的输送管道和排水管不能外露和泄漏。

（8）制丝线、贮丝房、卷包车间与非主要生产区应有墙及门相互隔开。

（9）生产车间外墙所有开口处宜设置空气帘或纱网。

（10）在所有的内、外管道上都能放置诱捕器。

（11）在成品存放处不能存放其他货物。

（12）搬运货物的出口大小要合适，门能自动关闭，并有传感器检测是否开着。

（13）使用卷门，确认底部能弯曲“密封”。

（14）金属结构不采用封闭式，“H”形的梁在基部内侧采用倾斜的“∠”形。

（15）两边有围栏的路要宽敞。为便于清洁，需要为匍匐钻进去才能清扫的地方留空间。

（16）所有墙的内、外表面都必须光滑。

（17）露出的水管与地板交接处要密封。

（18）食堂应设在车间外部，餐厅和休息室要有两道门与生产区隔开。

3. 设备及安装要求

（1）不应使用双层壁构造的设备。

（2）设备安装设计时，应符合烟草粉尘全部掉落到地面上的要求。

（3）所有机器设备不应隐蔽，周围应有活动空间。

（4）设备安装时安装位置与墙壁距离应≥30cm，设备顶部与天花板的距离应≥30cm，设备宜空离地面 30cm 高，最低不应≤10cm。

（5）宜使用全开放式的电缆桥架，非全开放的电缆桥架应使用开放式的底座，上方的盖子应能够打开。

（6）设备上未使用的空间不应封闭，应使其易于清洁。

（7）设备的基部与地面之间不应有遮盖缝隙的蒙边。

（8）房间上方的灯座应使用“∩”形的，而不应使用“∪”形的。

（9）采购设备时，应要求设备的供应商提供详细的设备清洁方法。

（10）金属件宜是“∩、∧、｜、O”的形状，而不是“∪、∨、⊥、乚”的形状。

4. 卫生清洁要求

卷烟企业应将卫生清洁范围详细分解落实到车间（科、室）、班、组，做到没有交叉，不留死角。卷烟生产部门应在自己负责范围内查找卫生死角，并制订清洁周期表进行记录，清洁人员每次清洁完毕应签署完成日期，相关负责人应检查确认。

根据清洁的难易程度和烟灰堆积速率，制订清洁周期。清洁周期宜按周、旬、半月、月、季度、年选择，储丝房内宜使用的清洁周期是1月，应根据所选周期制订计划完成日期，实际完成日期不应超过计划完成日期的5个工作日。清洁周期表中不易清洁的部位、设备、器具应进行分析，通过持续的改造使其容易清洁，缩短清洁周期，最终从清洁周期表中除去，变为日常清洁。宜采用负压清洁方式，不宜采用压缩空气清洁方式。闲置或间歇性使用的设备应定期清洁，其清洁周期不宜超过1个季度，不使用时应覆盖或搬走处理。每年宜在月室外平均温度高于20℃的第1个月内在当地越冬代害虫羽化期进行一次全面的虫害预防治理。

二、虫情监测

卷烟企业应制订虫情监测、预警工作程序，应指定内部虫害防治主责机构和虫害防治负责人。通常都使用诱捕器进行监测，除此之外还应该对物料进行监测。

1. 诱捕器检测

（1）诱捕器应放置在生产区和生产区域毗邻的场所，包括备料、制丝、制膨胀叶丝、滤棒成型、卷接包、装箱生产区域和周转库、仓库、检验、除尘场所。

（2）诱捕器应结合设备布局摆放，间距宜在10~30m，高度在1.4~1.6m，具体位置由主责部门负责确定，每个监测点必须编号，诱捕器的摆放位置和数量不宜随意更改。

（3）诱捕器应定期更换，超期或者失效的诱捕器应统一回收，密封保存，定期销毁。

（4）诱捕器在卫生清洁时应防止灰尘污染，失去功效时应立即更换。

2. 物料监测

（1）随机抽取来料的3%作为样本，对其虫情进行目测或使用放大镜检测，若样本中检出有害虫活体时，不能直接使用物料，应退回进行杀虫处理。

（2）烟叶和烟丝在生产区域储存期不宜超过30d，超期储存的烟叶、烟丝应及时采用有针对性的隔离管控措施，重新进入生产区域时应对来料进行检测。

（3）生产过程中需要对烟丝进行箱装，应使用分拣处理合格的烟箱，纸箱内塑料包装应确保完全密封粘接，无破损、无泄漏。

（4）生产过程中尽量减少烟丝的储存时间，外调烟丝按批次生产，并包装成装箱烟丝才能出厂；超出计划数量的部分应及时返回正常生产过程使用。未能及时调出使用的外调烟丝的卫生、虫情监控与其他装箱烟丝一致。

（5）装箱烟丝应及时装箱且用塑料袋进行密封，并应按照先进先出的原则使用。

（6）烟丝装箱密封后宜在10d内使用完毕；超过10d，不满30d的装箱烟丝，应确保烟箱内塑料袋密封后才能投入使用；超过30d的装箱烟丝宜运至周转库或在生产现场单独划分区域放置进行虫情监测。

（7）生产现场或周转库应进行虫情监控。装箱烟丝在生产现场或周转库的放置时间总计应≤90d，超期的装箱烟丝应及时移至物流仓储部门的仓库放置。

（8）生产现场或周转库放置的装箱烟丝放置时间<90d，使用前应对箱内塑料袋密封性进行逐箱检查确认，只有在塑料袋无破损，且存放期间未监测到烟草害虫才能投入使用；如出现塑料袋密封不良或虫情时，应将塑料袋破损和有虫情的装箱烟丝运至物流仓储部门及时熏蒸杀虫。

（9）生产部门移送物流仓储部门的箱装烟丝应注明批号、牌号、数量等信息，物流仓储部门应分批次、牌号、生产日期等信息在库房中存放，便于追溯查询。

（10）生产部门移送物流仓储部门的箱装烟丝，由物流仓储部门进行虫情监测，每周将虫情监测情况报给生产部门，发现烟草害虫应对存放物料进行熏蒸杀虫。

（11）生产部门需要箱装烟丝时，应提前将信息反馈至物流仓储部门；物流仓储部门应将该批烟丝的虫情监控信息及熏蒸杀虫信息随该批箱装烟丝反馈给生产部门，作为生产部门使用的依据。

3. 虫情处置

（1）各生产工序不应将已发现有活虫的片烟、箱装烟丝、烟草制品、烟用材料未经评审或处理流入下道工序，应及时通知主责部门组织处理。

（2）物流仓储部门发现有烟草害虫活体的片烟、烟梗、烟草薄片时不应发制丝配料，发现有烟草害虫活体的装箱烟丝、烟用材料不应发卷包生产。

（3）进口烟叶在储运和卷烟生产中使用的防疫措施由物流仓储部门和生产计划部门制订相关规定进行管理。

（4）物流仓储部门发现卷烟成品虫害时，应及时停止发货，待查明原因，经过处理，检验确认没有生虫的卷烟才能发货。

（5）物流仓储部门应进行烟用材料的仓库、发货运输过程中卫生清洁工作，预防烟草害虫和非烟草害虫的污染。

（6）外来的烟草样品，接收部门应检查有无害虫，若有，应进行杀虫处理（0℃下冷冻 36h）后，才能进入下道流程。样品应有专人负责管理。

4. 虫情监测周期

每个工作日记录一次各监测点增加的虫数；消毒杀虫期间停止监测，消毒杀虫后第一个工作日继续进行虫情监测。虫情监测数据应如实记录、上报、共享。

5. 虫情预警要求

对监测区域烟草害虫的数量、分布情况和变化趋势进行分析。当某个诱捕器一周捕获的烟草害虫数≥7 头时，虫情监测负责人应及时报告主责部门，发出虫情警报，并进行原因分析及处置。

当同一个诱捕器日捕获的烟草害虫数≥3 头且<5 头，或者当同一个诱捕器连续 2 天捕获烟草害虫，当同一诱捕器一天内捕获的害虫数目超过 5 头或连续 3 个工作日均捕获到害虫时，应在该诱捕器放置区域进行虫源查找。

虫源查找时应增加诱捕器的数量，根据监测数据逐步改变诱捕器放置的位置和缩短诱捕器间距，缩小人工排查范围，通过人工排查确定虫源的准确位置。确定虫源位置后，对其进行卫生清洁；并将新发现的虫源位置列入清洁周期表，若已列入清洁周期表，则应加强卫生清洁工作，如果后续一个月内该区域未再次发生预警，则恢复正常的卫生清洁工作。

三、害虫治理

卷烟企业应制定害虫治理方案，内容包括时间、范围、治理方法、药剂种类、实施方式、剂量、作业人员、操作规程、隔离警示标识、应急处理预案、烟草制品的隔离要求和设备的防护要求、施药效果评价等。

卷烟企业目前使用的治理方法主要有四种，充氮气调防治、药剂喷洒防治、熏蒸防治、药剂固化防治。原料库适用充氮气调防治和熏蒸防治，制丝、卷包、打叶复烤车间适用药剂喷洒防治和药剂固化防治，实验室适用药剂喷洒防治。

1. 充氮气调防治

充氮气调防治适用于烟叶原料、烟丝、各种包装物、半成品、成品、坏烟支、回收烟丝、可独立密封的设备（卷包机台）等。制氮设备的选择可根据车间充氮气调的实际需要选择分子筛制氮或膜分离制氮原理的设备。设备规格、型号应适合在烟草加工过程的生产区域内放置和移动。

机器充氮气调防治应满足以下条件：充氮气调防治相关操作规程；制氮机操作人员应有操作许可证；根据所选用的制氮机的类别设备规格、型号、设备性能参数，严格按照制氮机的使用说明操作；定期对制氮机进行维护和保养。

2. 药剂喷洒防治

药剂的选择应符合国家对农药管理的相关规定和 YC/T 384.2—2018 中 4.3.3.1 的要求。药剂喷洒时间宜选择黎明和黄昏，对墙面、墙柱、墙角机地面宜使用滞留性喷洒方式，对设备、墙体、地板的缝隙和生产车间整体宜使用超低量喷雾方式，对下水道、地沟和生产车间整体宜使用热烟雾喷雾方式。

施药前实施杀虫作业人员和外包单位的资质应符合 YC/T 384.2—2018 中 4.3.1 的要求，作业前防治区域宜无烟草在制品、半成品和成品，如有烟草半成品、成品应做好防护。作业前应对药剂防治区域进行卫生清洁，对设备的关键部位做好防护工作。作业前应制订药剂防治方案，按照药剂和药械使用说明规范药剂、药械的使用。

药剂喷洒时安保消防人员应到消毒杀虫现场进行安全监护。消毒杀虫区域现场负责人应确认无相关工作人员在杀虫范围内才可能进行施药。生产现场负责人应监督杀虫过程，并对消毒杀虫方法、区域、消杀区域封闭时间进行确认签字，生产环境消毒杀虫应记录。作业人员应佩戴防护用品，做好个人防护。施药期间如需登高作业，应做好登高安全防护。狭小区域施药时，应缓慢行走，做好头部防护。施药期间应关闭门窗和通风设备，治理区域的封闭时间不低于24h。施药时若药液不慎喷到或溅到机器表面及其他严禁施药的部位上，应立即用干抹布擦净。施药期间需饮水时，必须使用肥皂清洗手脸后方可饮用。施药结束后应对人员、物资进行清点，防止遗忘和丢失，并关闭作业过程中使用的水电、废弃物要集中统一处理，严禁乱存乱放，随意丢弃。封闭时间结束后，治理区域应通风换气不低于4h，人员方可进入。通风换气结束后生产现场恢复生产前应清洁与烟叶、烟丝接触的设备表面。

3. 熏蒸防治

片烟、烟梗、再造烟叶（丝）、烟丝、梗丝、膨胀丝宜采用磷化氢熏蒸防治。磷化氢熏蒸防治的操作应符合 YC/T 384. 2—2018 中 4. 3. 2 的相关要求；从事磷化氢熏蒸的人员，应定期进行健康检查。磷化氢熏蒸浓度与密闭时间要求如表6-2所示。

表6-2　　磷化氢熏蒸浓度与密闭时间要求

温度/℃	浓度/(mg/L)	密闭时间/h
15~20	450~1200	144
21~30	300~1000	96

4. 药剂固化防治

药剂固化防治适用电控柜体、线槽、卷包机台底部、建筑结构孔洞、缝隙等可能滋生烟草害虫的隐患部位。药剂固化防治材料的选择应考虑以下因素：防虫材料及药剂载体要满足药剂易于固化、易于储运、易于投放、易于回收等要求。防虫材料的载体宜选用可环保化处理的植物质材料制作。根据烟草加工区域烟草害虫的习性特点，宜选用带有微小孔洞的多孔性固化防虫材料。

具体的防治要求如下：针对不同卫生死角选择合适形状的防虫材料，平面状的电线盒或缝隙可使用片状固化防虫材料，孔状或腔体状的隐患部位可使用圆筒状、立方体或三角形等形状的固化防虫材料，固化防虫材料宜每 2~3 个月更换 1 次。对失效的固化防虫材料应回收。

5. 治理时间

温带、亚热带的工厂生产环境应根据生产情况宜在每年月平均温度高于 20℃的第一个月和最后一个月进行药剂防治，在前一年虫情监测捕获害虫数量最多的月份可追加一次药剂防治。热带地区工厂的生产环境在捕获害虫量超过前年月平均害虫量的月份进行药剂防治。药剂治理时间宜选择在黎明或傍晚。

第七章 设备工艺性能点检

设备性能管理是通过设备性能点检的方式对卷烟加工设备性能的有效性进行客观评估，是卷烟工艺管理的重要组成部分，主要目的是验证加工设备的工艺条件保证能力，及时发现并排除设备故障与缺陷，保证设备处于良好状态，从而预防质量事故发生、提升质量稳定性水平和设备有效作业率，保障各项工艺任务的完成。本章主要针对烟草行业卷烟加工企业，以保障产品设计要求为目的，以制丝和卷接包装为对象，针对卷烟加工过程工艺参数的可实现性、符合性和稳定性，介绍如何通过有效开展设备工艺性能点检，实现对卷烟加工设备性能的管理，用于指导卷烟工业企业加强从设备角度对产品质量的预防性控制，实现设备点检由预防性维修向保障产品质量稳定的转变，进一步促进卷烟加工技术水平提升。

第一节　点检体系特点

建立“以保障产品质量为主线，以稳定加工参数为要素，以发挥设备性能为支撑”的卷烟加工设备工艺性能点检技术体系，指导企业加强设备性能参数对产品质量影响的关联分析和程度判别，搭建起设备、工艺、质量三者之间的互通桥梁，贯彻落实“设备保工艺、工艺保质量”加工理念，有利于切实提升卷烟加工过程控制技术水平。

（1）体现系统性　以设备保工艺、工艺保质量为导向，确立工序加工设备与工艺参数、质量指标关联关系，实现设备工艺性能点检对产品加工质量的保障作用。

（2）突出针对性　以过程控制符合性和稳定性为重点，明确工艺参数对质量指标的影响程度，实现设备工艺性能点检对过程检测与测试的指导作用。

（3）注重实效性　以准确、可靠为前提，注重点检的便捷性和实效性，实现设备工艺性能点检对过程质量的预防作用。

第二节　点检工序识别

工序是生产加工的基本单位和工艺流程的组成部分，也是产品加工过程中加工条件和质量控制的关键点，根据其功能性质可分为基本工序和辅助工序。其中，基本工序是直接使加工对象发生物理或化学变化的工序，辅助工序是为基本工序的生产活动创造条件的工序。在卷烟工艺设计时，依据产品风格特征和原材料的加工需求，确定产品的加工方法（如全配方加工、分组加工等），以此进行工艺流程设计和加工工序的配置，根据加工工序的工艺任务，提出来料标准、质量指标、设备性能和技术要点的相关要求，在此基础上，通过试验验证与符合性评价，最终确定工序的加工参数。因此，卷烟加工工序是产品工艺设计的最终落脚点，通过关键工序的识别，明确各加工工序对产品质量的影响，是开展点检工作的首要过程。

对于点检工序的选取步骤，首先是明确产品设计的加工需求，根据加工方法和工艺流程设置，列举出产品加工所必需的工序，结合《卷烟工艺规范》和企业工艺技术标准给出的各工序工艺任务、来料标准、质量要求、设备性能和技术要点等内容，找出影响产品加工质量的关键控制要点，该控制要点对应的工序即为需要点检的工序。

点检工序选取的原则为：

（1）应以产品设计要求为导向，符合产品质量的过程加工需求，更有利于产品风格特征的彰显和质量品质的稳定。

（2）应以工艺流程设计为主线，结合加工方法、流程设置和工序任务，更好地发挥与上、下游工序的协调统一。

（3）应以工序质量评价为手段，在加工过程中，存在有较为明显的物理形变、化学或感官变化。

（4）应以设备工艺性能为依托，在加工过程中，可实现对工序加工参数和质量指标的及时调控。

示例 1：制叶丝工段点检工序的确定

某牌号卷烟采用叶丝分组加工方法，其制叶丝工段采用的工艺流程如图 7-1 所示。

如流程图所示，设置的工序有贮叶、烟片增温、筛分、切叶丝、隧道式

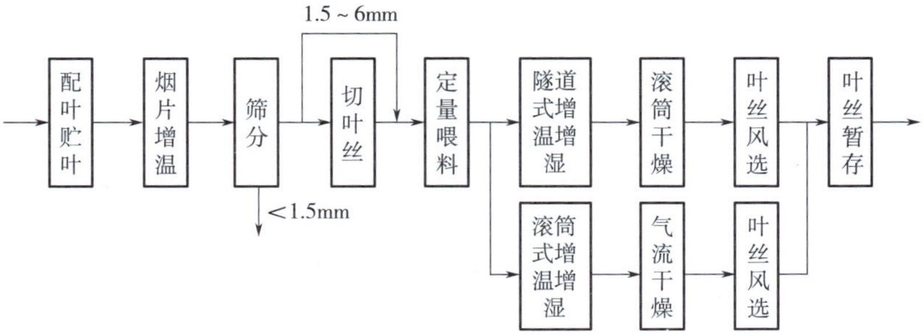

图 7-1 制叶丝工艺流程

增温增湿（HT）、滚筒叶丝干燥、滚筒式增温增湿（RCC）、气流叶丝干燥、叶丝风选、叶丝暂存等。

依据产品设计要求和制叶丝工段的任务，切叶丝、HT、滚筒叶丝干燥、RCC、气流叶丝干燥等工序，是实现该工段加工任务的关键工序，切丝宽度、叶丝干燥温度、叶丝含水率、叶丝结构、填充值等质量指标，也是加工过程中需重点关注的指标，对产品加工的物理质量和感官质量影响也较大。因此，该工段的切叶丝、HT、滚筒叶丝干燥、RCC、气流叶丝干燥等工序应确定为点检的必选工序，其中的 HT 工序，主要有物料流量、蒸汽压力（流量）工艺参数指标，也可作为滚筒叶丝干燥工序来料标准予以考虑，合并到滚筒叶丝干燥工序中进行点检。

贮叶、叶丝混配工序，是实现物料转运、混合、暂存和生产平衡的功能任务，基于目前的贮柜均采用往复式铺料和变频出料方式，其铺料高度主要是与批次投料量相关，不属于设备工艺性能指标范畴，在投料量与贮柜能力匹配的情况下，多数企业已不再关注该项指标；筛分工序主要将切丝前的碎片筛出，减少切丝过程造碎，其筛分效果主要与铺料厚度和网孔结构有关，无法实现在加工过程中的调控，也不是影响叶丝结构的主要因素。基于以上分析，贮叶、筛分、叶丝暂存工序可不作为该工段的点检工序。

烟片增温和叶丝风选是该工段的可选工序，其中烟片增温目的是增加切丝时烟片的温度和舒展性，提升切丝质量，但在切丝时易造成叶丝色泽转深，一些企业多用在中低档卷烟的加工上；叶丝风选是对干燥后叶丝进行松散和降温定型，剔除叶丝中的湿团和部分梗签，但降温幅度过大时，易造成叶丝变脆和感官质量的损失，一些高档卷烟对叶丝风选的降温幅度和梗签剔除提出了较高要求，以保证卷烟的感官质量和烟支卷制效果。基于以上分析，烟片增温和叶丝风选工序应根据加工产品定位及卷烟加工质量要求，作为可选工序进行点检。

示例 2：分片工序的确定

分片工序的工艺任务和质量要求，对分片后烟块厚度均匀性提出了要求，对产品加工的感官和物理质量无明确要求。但后续真空回潮和松散回潮的来料标准对分片质量提出了要求，烟块厚度不均匀，会影响真空回潮或松散回潮的回透和松散效果，进而影响产品的感官和物理质量。

因此，应选择分片工序进行点检，主要点检该工序的分片均匀性效果。

第三节　点检项目筛选

卷烟加工设备工艺性能的点检项目，主要包括保障产品工序加工质量的工艺参数符合性、稳定性和准确性，以及对质量指标的调控能力。对于点检项目的识别与筛选，首先是进行工序质量指标的选取，再通过关联性分析，找出影响质量指标的加工参数及其关键因素，并根据对质量指标重要性和影响程度进行排序，进而确定点检的项目。

一、质量指标选取

对于质量指标的选取，依据工序工艺任务，兼顾感官质量和物理质量，在可调或可控的前提下，选取与工序工艺加工任务直接相关的质量指标，以此进行点检工序关键质量指标的筛选。

示例 3：叶丝膨胀干燥工序

本示例是对 HT 膨胀+滚筒干燥方式（统称滚筒式）质量指标进行筛选，根据《卷烟工艺规范》一书中叶丝膨胀干燥工序给出的工艺任务、质量要求和技术要点，对工序的物理质量和感官质量均提出了相应的要求，具体见《卷烟工艺规范》6.4。

叶丝膨胀干燥主要包括膨胀和干燥两个过程。在膨胀过程，叶丝受蒸汽增温增湿作用实现体积膨胀，直接会影响到膨胀后叶丝的含水率、温度的变化，进而影响到化学和感官质量的变化，可通过调节蒸汽压力（蒸汽流量）的大小进行叶丝含水率、温度及感官质量的间接调整；在干燥过程，叶丝受热风和加热筒壁的对流和传导作用实现去湿和卷曲，会直接影响到干燥后叶丝的含水率、温度的变化，间接影响到填充值及感官质量的变化，可通过调节热风温度、热风风速、筒壁温度、筒壁转速、排潮风量等加工参数，实现叶丝含水率和温度的直接控制，以及对填充值和感官质量的间接调整。对于烟丝结构（整丝率、碎丝率、纯净度），其主要因素应是在切丝过程，与干燥过程的干头干尾率呈明显的负相关，而干头干尾是干燥料头料尾非稳态过程的加工有关，目前对干头干尾尚无有效的调控手段，处置的做法各异。

基于以上分析，滚筒式叶丝膨胀干燥工序选取的质量指标为膨胀后含水率、叶丝温度、感官质量和干燥后含水率、叶丝温度、填充值、感官质量。具体筛选过程见表 7-1。

表 7-1　滚筒式叶丝膨胀干燥工序质量指标筛选

叶丝膨胀干燥工序	质量指标	指标类别	关联程度	调控能力	选取指标
膨胀后	含水率	物理	直接	可调	√
	叶丝温度	物理	直接	可调	√
	感官质量	感官	间接	可调	√
干燥后	含水率	物理	直接	可调控	√
	叶丝温度	物理	直接	可调	√
	填充值	物理	间接	可调	√
	烟丝结构	物理	间接	不可调控	×
	干头干尾率	物理	间接	不可调控	×
	感官质量	感官	间接	可调	√

示例 4：卷接工序供丝喂料过程

参考叶丝膨胀干燥工序质量指标筛选方法，卷接工序 VE 过程选取的质量指标为空头、油烟、重量、刺破。

二、影响因素分析

根据初步识别出工序的加工质量指标及要求，并通过文献调研、单因素测试验证等方式，建立加工参数与质量指标的因果关系。

示例 5：滚筒叶丝干燥过程

1. 出口叶丝含水率

朱文魁等对滚筒复合传热过程烤烟叶丝干燥与收缩特性研究，认为筒壁温度是影响烤烟叶丝干燥效果的关键因素，对恒速干燥脱水阶段和快速升温阶段影响较大，筒壁温度越高，叶丝干燥速率越快，叶丝温度升高也越快见图 7-2、图 7-3；不同筒壁温度下叶丝干燥终点体积收缩率为 20%~25%，且收缩率与含水率之间的变化关系近似线性相关。

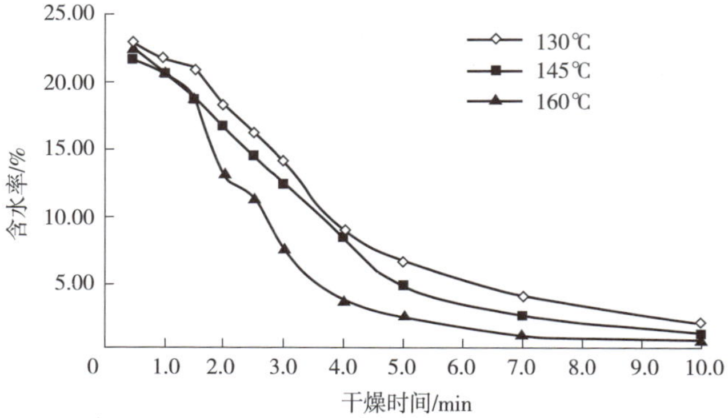

图 7-2　叶丝含水率与干燥时间的关系

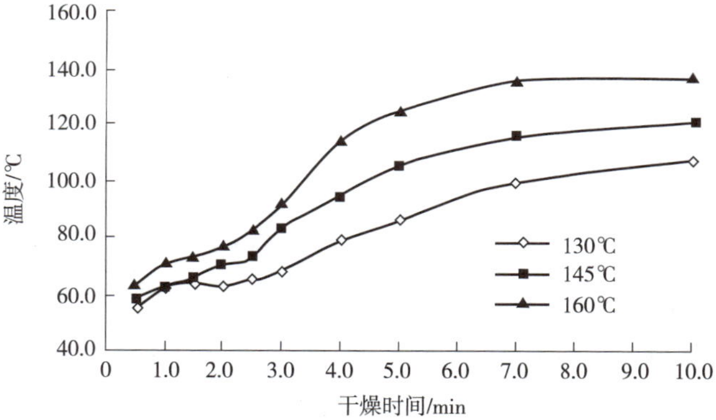

图 7-3　叶丝温度与干燥时间的关系

张炜等以滚筒干燥设备中筒壁温度、热风风速、入口物料流量作为控制变量，分别从烟丝物理质量、常规化学成分、感官品质、过程响应速度及稳定性等方面对比分析了不同控制变量对卷烟产品综合质量的影响，见表 7-2。结果表明：（1）不同控制变量对叶丝整丝率、碎丝率和填充值无明显规律性影响；（2）热风风速变量相比其他变量，其所控制的水溶性总糖和水溶性还原糖含量高，总氮、总植物碱、钾和氯的含量无明显规律性影响；（3）热风风速控制变量的感官品质评价效果最优，筒壁温度的波动对产品感官品质的影响程度较大，入口物料流量的波动对感官品质影响最小；（4）热风风速调节变量对出口叶丝含水率的响应速度较快且稳定性较好，入口物料流量调节变量对于出口叶丝含水率的响应速度较慢且稳定性较差。

表 7-2　　不同控制变量对卷烟产品综合质量影响

控制变量	样本数量	均值	标准差	标准误差	均值的 95%置信区间		极小值	极大值
					下限	上限		
筒壁温度	20	0.1895	0.03017	0.00675	0.1754	0.2036	0.13	0.24
热风风速	20	0.1575	0.02314	0.00517	0.1467	0.1683	0.12	0.21
入口物料流量	20	0.2340	0.02981	0.00666	0.2201	0.2479	0.18	0.29
总数	60	0.1937	0.04186	0.00540	0.1829	0.2045	0.12	0.29

谭奇忠等认为含水率标偏主要受到热风-排潮风门开度的影响，温度标偏主要受到热风温度及热风-排潮风门开度的影响，填充值主要受到筒壁温度的影响，结构主要受到 HT 蒸汽压力的影响，可以选取筒壁温度、热风温度、HT 蒸汽压力作为优化因素，根据不同产品特点设定其范围，正常生产过程中建议将热风-排潮风门开度作为出口烟丝水分的控制参数，用以提高烟丝水分的稳定性。

徐静等应用方差分析和等方差检验的方法，比较调节筒壁温度方法和调节热风温度方法控制烘叶丝含水率均值及标准偏差的差异，分析烘叶丝含水率的偏移情况及波动变化，从而得出结论：调节筒壁温度和调节热风温度两种方法对烘叶丝含水率均值没有显著影响，调节筒壁温度和调节热风温度两种方法对烘叶丝含水率标准偏差具有显著影响，调节热风温度方法比调节筒壁温度方法所取得烘叶丝含水率标准偏差小，水分波动小，较为稳定；且在同样的控制方法下批次间烘叶丝含水率的均值和标准偏差之间无显著差异，如表 7-3 所示。

表 7-3　　叶丝干燥工序不同控制方式对出口含水率的影响

批次	样本量	下限	标准差	上限	统计量	*P* 值
1	24	0.124004	0.168204	0.255918	2.69	0.261
2	26	0.124816	0.167483	0.249721		
3	25	0.091775	0.123797	0.186393		

2. 出口叶丝温度

赵静芬等为了研究滚筒干燥过程中叶丝含水率和温度的变化规律，建立了描述叶丝滚筒干燥过程中表面温度变化的动力学模型，在此基础上进一步考察了不同壁温对叶丝表面温度变化的影响，并对比分析了烤烟和白肋烟两种叶丝干燥过程中表面温度变化特征差异。结果表明：（1）基于热量和质量传递平衡方程得到的叶丝表面温度动力学模型，可较好反映叶丝干燥过程表面温度动态变化特征；（2）随着筒壁温度升高，法国烤烟 B2F 和白肋烟 C3F 的升温速率增大，两种叶丝所能达到的表面温度增加，相同干燥条件下，烤烟的表面温度变化较白肋烟的表面温度变化快；（3）表面温度随含水率的变化经历 3 个阶段：第 1 阶段，随含水率下降，表面温度升高很快；第 2 阶段，随含水率的降低，表面温度缓慢升高；第 3 阶段，表面温度随含水率的下降而迅速升高。叶丝表面温度与干燥时间、含水率的关系见图 7-4 和图 7-5。

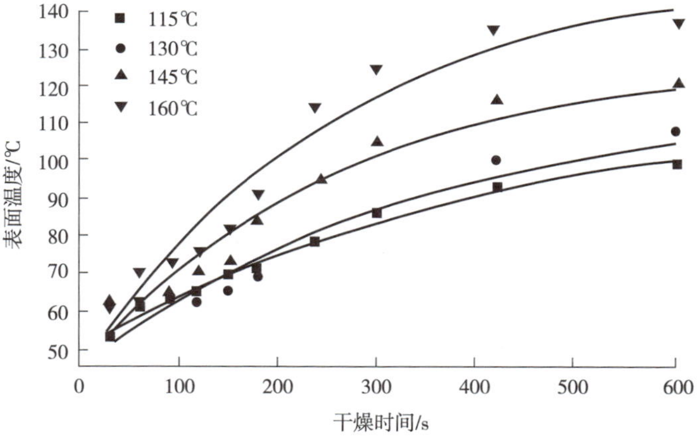

图 7-4　叶丝表面温度与干燥时间的关系

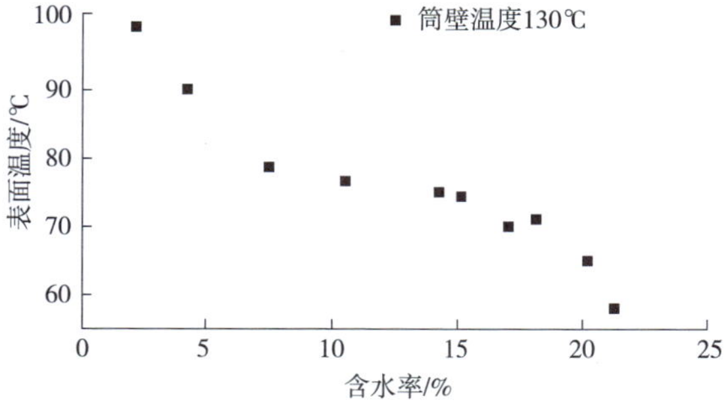

图 7-5 叶丝表面温度与含水率的关系

3. 填充值

崔升等研究认为切丝含水率、HT 蒸汽压力、筒壁温度、排潮开度和热风温度对烟丝填充值、整丝率、碎丝率等物理指标均有一定影响。不同控制变量见表 7-4、表 7-5。

表 7-4　　不同控制变量参数列表

试验号	筒壁温度/℃	热风温度/℃	排潮开度/%	切丝含水率/%	HT 蒸汽压力/MPa
1	132.1	125.8	63.1	18.2	0.24
2	131.8	121.5	37.2	17.1	0.26
3	135.7	117.0	54.2	18.6	0.28
4	135.0	110.5	27.5	17.2	0.30
5	139.9	104.9	44.6	18.4	0.33
6	140.2	124.4	54.3	17.6	0.24
7	143.3	120.4	28.5	19.1	0.26
8	144.1	117.1	45.0	17.6	0.28
9	147.9	109.1	64.1	19.2	0.30
10	147.7	105.2	37.2	18.1	0.32

表 7-5　　不同控制变量对成品烟丝质量及感官综合质量影响　　单位：分

试验号	填充值/(cm^3/g)	整丝率/%	碎丝率/%	香气质	香气量	丰满程度	细腻程度	杂气	刺激程度	干燥感	干净程度	回味	总分
1	3.92	81.5	1.4	9.3	8.8	9.0	8.6	9.6	9.2	9.2	9.1	9.0	81.8
2	4.07	81.7	1.7	9.3	8.8	9.0	8.5	9.5	8.9	9.2	9.1	8.7	81.0

续表

试验号	填充值/(cm^3/g)	整丝率/%	碎丝率/%	香气质	香气量	丰满程度	细腻程度	杂气	刺激程度	干燥感	干净程度	回味	总分
3	3.86	80.5	1.6	9.5	8.9	9.2	8.6	9.4	8.9	9.5	9.3	9.2	82.5
4	3.99	80.5	1.9	9.4	8.9	9.0	8.7	9.4	9.0	9.4	9.2	9.1	82.1
5	4.23	82.2	1.7	9.2	8.8	8.9	8.6	9.0	9.1	9.2	9.1	8.9	80.8
6	4.04	80.0	1.6	9.2	8.7	8.9	8.5	9.2	9.2	9.0	8.9	9.0	80.6
7	4.15	81.2	1.7	9.5	9.0	9.2	8.6	9.6	9.0	9.3	9.2	8.8	82.2
8	4.19	81.4	1.8	9.3	8.7	8.9	8.5	9.4	9.1	9.1	9.0	9.0	81.0
9	4.32	81.6	1.5	9.2	8.6	8.9	8.5	9.9	9.1	9.2	9.0	9.0	81.4
10	4.30	80.4	1.7	9.2	8.9	8.9	8.5	9.6	8.9	9.0	8.8	8.7	80.5

姚光明等为了找出烤烟叶片在叶丝干燥工序中叶丝填充值和整丝率的变化趋势，以国内外7地主要产区烤烟叶片为试验材料，研究了烤烟在滚筒和气流两种干燥方式不同加工强度条件下的叶丝填充值和整丝率变化。结果表明：烤烟在滚筒干燥工序，随着加工强度的增大，叶丝填充值呈上升趋势，整丝率呈下降趋势，其中填充值最高达5.82cm^3/g，整丝率最低为80.1%；各个部位叶丝填充值和整丝率平均值均与出口叶丝温度呈较强线性关系（$r \geq 0.954$），见图7-6，烤烟叶片在气流干燥工序较高强度（强度4）以下加工范围内，随着加工强度增大，叶丝填充值呈上升趋势，整丝率基本不变，其中填充值最高达5.96cm^3/g，在较高加工强度下，叶丝填充值和整丝率均呈下降趋势，整丝率最低为85.6%，见图7-7。

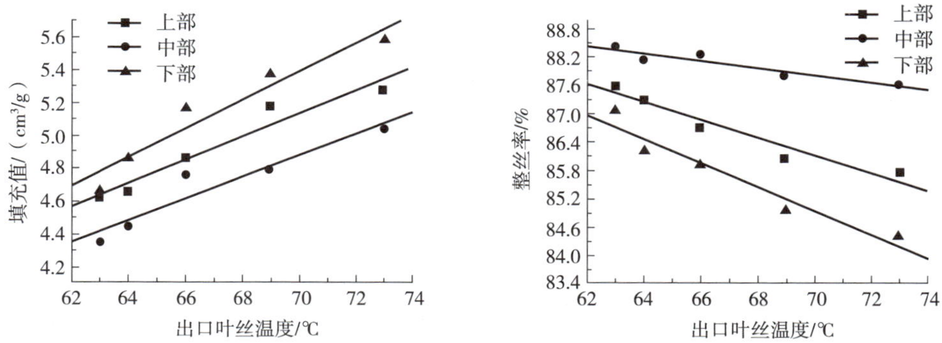

图7-6　叶丝温度与填充值和整丝率的关系

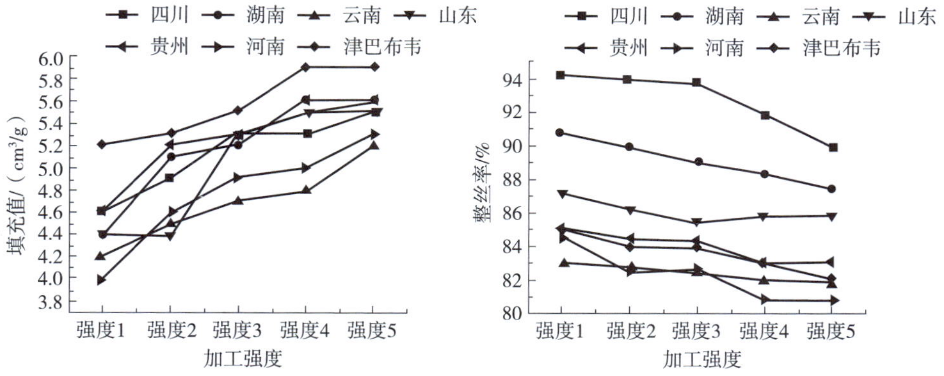

图 7-7　加工强度与填充值和整丝率的关系

4. 感官质量

刘炳军对滚筒式烘丝机不同工艺参数对烘后叶丝的感官质量及物理质量的影响进行相关试验，结果表明烘丝机筒壁温度对烘后叶丝物理质量及感官质量影响较大，过低或过高的排潮开度对烘后叶丝物理质量及感官质量影响较大，烘丝工艺流量对烘后叶丝物理质量及感官质量影响较小。

胡建军等研究认为，蒸汽压力对烘后叶丝的香气、谐调、杂气和余味以及感官质量总分有重要影响；热风风门开度和排潮风门开度对烘后叶丝的谐调、杂气和余味以及感官质量总分有重要影响；热风温度对烘后叶丝的杂气也有较为显著的影响。

云南中烟通过开展叶丝干燥工序质量评价得出，随热风温度增加，香气的丰满程度、干净程度呈下降趋势，刺激性、干燥感和杂气无明显改善，较低的热风温度明显有利于提高香气的丰满程度和口感的改善；随筒体转速加快，丰满程度、细腻程度、刺激性和干净程度改善不明显，较低的筒体转速有利于改善香气特性和口感特性；较小的热风风门开度有利于香气特性的改善（香气量较多、丰满程度较好）和烟气特性和口感特性的提高（细腻程度和刺激性），而较高的风门开度，不利于口感特性的改善（刺激性增大、甜度和回味下降）；过高和过低的排潮风门开度都不利于感官质量的改善，过低的排潮风门开度，不能有效地改善香气的丰满程度，过高的排潮风门开度，对香气量、刺激性和干燥感会产生不利的影响。

资文华等采用正交试验设计对滚筒干燥叶丝工艺参数进行优化，并通过双变量相关分析筛选试验指标，应用直观分析和方差分析对干燥后叶丝的感官质量和化学特性变化进行了分析讨论，结果表明：各因素变化对试验样品的感官质量和各类香味成分的影响主次顺序较一致，热风风门开度影响最大，其次是热风温度和滚筒转速。

张强等研究筒壁温度、HT 蒸汽压力、筒体转速、热风风门开度和热风温度等 5 个工艺参数对质量的影响，结果显示，HT 蒸汽压力与劲头达到了显著正相关，筒壁温度对香气质、香气量、杂气、干净程度和评吸总分的贡献率最大；热风温度、HT 蒸汽压力对劲头贡献率较大；热风风门开度和 HT 蒸汽压力对浓度的贡献率较大；HT 蒸汽压力对细腻程度和刺激的贡献率较大；热风温度对干燥感的贡献率较大。

基于以上文献调研分析，影响叶丝膨胀干燥（滚筒）质量指标的因素见图 7-8。

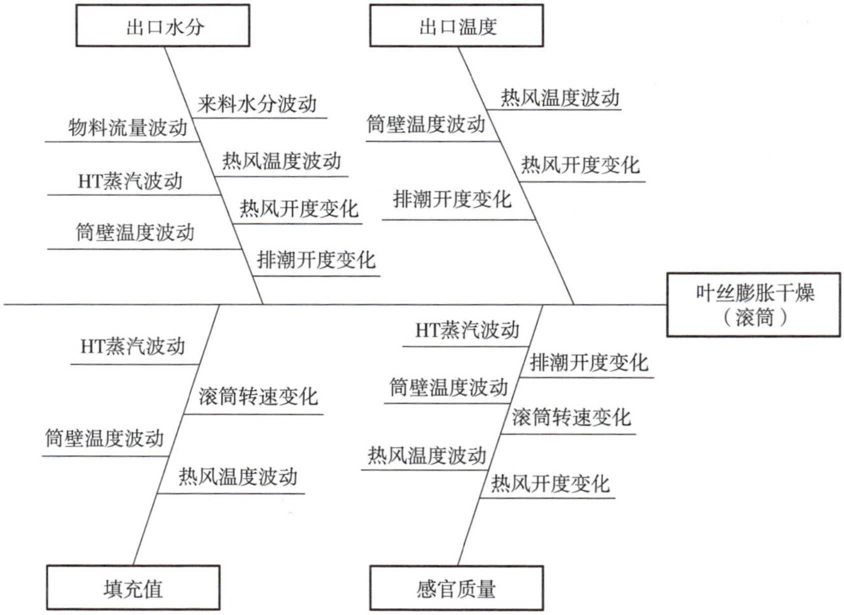

图 7-8　叶丝膨胀干燥（滚筒）质量指标影响因素分析

示例 6：卷接工序供丝喂料过程

王永峰等在分析平准器工作原理后，对平准器进行了改进设计，减小劈刀盘平面波动量和劈刀盘变形，改进后，烟支重量波动得到了明显改善。

秦鹏等通过对比三槽型平准器和三深三浅型平准器在相同生产条件下的烟支空头剔除率和部分烟支物理指标值，探究了他们对烟支空头率的影响。结果表明，三深三浅型平准器在烟支空头率控制方面，比三槽型平准器更有优势，烟支空头率相差 7.8%；在同样降低烟支空头率的情况下，三深三浅型平准器比三槽型平准器具有更好的质量稳定性。

魏步建等对叶片含梗率及 PROTOS-70 卷烟机的剔梗签系统对于烟支含签率的影响进行了分析，结果表明：叶片中含梗率的高低直接影响烟支含签率，梗导向板高度应≤67mm；不同等级的卷烟在风压、负压一定的情况下，梗导向板高度与烟支含梗签率呈负相关，与梗签含丝率呈正相关；在烟支含梗签率、风压、负压一定的情况下，卷烟等级升高梗导向板高度随着增加；在梗导向板高度、负压一定的情况下，烟支含梗签率与风压呈正相关；在梗导向板高度、风压不变的情况下，随着负压的升高烟支含签率增加、梗签含丝量减少；随着烟支含梗签率的降低，烟支重量标准偏差也降低，根据生产卷烟等级调整剔梗系统后可降低消耗，提高设备有效作业率。

王柳等对影响单支重量波动指标的梗签剔除量、弹丝辘转速、平准器圆刀凹槽深度、回丝量 4 个主要设备工艺参数进行了单因素试验，找出了各参数对卷烟单支重量稳定性的影响趋势，其中弹丝辘转速和回丝量对卷烟单支重量的稳定性影响较大，在此基础上设计正交试验进行了系统参数优化，确定了最佳的参数控制组合，通过上机正常生产运行和跟踪测试，卷烟单支重量标准偏差值明显降低，卷烟质量的稳定性显著提升。

郭书裴认为由于现代卷烟工业是流水线作业，整个生产过程中生产设备（包括制丝和卷接包）涉及使用油品的环节相当多，且各环节使用的油品种类也不尽相同，生产设备在实际生产过程中高速运转，系统各传动部分的润滑油在密闭空间内持续产生大量热量，油箱内润滑油的最高温度可达到 65～70℃。油温长时间过高，极易导致橡胶密封件的老化和零部件的加剧磨损，从而产生润滑油的跑、冒、滴、漏等现象，导致油烟产生，严重时会污染烟支。为研究造成卷烟烟支油烟的内在原因，通过气相色谱-质谱法（GC-MS）分析建立卷烟生产中用到油品源物质的 GC-MS 特征图谱，然后在相同的分析条件下测定卷烟油烟的 GC-MS 图谱，通过将其与油品源物质的 GC-MS 特征图谱进行比对，确定导致油烟的油品源物质，从而确定产生油烟的具体生产环节和原因。

基于以上文献调研分析，卷接供丝喂料过程质量影响因素见图 7-9。

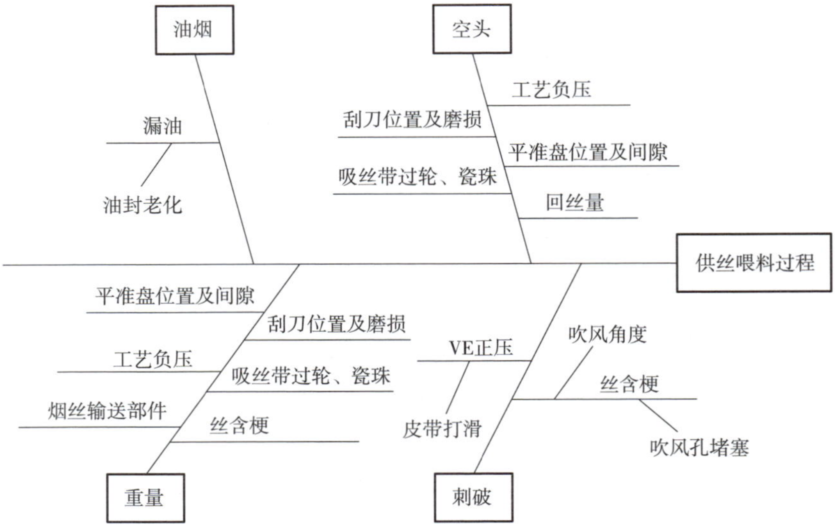

图 7-9　卷接供丝喂料过程质量影响因素分析

三、重要程度分类

根据工序加工参数对卷烟加工质量的影响关系，采用德尔斐法和层次分析法相结合来确定加工参数对质量指标的影响程度，在此基础上进行加工参数重要程度分类，为设备工艺性能点检项目确定提供依据。

1. 判断矩阵构建

将评价指标的影响参数从左至右、从上至下构建判断矩阵。利用德尔斐法，综合专家的经验，就各参数对指标的重要性进行评价打分，打分规则见表 7-6。

表 7-6　德尔斐法打分规则

相对重要程度	得分	说明
同等重要	1	两指标对上级指标贡献相同
略微重要	3	重要
基本重要	5	确实重要
确实重要	7	程度明显

续表

相对重要程度	得分	说明
绝对重要	9	程度非常明显
相邻两程度之间	2，4，6，8	需要折中时使用

以滚筒叶丝干燥和卷接工序供丝喂料过程为例，加工参数与质量指标的判断矩阵及其专家打分结果如表 7-7～表 7-15 所示。

表 7-7　　滚筒叶丝干燥工序加工参数对出口水分影响的判断矩阵

加工参数	物料流量	来料水分	HT 蒸汽压力/流量	筒壁温度	热风温度	热风风门开度	热风风速	排潮风门开度	滚筒转速
物料流量	1	1/2	3	1/4	2	9	6	5	4
来料水分	2	1	4	1/3	3	9	8	8	7
HT 蒸汽压力/流量	1/3	1/4	1	1/5	4	7	4	3	1/3
筒壁温度	4	3	5	1	3	6	5	5	3
热风温度	1/2	1/3	1/4	1/3	1	4	3	3	2
热风风门开度	1/9	1/9	1/7	1/6	1/4	1	1/3	1/3	1/2
热风风速	1/5	1/8	1/3	1/5	1/3	3	1	1	2
排潮风门开度	1/6	1/8	1/4	1/5	1/3	3	1	1	1
滚筒转速	1/4	1/7	3	1/3	1/2	2	1	1/2	1

表 7-8　　滚筒叶丝干燥工序加工参数对出口温度影响的判断矩阵

加工参数	物料流量	来料水分	HT 蒸汽压力/流量	筒壁温度	热风温度	热风风门开度	热风风速	排潮风门开度	滚筒转速
物料流量	1	2	2	1/9	1/7	3	1/3	1/2	2
来料水分	1/2	1	1	1/9	1/7	1	1/2	1	1
HT 蒸汽压力/流量	1/2	1	1	1/8	1/6	1	1/2	1	1/2
筒壁温度	9	9	8	1	2	4	2	2	6
热风温度	7	7	6	1/2	1	3	2	4	5

续表

加工参数	物料流量	来料水分	HT蒸汽压力/流量	筒壁温度	热风温度	热风风门开度	热风风速	排潮风门开度	滚筒转速
热风风门开度	1/3	1	1	1/4	1/3	1	1	1	2
热风风速	3	2	2	1/2	1/2	1	1	1/2	1
排潮风门开度	2	1	1	1/2	1/4	1	2	1	2
滚筒转速	1/2	1	2	1/6	1/5	1/2	1	1/2	1

表 7-9　　滚筒叶丝干燥工序加工参数对填充值影响的判断矩阵

加工参数	物料流量	来料水分	HT蒸汽压力/流量	筒壁温度	热风温度	热风风门开度	热风风速	排潮风门开度	滚筒转速
物料流量	1	1/5	1/7	1/5	1	1/2	1	1	1
来料水分	5	1	1/3	2	2	5	6	6	6
HT蒸汽压力/流量	7	3	1	3	3	5	7	7	7
筒壁温度	5	1/2	1/3	1	3	3	4	4	4
热风温度	1	1/2	1/3	1/3	1	1/2	1	1	2
热风风门开度	2	1/5	1/5	1/3	2	1	1/2	1	2
热风风速	1	1/6	1/7	1/4	1	2	1	2	1
排潮风门开度	1	1/6	1/7	1/4	1	1	1/2	1	1/2
滚筒转速	1	1/6	1/7	1/4	1/2	1/2	1	1	1

表 7-10　　滚筒叶丝干燥工序加工参数对感官质量影响的判断矩阵

加工参数	物料流量	来料水分	HT蒸汽压力/流量	筒壁温度	热风温度	热风风门开度	热风风速	排潮风门开度	滚筒转速
物料流量	1	5	2	1/2	5	1/2	1	2	2
来料水分	1/5	1	3	1/2	2	1/2	3	2	3
HT蒸汽压力/流量	1/2	1/3	1	1/3	1/2	1/3	3	3	4
筒壁温度	2	2	3	1	2	3	5	4	5

续表

加工参数	物料流量	来料水分	HT 蒸汽压力/流量	筒壁温度	热风温度	热风风门开度	热风风速	排潮风门开度	滚筒转速
热风温度	1/5	1/2	2	1/2	1	3	5	4	5
热风风门开度	2	2	3	1/3	1/3	1	2	2	2
热风风速	1/2	1/2	1/3	1/4	1/4	1/2	1	1	1
排潮风门开度	1/2	1/3	1/4	1/5	1/5	1/2	2	1	2
滚筒转速	1	1/3	1/3	1/5	1/5	1/2	1	1	1

表 7-11　卷接工序供丝喂料过程加工参数对空头影响的判断矩阵

加工参数	工艺负压	平整盘位置及间隙	刮刀位置及磨损	VE 正压	VE 正压吹风角度	漏油	吸丝带过轮、磁珠	烟丝输送部件	针辊速度（回丝量）	剔梗量
工艺负压	1	3	1/2	4	8	9	5	6	3	7
平整盘位置及间隙	1/3	1	1/3	3	5	7	3	3	1	5
刮刀位置及磨损	2	3	1	3	5	7	3	3	1	5
VE 正压	1/4	1/3	1/3	1	1	1	1/3	3	1	3
VE 正压吹风角度	1/8	1/5	1/5	1	1	3	1/5	1/3	1	1/3
漏油	1/9	1/7	1/7	1	1/3	1	1/7	1/5	1/3	1/5
吸丝带过轮、磁珠	1/5	1/3	1/3	3	5	7	1	5	1/2	5
烟丝输送部件	1/6	1/3	1/3	1/3	3	5	1/5	1	1/3	3
针辊速度（回丝量）	1/3	1	1	1	1	1/3	2	3	1	2
剔梗量	1/7	1/5	1/5	1/3	3	5	1/5	1/3	1/2	1

表 7-12　卷接工序供丝喂料过程加工参数对烟支重量影响的判断矩阵

加工参数	工艺负压	平整盘位置及间隙	刮刀位置及磨损	VE 正压	VE 正压吹风角度	漏油	吸丝带过轮、磁珠	烟丝输送部件	针辊速度（回丝量）	剔梗量
工艺负压	1	1/2	2	3	2	2	1	1/3	1	1

续表

加工参数	工艺负压	平整盘位置及间隙	刮刀位置及磨损	VE正压	VE正压吹风角度	漏油	吸丝带过轮、磁珠	烟丝输送部件	针辊速度（回丝量）	剔梗量
平整盘位置及间隙	2	1	5	7	9	9	3	3	7	5
刮刀位置及磨损	1/2	1/5	1	2	1	1	1	1/3	1	1
VE 正压	1/3	1/7	1/2	1	3	3	1	1/3	1	1
VE 正压吹风角度	1/2	1/9	1	1/3	1	3	1	1/5	1	1/3
漏油	1/2	1/9	1	1/3	1/3	1	1	1/7	1	1/4
吸丝带过轮、磁珠	1	1/3	1	1	1	1	1	1	2	1
烟丝输送部件	3	1/3	3	3	5	7	1	1	3	3
针辊速度（回丝量）	1	1/7	1	1	1	1	1/2	1/3	1	1/2
剔梗量	1	1/5	1	1	3	4	1	1/3	2	1

表 7-13　卷接工序供丝喂料过程加工参数对烟支刺破影响的判断矩阵

加工参数	工艺负压	平整盘位置及间隙	刮刀位置磨损	VE正压	VE正压吹风角度	漏油	吸丝带过轮、磁珠	烟丝输送部件	针辊速度（回丝量）	剔梗量
工艺负压	1	1	1	1	1	1/2	1	1	1	1/3
平整盘位置及间隙	1	1	1	1/3	1	1	1	1	2	1/5
刮刀位置及磨损	1	1	1	1/3	1	3	1/2	1	2	1/7
VE 正压	1	3	3	1	3	6	2	2	3	1/4
VE 正压吹风角度	1	1	1	1/3	1	1	2	1	1	1/4
漏油	2	1	1/3	1/6	1	1	1/2	1/2	1/2	1/8
吸丝带过轮、磁珠	1	1	2	1/2	1/2	2	1	1	1	1/6
烟丝输送部件	1	1	1	1/2	1	2	1	1	1	1/6
针辊速度（回丝量）	1	1/2	1/2	1/3	1	2	1	1	1	1/7
剔梗量	3	5	7	4	4	8	6	6	7	1

表 7-14 卷接工序供丝喂料过程加工参数对油烟影响的判断矩阵

加工参数	工艺负压	平整盘位置及间隙	刮刀位置及磨损	VE 正压	VE 正压吹风角度	漏油	吸丝带过轮、磁珠	烟丝输送部件	针辊速度（回丝量）	剔梗量
工艺负压	1	1	1	1	1	1/8	1	1	1	1
平整盘位置及间隙	1	1	1	1	1	1/8	1	1	1	1
刮刀位置及磨损	1	1	1	1	1	1/8	1	1	1	1
VE 正压	1	1	1	1	1	1/8	1	1	1	1
VE 正压吹风角度	1	1	1	1	1	1/8	1	1	1	1
漏油	8	8	8	8	8	1	1	1	1	1
吸丝带过轮、磁珠	1	1	1	1	1	1/8	1	1	1	1
烟丝输送部件	1	1	1	1	1	1/8	1	1	1	1
针辊速度（回丝量）	1	1	1	1	1	1/8	1	1	1	1
剔梗量	1	1	1	1	1	1/8	1	1	1	1

表 7-15 卷接工序供丝喂料过程加工参数对感官质量影响的判断矩阵

加工参数	工艺负压	平整盘位置及间隙	刮刀位置及磨损	VE 正压	VE 正压吹风角度	漏油	吸丝带过轮、磁珠	烟丝输送部件	针辊速度（回丝量）	剔梗量
工艺负压	1	3	1	4	8	1/9	5	6	3	7
平整盘位置及间隙	1/3	1	1	3	5	1/7	3	3	1	5
刮刀位置及磨损	1	1	1	1	1	1/7	1	1	1	1
VE 正压	1/4	1/3	1	1	1	1	1	1	1	1
VE 正压吹风角度	1/8	1/5	1	1	1	1/3	1	1/3	1	1/3
漏油	9	7	7	1	3	1	7	5	1/3	5
吸丝带过轮、磁珠	1/5	1/3	1	1	1	1/7	1	2	1	2
烟丝输送部件	1/6	1/3	1	1	3	1/5	1/2	1	1	3
针辊速度（回丝量）	1/3	1	1	1	1	1/3	1	1	1	1
剔梗量	1/7	1/5	1	1	3	1/5	1/2	1/3	1	1

2. 影响权重分析

采用层次分析法，首先将判断矩阵的每行因素相乘并求该矩阵的阶数次方根，然后将与所有行一一对应的上述开方结果相加得到某一个加总值，最后用每行的开方结果除以上述的加总值，即为该行因素所对应指标的相对权重值，权重越大，表明参数对指标影响越大。

以滚筒叶丝干燥和卷接工序供丝喂料过程为例，各参数的权重计算结果如表 7-16 和表 7-17 所示。

表 7-16　　滚筒叶丝干燥工序加工参数的权重计算结果　　单位:%

加工参数	水分	温度	填充值	感官质量
物料流量	15.14	9.50	4.66	14.31
来料水分	15.41	4.75	16.65	13.39
HT 蒸汽压力/流量	11.73	4.15	17.00	11.69
筒壁温度	16.63	15.73	16.49	15.95
热风温度	12.52	15.81	9.09	13.91
热风风门开度	0.27	9.57	9.53	13.81
热风风速	4.42	11.66	8.58	2.99
排潮风门开度	5.40	12.61	4.70	4.49
滚筒转速	11.66	11.75	8.58	5.62

表 7-17　　卷接工序供丝喂料过程加工参数的权重计算结果　　单位:%

加工参数	空头	重量	刺破	油烟	感官
工艺负压	15.38	12.34	9.26	9.45	15.09
平整盘位置及间隙	14.62	14.81	9.19	9.45	13.98
刮刀位置及磨损	16.03	8.27	9.50	9.45	9.68
VE 正压	9.42	8.84	14.65	9.45	8.97
VE 正压吹风角度	3.98	5.77	9.41	9.45	3.97
漏油	0.28	2.53	4.65	14.95	15.35
吸丝带过轮、磁珠	13.29	10.73	9.51	9.45	8.54
烟丝输送部件	8.78	14.64	9.43	9.45	9.17
针辊速度（回丝量）	12.02	9.16	9.15	9.45	9.30
剔梗量	6.21	12.91	15.24	9.45	5.95

3. 重要程度分类

根据权重计算结果，结合过程管控要求，将各参数对指标的影响程度分为三类：关键（★★★）、主要（★★）、次要（★）。对一项或多项质量指标有显著影响的为重要参数，均无显著影响的则为一般参数。

以滚筒叶丝干燥和卷接工序供丝喂料过程为例，加工参数对质量指标的重要程度分类结果如表 7-18 和表 7-19 所示。

表 7-18　　滚筒叶丝干燥工序加工参数重要性分类结果

加工参数	质量指标				分类	
	感官	水分	温度	填充值	重要	一般
物料流量	★★★	★★★	★★	★	√	
来料水分	★★★	★★★	★	★★★	√	
HT 蒸汽压力	★★★	★★★	★	★★★	√	
筒壁温度	★★★	★★★	★★★	★★★	√	
热风温度	★★★	★★★	★★★	★★	√	
热风风门开度	★★★	★	★★	★★	√	
热风风速	★	★	★★★	★	√	
滚筒转速	★★	★★★	★★★	★★	√	
排潮风门开度	★	★	★	★★		√

注：★★★表示显著，★★表示主要，★表示次要。

表 7-19　　卷接工序供丝喂料过程加工参数重要性分类结果

加工参数	质量指标					分类	
	感官	空头	重量	刺破	油烟	重要	一般
工艺负压	★★★	★★★	★★	★	★	√	
平整盘位置及间隙	★★★	★★★	★★★	★	★	√	
刮刀位置及磨损	★	★★★	★	★	★	√	
VE 正压	★	★	★	★★★	★	√	
VE 正压吹风角度	★	★	★	★	★		√
漏油	★★★	★	★	★	★★★	√	
吸丝带过轮、瓷珠	★	★★★	★★	★	★	√	

续表

加工参数	质量指标					分类	
	感官	空头	重量	刺破	油烟	重要	一般
烟丝输送部件	★	★	★★★	★	★	√	
回丝量	★	★★	★★★	★	★	√	
丝含梗	★	★	★★	★★★	★	√	

注：★★★表示显著，★★表示主要，★表示次要。

第四节　点检位点分析

卷烟加工设备工艺性能的点检位点，就是检查和判定点检项目及其符合性、稳定性、准确性的设备部位，主要包括该工序的数采系统、控制面板、执行机构和仪器仪表等。对于点检位点的选取，以准确可靠为前提，并注重点检的便捷性和时效性，主要分为以下几种情况。

（1）对于可采集传递到中控系统的数据，可优先选取中控数采数据进行点检，并借助统计分析工具，进行点检的实时数据监控和历史数据分析，以此进行点检项目符合性和稳定性的评价和预判。如：热风温度、筒壁温度、物料流量等。

（2）对于采集但未进行传递的数据，可选取现场控制面板数据进行点检，主要查看控制面板的实时数据或历史数据曲线图，以此进行点检项目符合性和稳定性的评价。如：真空回潮工序的真空度、切丝工序的切丝宽度、各工序自动调节的蒸汽压力等。

（3）对于无法采集的数据，应选取设备执行机构或仪器仪表，进行现场查看或借助工具测量，查看其符合性。如：各滚筒工序的滚筒转速、分片工序的分片间距、压梗工序的压辊间隙、切丝工序的刀门压力、各工序手动调节的蒸汽压力等。

（4）对于点检项目准确性的点检，主要是专业工具和方法，检查测试点检项目设备执行的机构执行动作或位置是否到位，以及监控仪器仪表的显示值与真实值的偏差，仪器仪表的计量精度和测量精度是否满足要求等。如：排潮开度准确性的点检，主要是测试管道风速与显示值是否一致，在待机状态时通过手动调节风门开度大小查看是否执行到位，检查排潮管道滚网是否堵塞等。

第五节　点检周期确定

点检项目的执行机构或其监测的仪器仪表，存在有运行移位或零点漂移情况，在运行一定时间后，其累计偏差的程度会超出工序加工允许的范围，需要进行校验和纠偏。点检周期就是对点检项目进行符合性、稳定性和准确性检查的时间频次。

点检周期的测试与选取，需要对执行机构或其监测仪器仪表的偏离和漂移程度，与加工允差进行比对，通过进行一定时间的跟踪测试，确定其偏离和漂移与加工允差的吻合时间，依据多次测试验证的结果，确定适合的点检周期的时间频次，点检周期的时间频次，要小于偏离和漂移周期的最小值，以此保证设备的工艺性能运行处于可接受的稳定状态。

例如：对数采系统可实时采集的关键工艺参数和质量指标，如含水率、温度、流量等加工参数或质量指标，可对 MES、SPC、质量抽检等监控和检测结果历史数据（批、日、月等）进行收集与统计分析，进行符合性和稳定性判断，以及偏离趋势分析，其点检周期应定为每批。

用于生产条件保障的蒸汽、水、压缩空气工作压力，易受保供条件的变化而发生偏离，因此，蒸汽、水、压缩空气的工作压力应作为开机前的例行点检，其点检周期应定为每班。

为确定水分仪的点检周期，对叶丝干燥出口水分仪（TM710e）的漂移周期进行多次跟踪测试，见表 7-20。从测试结果可以看出，超出 7 天后，检测实测值（烘箱法）与实际显示值的差异超出了控制偏差要求［（显示值-实测值）<±0.3%］。结合各单位调研的实际执行情况，因此，该水分仪的点检周期定为每周。

表 7-20　　叶丝干燥出口水分仪测量偏差记录表

测试时间/d		设定值/%	显示值/%	实测值/%	偏差/%
0	1	12.9	12.95	13.00	-0.05
	2	12.9	12.82	12.64	0.18
	3	12.9	12.88	12.91	-0.03

续表

测试时间/d		设定值/%	显示值/%	实测值/%	偏差/%
3	1	12.9	12.86	12.78	0.08
	2	12.9	12.89	12.76	0.13
	3	12.9	12.94	12.98	-0.04
5	1	12.9	12.93	12.81	0.12
	2	12.9	12.84	12.89	-0.05
	3	12.9	12.89	12.64	0.25
7	1	12.9	12.87	12.67	0.10
	2	12.9	12.92	12.68	0.24
	3	12.9	12.91	12.73	0.18
9	1	12.9	12.90	12.54	0.36
	2	12.9	12.89	12.62	0.27
	3	12.9	12.89	12.56	0.33
15	1	12.9	12.94	12.61	0.33
	2	12.9	12.92	12.80	0.32
	3	12.9	12.87	12.72	0.15

对于加水和加香加料流量计，通过查看历史点检数据，通常在1~2个月出现偏离。结合各单位实际执行情况，因此加水和加香加料流量计的点检周期定为每月。

对于通过电机变频调节的滚筒转速、热风风速、排潮风速，点检频率与实际滚筒转速、热风风速、排潮风速的对应值偏差很小，结合各单位实际执行情况，点检周期可定为半年。

第六节　点检方法选择

点检方法的确定，应以准确、可靠、便捷、高效为准则，通过文献调研与现场工艺测试验证，选取适宜的点检方法。

以电子皮带秤的计量精度点检为例，目前常见的点检方法有挂码标定、砝码标定、链码标定、实物标定等。通过表 7-21 中点检方法的比较，采用砝码法与实物法标定精度一致，操作更加便捷，宜选用砝码法进行点检。

表 7-21　常见电子皮带秤计量精度点检方法对比

对比内容	挂码法	链码法	砝码法	实物法
点检方法	将挂码杆挂在称重机构上，将称量值与理论值进行比较	将线重量恒定的链码放在秤计量区皮带上，皮带运行一定距离后，将称量值与理论值进行比较	在电子皮带秤运行时，放置一定数量的标准砝码，将砝码重量与秤显示值比较	正常生产状态下，在秤出口，采用高精度静态秤称量一定重量物料，将称量值与秤显示值比较
量值溯源性	不好	不满足	好	好
实施难度	非常容易	比较容易	比较容易	困难
优缺点	优点：容易实施 缺点：1. 挂码杆积灰后重量变化；2. 速度误差不能补偿；3. 不能进行最大、最小流量下点检	优点：载荷与实际物料接近 缺点：1. 检定链码的线重量较困难；2. 速度误差不能补偿；3. 不能进行最大、最小流量下点检	优点：1. 标准砝码易检定；2. 通过控制放置密度，可实现不同流量下精度的点检 缺点：载荷不连续，与实际物料载荷存在差异	优点：点检、校准过程与生产状况一致 缺点：工作量大，易因物料水分、造碎损耗等造成校准精度下降
标定精度	1%~2%	1%	0.25%	0.25%

第七节　点检管理实施

企业在进行设备工艺性能点检时，应制定相应的点检制度，采用确定的点检方法对点检的项目和指标进行周期性检测与评价，结合点检项目的符合性和稳定性变化情况，不断改进完善。

1. 制度保障

企业应将加工设备工艺性能点检融入本企业设备点检管理体系中，并结合自身实际，突出加工设备工艺性能点检的针对性，建立分级分类点检制度，明确各级点检的职责，保障点检工作的常态化、日常化。

2. 实施评价

企业应将工艺性能点检纳入日常工艺质量管理工作中，建立质量预警与问题反馈的程序流程，通过在线监控、工艺巡检、质量抽检、历史数据查询等多种形式，定期和不定期对点检效果开展测试验证与评价，确保点检工作的实效性。

3. 持续改进

企业宜建立点检数据库，加强对点检结果的趋势性分析和效果评判，对发现的不合格、不适应项目进行原因分析和跟踪测试，制定相应改进措施，完善设备工艺性能点检的内容，提升点检工作的时效性。

第八章 生产过程管控

卷烟生产制造的管控主要是控制工序过程的参数指标，不同的参数组合构成不同的过程状态，直接影响加工后的产品质量。本章节主要介绍卷烟生产过程参数指标分类，以及加工强度类参数指标和配方实现类参数指标的管控。

第一节　过程参数指标分类

卷烟生产过程的主要因素是：时间、水分、温度，烟片在这 3 个因素的共同作用下，经过物理变化和化学变化最终形成符合标准要求的叶丝。制丝过程质量控制可以看作是制丝生产过程中设备技术参数、质量特性指标与工艺标准的符合程度，过程质量控制的实质就是控制设备技术参数、质量特性指标的波动。从控制产品品质层面，过程参数与指标确定需围绕“加工强度”“配方实现”两类指标进行确定。

一、加工强度类参数指标的分类

1. 指标类别

第一类为“直接表征工序动态加工强度的关键质量特性”，主要适用于品质控制，作为表征过程品质符合性与稳定性的衡量指标。

第二类为“直接表征工序静态加工强度的关键质量特性”，主要适用于品质控制，作为表征过程品质符合性的衡量指标。

第三类为“影响表征工序加工强度的关键质量特性”，主要适用于工艺控制，作为加工强度动态控制的关键数据源。

第四类为“控制设备加工强度状态的关键质量特性”，主要适用于工艺控制，作为控制设备状态的关键控制节点。

第五类为“验证设备运行状态及工艺性能的关键质量特性”，主要适用于工艺控制，作为设备性能监测及保障的关键数据源。

第六类为“表征工艺设计加工强度的关键质量特性”，主要适用于工艺参数设计，作为工艺设计环节表征物料受处理强度的关键衡量指标。

2. 分类原则

应从指标的可控性、控制状态、关联性、测量特性、与经济技术指标的关系 5 个方面对指标进行评价分类。

（1）可控性　定义技术参数的控制特性指标，需要评估当技术参数变异发生时，具有代表性的控制系统或中控操作人员能否重新控制参数稳定下来的可能性，基于此将技术参数划分为可控性指标和不可控性指标。以烘丝机筒壁温度为例，当加工过程中给定的变异发生时（如升温 3℃），控制系统能够根据控制参数的设定值进行主动性调整并稳定参数，因此，此类参数定义为可控性指标。同样以超回后贮叶时间为例，当贮叶时间指标变异时，由于受到生产排产、前后工序的当前状态等诸多因素影响，不能进行主动性调整或调整的范围较为有限，因此，此类参数定义为不可控性指标。

（2）控制状态　根据技术参数在控制过程中的数据变异特征情况进行分析，对于正常加工过程中不会产生变异的指标如风门开度和风机频率，此类数据多为控制设备状态的关键控制节点，一旦产生变异（人为因素或设备故障）会影响控制设备的加工状态，因此，此类技术参数纳入控制设备加工强度状态的关键质量特性。对于加工过程中会产生随机波动变异的技术参数项目如蒸汽比例（循环热风温度），此类项目多作为设备性能监测、加工强度动态控制的关键数据源，属于设备固有的控制精度，因此，此类技术参数纳入影响表征工序加工强度的关键质量特性或验证设备运行状态及工艺性能的关键质量特性。

（3）关联性　就制丝线主要工序设备而言，其控制系统为恒值闭环控制系统，要求系统在确保稳定性的前提下，系统的动态性能和稳态性能好，而要达到最优的控制方式，消除各控制参数之间的相互耦合影响，就要明确各技术参数之间主动控制、被动控制及其相互关联性，以叶片处理段滚筒类设备加工强度控制方式为例，其可控参数蒸汽喷射比例、循环热风温度存在着正向关联性，如果将两者均纳入主动控制参数，会造成系统增益放大，无法消除耦合，动态稳定性变差，参数设置不当还会导致系统无法有效运行，因此可选择其中之一作为主动控制参数参与系统控制，另一个作为被动参数用以作为关键数据源来验证主动参数控制的有效性。

（4）测量特性　有效的数据测量、采集能够反映真实、可靠的设备、物料状态，底层数据的测量、过程数据的采集都直接影响制丝加工过程的稳定性。对于底层数据的测量，一类为直接测量，如循环热风温度使用传感器在风管内直接测量，其测量特性仅限于传感器精度、效验的有效性，其测量可靠性优于出口温度的人工检测（环境、人为影响因素）；另一类为换算测量（测量数据经过转换后用于生产过程的控制）如筒壁温度为蒸汽压力转换值，其受蒸汽性质、转换模型精度影响，应用到不同设备的控制上会存在较大误差，不具备在不同设备下的表征性。对于过程数据的采集，数据的平滑方式也对加工过程的稳定性产生至关重要的影响，如水分仪阻尼时间，时间过短会造成控制系统的超调、调节频繁，时间过短又会造成控制系统跟随效果差、反应延迟。因此，对于数据的检测、采集应评估其测量特性，使其具备设备、加工状态的表征性。

（5）与经济技术指标的关系　相同产品配方，在叶组、掺配物料比例一致的前提下，加工强度对出丝率及填充值都有着显著性的影响，如出丝率的大小与切丝来料水分之间存在正的相关性，填充值的大小与干燥脱水量、HT蒸汽压力之间存在正的相关性，因此在技术参数的控制上，应选择性地在保证感官质量的前提下，向有利于提升经济技术指标的方向靠近。

二、配方实现指标的分类

配方实现类别的指标主要划分为“直接表征”与“间接影响”两类。

第二节　加工强度类参数指标管控

一、加工强度类参数指标的确定

（一）真空回潮设备

1. 真空回潮抽空时间、真空度评价

选择正常生产品牌的主体模块物料，按设备最大装载能力装入框栏，分片后进入真空回潮机，进行抽空过程和蒸湿过程设备能力测试。抽空过程测试数据见表8-1，抽空过程压力、温度变化曲线见图8-1，蒸湿过程测试数据见表 8-2，蒸湿过程压力、温度变化曲线见图 8-2。

表 8-1　　　　　　　　　　抽空过程测试数据表

时间/s	压力/MPa	温度/℃	时间/s	压力/MPa	温度/℃	时间/s	压力/MPa	温度/℃
0	0	46.5	130	−0.071	45	260	−0.093	18.6
10	−0.008	46.3	140	−0.073	44.9	270	−0.092	16.3
20	−0.019	46.2	150	−0.074	44.7	280	−0.092	13.8
30	−0.028	46.1	160	−0.075	44.1	290	−0.092	11.9
40	−0.036	46.0	170	−0.077	42.1	300	−0.092	9.7
50	−0.044	45.9	180	−0.079	40.2	310	−0.092	8.3
60	−0.05	45.8	190	−0.08	38.1	320	−0.092	7.8
70	−0.056	45.7	200	−0.081	35.6	330	−0.093	6.9
80	−0.058	45.7	210	−0.084	32.2	340	−0.092	6.2
90	−0.061	45.6	220	−0.086	29.9	350	−0.092	5.2
100	−0.063	45.5	230	−0.085	27.1	360	−0.092	5.2
110	−0.066	45.3	240	−0.086	24.3	370	−0.093	4.9
120	−0.069	45.2	250	−0.091	21.1	380	−0.092	4.8

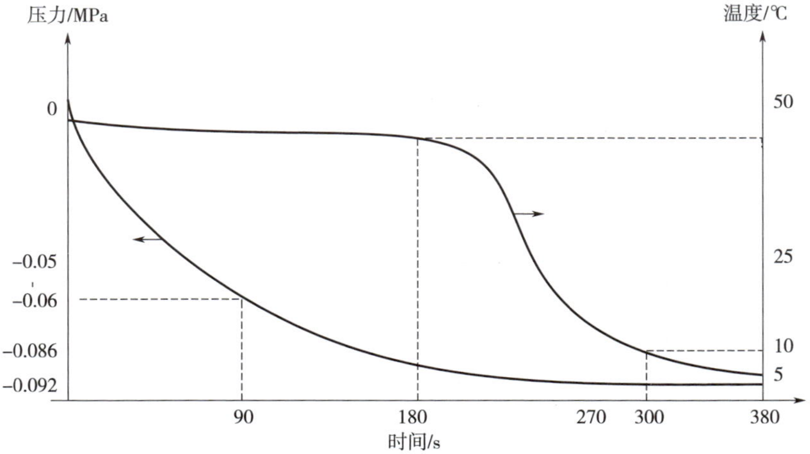

图 8-1　抽空过程压力、温度变化曲线

表 8-2 蒸湿过程测试数据

时间/s	压力/MPa	温度/℃	时间/s	压力/MPa	温度/℃	时间/s	压力/MPa	温度/℃
0	-0.092	5.1	100	-0.059	58.1	200	-0.031	80.7
10	-0.090	8.5	110	-0.056	64.8	210	-0.032	79.5
20	-0.088	13.2	120	-0.052	67.9	220	-0.031	80.2
30	-0.086	17.9	130	-0.05	69.8	230	-0.033	79.6
40	-0.083	24.1	140	-0.047	72.9	240	-0.034	79.2
50	-0.079	28.9	150	-0.044	75.1	250	-0.036	79.5
60	-0.075	34.9	160	-0.039	77.3	260	-0.037	79.5
70	-0.070	39.7	170	-0.035	78.6	270	-0.038	77.6
80	-0.066	45.2	180	-0.031	80.1	280	0.000	75.2
90	-0.062	52.8	190	-0.03	80.5	290	0.000	73.5

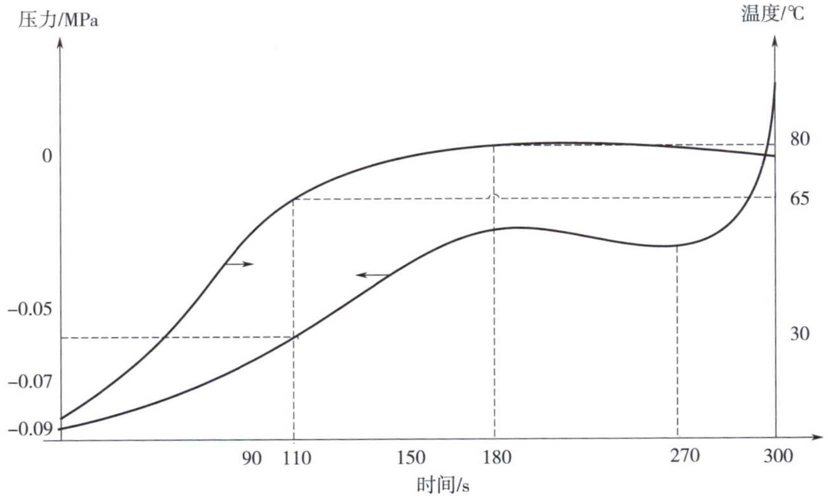

图 8-2 蒸湿过程压力、温度变化曲线

从抽空过程来看，以抽空时间 180s 作为转折点，180s 后抽空温度下降斜率快速增加，而对应真空度下降斜率较为平缓，若采用真空度控制作为从抽空控制转为蒸温控制用温度的先决条件，一旦真空度检测值失真，会导致系统能耗的增加及生产时间的延长，因此宜采用温度控制模式，抽空温度的极限值范围为 5～10℃。

从蒸湿过程看，设备能力能达到蒸湿温度 80℃的要求，蒸湿时间在 110s（对应蒸湿温度 65℃）以内，蒸湿温度和真空度都存在一个较快的上升斜率，且蒸湿温度上升斜率大于真空度；蒸湿时间高于 110s 以后，温度的上升较为缓慢，而真空度的上升斜率有增加趋势，因此以蒸湿时间为分界点，110s 以内宜采用温度控制模式，以上宜采用真空度控制模式，为方便系统控制，可统一采用温度控制模式。

以上的抽空及蒸湿控制过程中，通常情况下，在真空回潮机每一个控制周期的不同阶段，温度与压力（真空度）有一个相对稳定的控制关系，若采用温度控制模式，真空度可作为被动控制的关键数据源来验证设备运行稳态的有效性。如抽空温度设定 10℃时，对应抽空时间约为 300s，预留 20s 作为批次间波动正常误差，超出此范围可视为设备运行异常。因此将抽空时间、真空度定义为“验证设备运行状态及工艺性能的关键质量特性”作为加工过程中设备稳态的验证标准。

2. 真空回潮加工强度评价

选择为正常生产品牌，以包芯温度作为加工强度指标，将抽空温度、增湿温度、保温时间 3 个参数进行的 3 水平正交试验（两周期参数设置一致），分析对加工强度影响显著的关键因子。正交试验参数设置及测试结果见表 8-3、正交试验主效应见图 8-3。

表 8-3　　　　正交试验参数设置及测试结果

试验号	抽空温度/℃	蒸湿温度/℃	保温时间/s	反抽时间/s	最高包芯温度/℃
1	15	55	30	30	65
2	15	60	60	30	67
3	15	65	90	30	70
4	10	55	60	30	65
5	10	60	90	30	69
6	10	65	30	30	72
7	5	55	90	30	65
8	5	60	30	30	68
9	5	65	60	30	71

续表

试验号	抽空温度/℃	蒸湿温度/℃	保温时间/s	反抽时间/s	最高包芯温度/℃
*K*1	202	195	205		
*K*2	206	204	203		
*K*3	204	213	204		
*k*1	67.3	65.0	68.3		
*k*2	68.7	68.0	67.7		
δ	1.33	6	0.67		
排序	2	1	3		

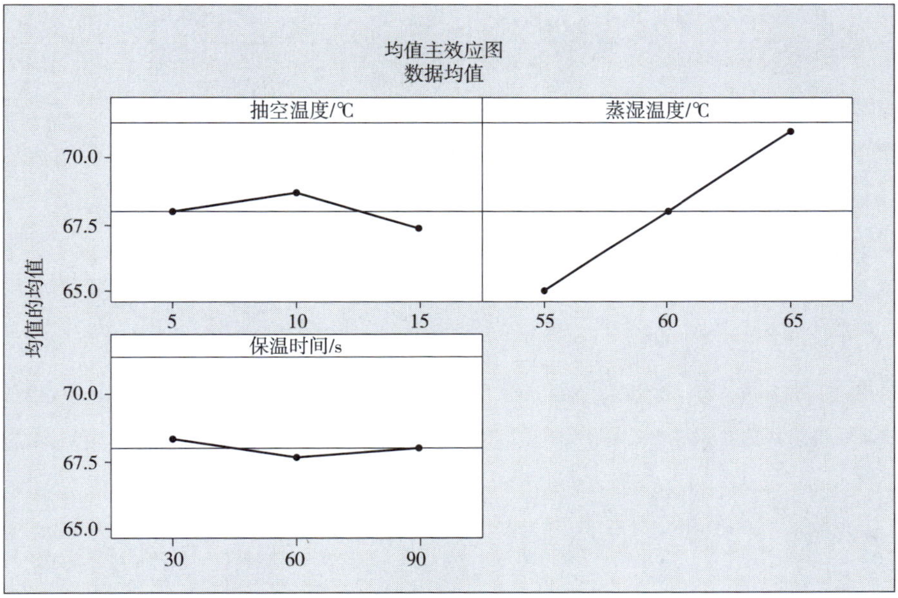

图 8-3　正交试验主效应图

正交试验表明，当控制设备加工强度状态的关键质量特性指标变化时都会引起包芯温度的变化，且存在一定的规律性，因此包芯温度定义为“表征工艺设计加工强度的关键质量特性”，在对包芯温度的影响的因素中，蒸湿温度是主要因素，抽空温度和保温时间次之，二者大体相当。因此，将真空回潮各周期抽空温度、返抽及保温时间定义为“控制设备加工强度状态的关键质量特性”，蒸湿温度定义为“直接表征动态加工强度的关键质量特性”。

（二）滚筒回潮设备

1. 设备状态对加工强度的影响规律评价

以出口物料温度为衡量指标，使用单等级烟叶进行单因素试验，在固定其他热源类指标的前提分别测试排潮及循环风门、循环风机频率对出口温度的影响，按试验序号以10min为间隔设置试验参数，参数设置见表8-4，排潮与循环风门变化参数的单因素试验结果见表8-5，循环风机变化参数的单因素试验结果见表8-6，排潮（循环）开度与循环风温、出口温度相关性见图8-4，循环风机频率与循环风温、出口温度相关性见图8-5。

表8-4　　试验参数设置表

序号	热风风机频率/Hz	循环风机频率/Hz	循环风门开度/%	排潮风门开度/%	蒸汽比例/%	热风温度/℃	雾化压力/MPa
1	12	30	0	100	4.5	120	0.2
2	12	30	10	90	4.5	120	0.2
3	12	30	30	70	4.5	120	0.2
4	12	30	50	50	4.5	120	0.2
5	12	30	70	30	4.5	120	0.2
6	12	30	90	10	4.5	120	0.2
7	12	30	100	0	4.5	120	0.2
8	12	10	50	50	4.5	120	0.2
9	12	20	50	50	4.5	120	0.2
10	12	40	50	50	4.5	120	0.2
11	12	50	50	50	4.5	120	0.2
12	12	60	50	50	4.5	120	0.2

表8-5　　排潮与循环风门变化参数的单因素试验结果

参数名称	1	2	3	4	5	6	7
排潮与循环风门开度/%	0&100	10&90	30&70	50&50	70&30	90&10	100&0
循环风温度均值/℃	73.3	63.5	62.7	63.6	63.1	62.4	50.7

续表

参数名称	1	2	3	4	5	6	7
循环风温度标偏/℃	1.3	0.2	0.2	0.1	0.1	0.2	0.9
出口温度均值/℃	68.2	60.5	59.5	60.3	59.7	60.1	53.7
出口温度标偏/℃	1.1	0.2	0.3	0.2	0.1	0.2	1.2
出口端负压/mbar	0.1	-0.06	-0.03	-0.03	-0.04	-0.03	-0.12
现场情况	蒸汽外溢	正常	正常	正常	正常	正常	负压

表 8-6　循环风机变化参数的单因素试验结果

参数名称	1	2	3	4	5	6
循环风机/Hz	10	20	30	40	50	60
循环风温度均值/℃	60.5	60.9	63.6	64.2	64.8	65.3
循环风温度标偏/℃	0.8	0.4	0.1	0.2	0.1	0.4
出口温度均值/℃	65.1	63.3	60.3	61.5	60.4	57.6
出口温度标偏/℃	0.9	0.8	0.2	0.2	0.1	0.9
出口端负压/mbar	0.18	0.09	-0.04	-0.03	-0.03	-0.17
现场情况	蒸汽外溢	蒸汽外溢	正常	正常	正常	出料不稳

（1）回归分析：出口温度与排潮（循环）开度 。

$S=3.65673$，$R-S_q=56.7\%$，$R-S_q$（调整）$=48.0\%$

方差分析：

来源	自由度	*SS*	*MS*	*F*	*P*
回归	1	87.419	87.4188	6.54	0.051
误差	5	66.858	13.3717		
合计	6	154.277			

P 值>0.05，不同排潮（循环）开度下物料出口温度无显著差异。

（2）回归分析：出口温度均值与循环风机频率。

$S=1.08628$，$R-S_q=78.8\%$，$R-S_q$（调整）$=73.4\%$

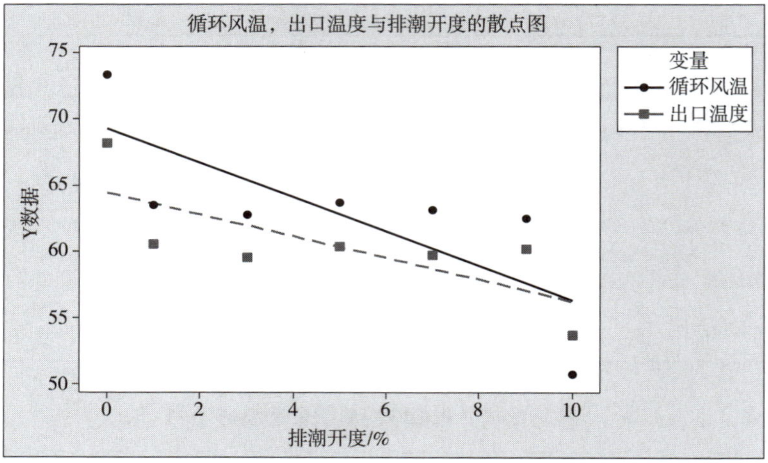

图 8-4　排潮（循环）开度与循环风温、出口温度散点图

方差分析：

来源	自由度	*SS*	*MS*	*F*	*P*
回归	1	17.50	17.50	14.83	0.018
误差	4	4.72	1.18		
合计	5	22.22			

P 值<0.05，不同循环风机频率下出口温度有差异，但 $R-S_q$（调整）= 73.4%，差异显著性较弱。

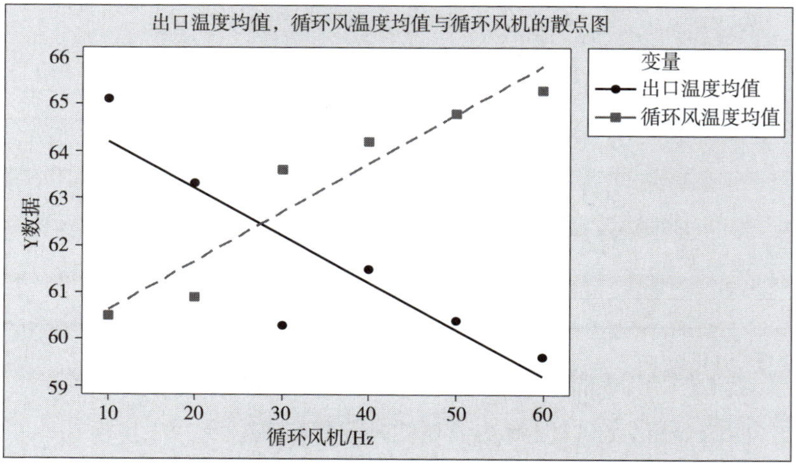

图 8-5　循环风机频率与循环风温、出口温度散点图

排潮及循环风门开度单因素试验表明，在相同热源（入口风温、蒸汽喷射比例、雾化蒸汽压力）条件下，排潮风门、循环风门在非全关状态下，一定区间对出口温度、循环温度影响不大。

循环风机频率单因素试验表明，在相同热源（入口风温、蒸汽喷射比例、雾化蒸汽压力）条件下，循环风机频率对出口温度、循环风温度有影响，但由于排潮风机采用集中除尘风机，频率不可调，单一改变循环风机频率会对设备筒体内能量平衡状态产生较大影响，易形成正压出现蒸汽外溢或形成较大负压造成出料的不稳定。因此，循环风机频率适宜作为控制设备加工强度状态的关键质量特性固定在一定区间进行控制。

筒体内能量平衡状态下（微负压），出口物料温度与循环热风温度存在一定的相关性，出口物料温度=循环热风温度-(3±1)℃。

2. 加工强度影响规律评价

以出口物料温度为衡量指标，使用单等级烟叶进行双因素试验，固定排潮及循环风门、循环风机频率等控制设备状态类指标，测试热源类指标对加工强度的影响规律。试验参数及测试结果见表 8-7。

表 8-7　试验参数设置及测试结果

试验号	雾化蒸汽压力/MPa	蒸汽喷射比例/%	入口热风温度/℃	喷射蒸汽压力/MPa	循环热风温度/℃	出口物料温度/℃
1	0.2	9	110	0.36	62.3	59.6
2	0.2	5.0	120	0.36	65.2	62.5
3	0.2	8.0	130	0.36	69.7	67.3
4	0.2	2.0	120	0.36	62.5	59.4
5	0.2	5.0	130	0.36	66.5	63.6
6	0.2	8.0	110	0.36	69.6	67.0
7	0.2	2.0	130	0.36	63.2	60.5
8	0.2	5.0	110	0.36	65.5	62.1
9	0.2	8.0	120	0.36	70.5	68.2

一般线性模型：出口物料温度与蒸汽喷射比例、入口热风温度关系见表 8-8。

表 8-8 一般线性模型

因子	类型	水平数	值
蒸汽喷射比例	固定	3	2，5，8
入口热风温度	固定	3	110，120，130

出口物料温度方差分析（表 8-9），在检验中使用调整的 *SS*。

表 8-9 出口物料温度方差分析

来源	自由度	Seq *SS*	Adj *SS*	Adj *MS*	*F*	*P*
蒸汽喷射比例	2	89.909	89.909	44.954	123.35	0.002
入口热风温度	2	1.216	1.216	0.608	1.67	0.097
误差	4	1.458	1.458	0.364		
合计	8	92.582				

$S=0.603692$，$R-S_q=98.43\%$，$R-S_q$（调整）$=97.85\%$。

叶片段滚筒类设备主要热源指标包括雾化蒸汽压力、蒸汽喷射比例、入口热风温度、喷射蒸汽压力。对于雾化蒸汽压力，压力大小直接影响雾化水或料液的雾化效果，依据喷嘴的选型和实际雾化效果，最佳雾化压力应控制在 0.15~0.2MPa，生产过程中不做调整。同样，对于喷射蒸汽压力，也采用固定值，过程中不作调整。

加工强度的影响规律双因素试验表明，在固定雾化蒸汽压力、喷射蒸汽压力两个热源因素后，蒸汽喷射比例对出口温度 $P<0.05$ 呈显著性影响；入口热风温度对出口温度 $P>0.05$ 影响不显著，因此调整热源，对循环热风或出口温度影响最大的是蒸汽喷射比例。

加工强度最终体现于出口温度，但由于目前在线监测状况（一体式水分仪安装位置较远，手持式红外测温仪测量误差较大），出口温度可作为工艺以及设备评价的关键特性；入口热风温度对出口温度、循环风温度影响不显著，不属于主要热源，且采用独立控制（无连锁条件），生产中采用固定值 120℃，可作为控制设备加工强度状态的关键质量特性；对影响加工强度的主要因素喷射蒸汽比例而言，由于其测量特性、蒸汽性质波动，应用到不同设备的控制上会存在较大误差，不具备在不同设备下的表征性，因此在控制模式上转换为以蒸汽施加量为被控量作为直接表征工序动态加工强度的关键质量特性参与加工强度的动态调整。

综上，将滚筒式回潮（松散回潮、润叶加料、叶丝回潮），蒸汽施加量定义为“直接表征工序动态加工强度的关键质量特性”，风机频率（热风、循环、排潮）、风门开度（排潮、循环）、滚筒转速、流量、雾化蒸汽压力、热风温度定义为“控制设备加工强度状态的关键质量特性”，物料出口温度、循环热风温度定义为“验证设备运行状态及工艺性能的关键质量特性”，出口物料含水率定义为“影响表征工序加工强度的关键质量特性”，贮叶时间定义为“直接表征工序静态加工强度的关键质量特性”，物料出口温度定义为“表征工艺设计加工强度的关键质量特性”。

3. 隧道回潮设备

隧道增温增湿，直喷蒸汽作为唯一热源直接影响物料的出口温度（加工强度），蒸汽施加量定义为“直接表征工序动态加工强度的关键质量特性”，出口物料温度定义为“验证设备运行状态及工艺性能的关键质量特性”与“表征工艺设计加工强度的关键质量特性”。

4. 滚筒式干燥设备

固定薄板烘丝机入口物料的含水率和温度，采用 3 因素 3 水平正交试验设计，共计 9 个试验处理，见表 8-10。根据表 8-10 进行参数设置，调整烘丝机的加工工艺参数。在烘丝机出口处取样，对每组处理进行含水率检测。通过对试验数据进行对比分析，对烘丝机的工艺性能进行有效评价。烘丝机脱水量试验结果见表 8-11、烘丝机脱水量正交试验主效应见图 8-6。

表 8-10　　　　试验参数设置表

试验序号	热风风量/(m^3/h)	筒壁温度/℃	热风温度/℃
1	1500	130	105
2	2500	135	120
3	3500	140	135
4	1500	140	120
5	2500	130	135
6	3500	135	105
7	1500	135	135

续表

试验序号	热风风量/(m^3/h)	筒壁温度/℃	热风温度/℃
8	2500	150	105
9	3500	130	120

表 8-11　　烘丝机脱水量试验结果

试验序号	热风风量/(m^3/h)	筒壁温度/℃	热风温度/℃	回水温度/℃	脱水量/kg
1	1500	130	105	127.2	310.5
2	2500	135	120	132.5	400.8
3	3500	140	135	137.8	503.2
4	1500	140	120	127.6	408.7
5	2500	130	135	133.1	370.4
6	3500	135	105	136.8	455.6
7	1500	135	135	127.9	365.6
8	2500	150	105	131.9	435.3
9	3500	130	120	136.7	443.6

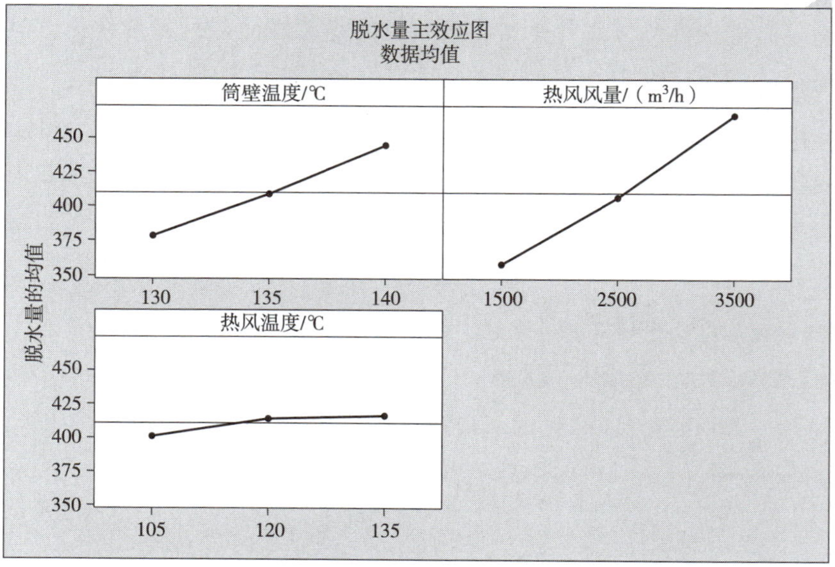

图 8-6　烘丝机脱水量正交试验主效应图

（1）广义回归分析（表 8-12）　脱水量与热风风量（m^3/h），筒壁温度（℃），热风温度（℃）。

回归方程：

脱水量 =- 689.325 + 0.0551167 × 热风风量(m^3/h) + 6.65333 × 筒壁温度(℃) + 0.531111 × 热风温度(℃)

表 8-12　　广义回归分析

系数项	系数	系数标准误	*T*	*P*
常量	-689.325	86.2301	-7.9940	0.000
热风风量	0.055	0.0030	18.0778	0.000
筒壁温度	6.653	0.6098	10.9112	0.000
热风温度	0.531	0.2033	2.6130	0.047

模型汇总：

S = 7.46813，$R-S_q$ = 98.91%，$R-S_q$（调整）= 99.25%，PRESS = 902.516，$R-S_q$（预测）= 96.46%。

方差分析（表 8-13）：

表 8-13　　方差分析

来源	自由度	Seq *SS*	Adj *SS*	Adj *MS*	*F*	*P*
回归	3	25247.9	25247.9	8416.0	150.897	0.0000253
热风风量	1	18227.1	18227.1	18227.1	326.808	0.0000095
筒壁温度	1	6640.0	6640.0	6640.0	119.055	0.0001124
热风温度	1	380.8	380.8	380.8	6.828	0.0474971
误差	5	278.9	278.9	55.8		
合计	8	25526.8				

（2）方差分析　回水温度（℃）与热风风量，筒壁温度（℃），热风温度（℃）。

方差分析（表 8-14）：

表 8-14　　方差分析

来源	自由度	Seq *SS*	Adj *SS*	Adj *MS*	*F*	*P*
回归	3	137.743	137.743	45.914	664.36	0.000001

续表

来源	自由度	Seq *SS*	Adj *SS*	Adj *MS*	*F*	*P*
热风风量	1	0. 015	0. 015	0. 015	0. 22	0. 660893
筒壁温度	1	136. 327	136. 327	136. 327	1972. 57	0. 000000
热风温度	1	1. 402	1. 402	1. 402	20. 28	0. 016379
误差	5	0. 346	0. 346	0. 069		
合计	8	138. 089				

对于滚筒烘丝类设备，其主要工艺任务为去除叶丝部分含水率，满足后续工序加工的要求，改善和提高叶丝的感官质量，提高叶丝填充能力和耐加工性，设备所有热源类指标包括筒壁温度、热风温度、热风风量均旨在满足快速脱水要求，因此对烘丝工序而言，脱水量是决定批次物料干燥强度的关键指标。

烘丝技术参数对脱水量的影响分析正交试验表明，热风风量对烘丝脱水量 $P=0.000<0.05$ 呈显著性影响。筒壁温度对脱水量 $P=0.000<0.05$ 呈显著性影响，热风温度对脱水量 $P=0.05$ 影响不显著，因此调整热源，对烘丝脱水量影响最大的是热风风量、筒壁温度，热风温度对脱水量影响较小，其属于独立闭环控制，控制因素少，且稳定；对于回水温度，影响其大小的关键因素为筒壁温度 $P=0.000<0.05$ 且稳态下，筒壁温度与回水温度差值（3 ± 1）℃，因此，回水温度可作为筒壁温度的互为验证类因素。

滚筒干燥，干燥脱水量定义为“直接表征工序动态加工强度的关键质量特性”与“表征工艺设计加工强度的关键质量特性”，滚筒转速、热风温度定义为“控制设备加工强度状态的关键质量特性”，筒壁温度、热风风量、蒸汽温度（入口、冷凝水）定义为“验证设备运行状态及工艺性能的关键质量特性”，干燥入口出口含水率、混合丝含水率、掺配物料含水率、成品含水率定义为“影响表征工序加工强度的关键质量特性”。

二、加工强度类参数指标的控制

1. 表征动态加工强度的指标

（1）真空回潮蒸湿温度

检验方式：通过读取在线传感器的数值进行检验。

数据采集方法：在现场或中控室从蒸湿曲线中读取蒸湿温度的设定值与峰值。

控制方式：指标属关键指标，应纳入批次物料是否符合卷制要求的判定，判定应包括指标的设定值是否与标准相符、峰值是否在指标范围内。

评价方法：蒸湿温度峰值批次样本量 $n=1$，可使用统计过程控制（SPC）技术评价蒸湿温度峰值批间的稳定性与符合性。

（2）滚筒回潮、HT 蒸汽比例或流量

检验方式：通过读取在线蒸汽流量计的数值进行检验。

数据采集方法：人工采集模式下，根据计量型数据均值-标偏控制图的选用原则，确定最小子组样本量 $n=9$/批，在正常生产状态下（剔除料头、料尾的时间），在现场或中控室等间隔时间记录显示值或生产结束从过程曲线中等间隔时间进行采集，间隔时间根据具体的加工时间确定。系统采集模式下，在线配置数据采集分析系统，配置无效数据的剔除规则、采集频次。

控制方式：指标属关键指标，应纳入批次物料是否符合卷制要求的判定，方法可使用二项分布或正态分布，对蒸汽比例或流量的符合性、稳定性是否符合标准进行判定。

评价方法：蒸汽比例或流量批次样本量 $n>1$，可使用统计过程控制（SPC）技术评价蒸汽比例或流量批内、批间的稳定性与符合性。

（3）干燥脱水量

检验方式：通过读取干燥前后在线水分仪的数值进行检验。

数据采集方法：同滚筒回潮、HT 蒸汽比例或流量。

控制方式：指标属关键指标，应纳入批次物料是否符合卷制要求的判定，判定应包括指标的实际控制值是否在指标范围内。

评价方法：干燥脱水量批次样本量 $n=1$，可使用统计过程控制（SPC）技术评价干燥脱水量批间的稳定性与符合性。在烘丝关键设备参数、干燥后物料含水率都确定的前提下，干燥脱水量直接影响筒壁温度，是日常调控的主要对象，脱水量应与干燥的筒壁温度进行关联评价，常规的滚筒烘丝机，筒壁温度是通过供散热板的蒸汽压力换算得到的，压力与筒壁温度为正相关关系；蒸汽热含量高，相同处理强度（脱水量）下换算出筒壁温度会下降（蒸汽压力小）；蒸汽热含量低，相同处理强度（脱水量）下换算出筒壁温度会上升（蒸汽压力大）；蒸汽性质（热含量）发生变化，在相同压力下，HT

工序物料水分增加量呈负相关变化、物料温度呈正相关变化，其中水分增量改变了脱水量、温度改变了脱水速度，最终影响到物料在烘丝工序的处理强度。

2. 表征静态加工强度的指标

表征静态加工强度的指标指“物料在非加工状态下的热处理强度”可直接表征工序物料静态加工处理强度的关键质量特性指标，其技术参数在非加工状态下处于受控状态，正常情况下不会发生变异，但控制失效会直接影响物料处理强度，降低产品内在质量控制的符合性与稳定性。如真空回潮后贮叶时间，真空回潮出料后至翻箱喂料前，由于物料包芯温度较高且集中堆放散热较慢，此过程可视为具有一定的静态加工强度。

检验方式：记录贮存时间。

数据采集方法：真空回潮后物料在桶内的存放时间（真空回潮破空后至翻箱喂料结束，记录物料存放最长时间）；物料贮柜时间（物料进柜结束至开始出柜的时间）。

控制方式：物料贮存时间的标准表示为“范围”或“单侧公差标准”，物料贮存时间属于关键指标，参与质量判定，判定应包括物料的贮存时间是否在指标范围内。

评价方法：此类指标批次样本量 $n=1$/批，可对超出标准范围的批次进行原因识别，采用柏拉图分析关键要因排序，从而对生产排产、设备维护等方面实施改进。

3. 影响动态加工强度的指标

影响物料动态加工强度的指标主要为工序物料含水率，包括润叶加料含水率、干燥前后含水率、混丝含水率、掺配物料含水率、成品含水率。物料含水率与动态加工强度指标的关系如下：干燥工序的筒壁温度或混合热风温度是表征物料受处理强度的指标中最关键的。在干燥设备关键参数、干燥后物料含水率都固定的前提下，批间处理强度的稳定性控制取决于干燥前的来料含水率，不同的来料含水率导致干燥过程中物料的脱水量不一致，从而引起处理强度的波动。

检验方式：通过读取在线水分仪显示值或中控设备显示值进行检验。

数据采集要求：同滚筒回潮、HT 蒸汽比例或流量。

控制方式：工序物料含水率标准表示为“目标值±允差”或“范围”，分为指令性标准与指导性标准，在正常情况下工序物料含水率指标不参与质量判定。生丝含水率是控制干燥段处理强度的关键因子。滚筒干燥时，筒壁温度是关键控制参数，为了保证筒壁温度的稳定必须确保生丝含水率稳定在标准范围内，因此生丝含水率是指令性标准（不可调控），标准表示为“目标值±允差”；润叶加料工序应根据加料后贮叶过程含水率的散失情况，动态调控出口物料含水率；松散回潮工序需确保供给润叶加料工序的物料在料液施加后，有含水率的调控空间（补水），因此松散回潮、润叶加料的出入口含水率是指导性标准（可调控），标准表示为“目标值±允差”或“范围”。

评价方式：此类指标批次样本量 $n>1$，可使用统计过程控制（SPC）技术评价蒸汽比例或流量批内、批间的稳定性与符合性。此外更为关键的是，充分运用含水率的数据资源，结合生产环境数据，采用关联分析评价，对指导性标准进行及时、准确、有效的调控，确保批间干燥脱水量的稳定性与符合性，达到控制干燥加工强度的目的。

4. 控制设备状态的指标

控制设备状态的指标主要包括：真空回潮的抽空温度及返抽、保温时间；滚筒回潮设备的热风/循环/排潮风机频率、排潮/循环风门开度、滚筒转速、流量、雾化蒸汽压力、热风温度；干燥设备的滚筒转速、热风温度；该类项目有一共同特性，就是在一般情况下不会发生变异（如风门开度、转速或电机频率），或控制因素单一，较容易实现稳定的控制。

检验方式：生产前对参数进行确认。

数据采集方法：人工采集模式下，$n=1$/批，批次生产前在中控室或现场确认参数设定与工艺标准的一致性，并记录实际设定值，若与标准不符，不能生产，必须按照标准要求进行调整；系统采集模式下，在线配置有数据采集分析系统，可对设定值进行采集，实现对参数设定值在生产过程中是否发生变动进行自动监控。

控制方式：设备参数标准可设计为“目标值”，设备参数对质量影响的重要程度不同，但控制上较易实现，因此参与质量判定。若参数设定与工艺标准不一致，判定为不合格。人工采集模式下，根据确认结果进行判定（有人为的影响因素）；系统采集模式下，根据采集到设定值变化情况进行判定。可通过定期对设备进行点检或工艺验证测试来保证设备的可靠性和准确性。

评价方式：设定值类指标一般无需进行评价，其他指标包括热风温度、物料流量等指标，可使用统计过程控制（SPC）技术评价稳定性与符合性。

5. 验证设备状态工艺性能的指标

验证设备状态工艺性能的指标包括：真空回潮的抽空时间、真空度；滚筒回潮设备的物料温度、循环热风温度；干燥设备的筒壁温度、热风风量、蒸汽温度（入口、冷凝水）。

检验方式：真空回潮的抽空时间与真空度、滚筒回潮设备的物料温度、干燥设备的筒壁温度与热风风量与蒸汽温度（入口、冷凝水）可采集设备在线检测仪器数值；物料温度在工序物料出口固定取样点，使用便携式测温仪进行抽检。

数据采集方法：出口物料温度不使用系统采集数据，在线的温度测量仪器绝大部分情况是与水分仪为一体的，而两者的测量位置要求决定了只能满足在线含水率的检测，因此采用人工采集；其他设备参数的采集同滚筒回潮、HT 蒸汽比例或流量。

控制方式：真空回潮抽空时间与真空度，可用于验证设备的真空状态；滚筒回潮物料温度、循环热风温度标准可设计为“目标值±允差”的指导性标准，物料温度与循环热风温度是表征物料受处理强度最直观的指标，但因其受环境、人的因素影响较大导致测量误差也较大，因此不作为关键的控制和判定指标。在工艺标准中，将影响物料温度与循环热风温度的指标都进行了控制（如某加工点的超回工序，影响因素包括了蒸汽喷射量、热风温度、热风风机频率、循环风门开度、筒体转速等指标），物料温度与循环热风温度是这些指标共同作用的结果，生产过程中无法对物料温度与循环热风温度进行调整，因此将物料温度与循环热风温度作为验证设备性能的指标。当温度均值持续出现与标准不符时，应进行分析，通常有以下两种可能：设备性能出现问题，需要对其进行检查、调整；环境温湿度变化导致，需要重新修订验证指标；干燥设备的筒壁温度与热风风量与蒸汽温度（入口、冷凝水）需与干燥脱水量进行关联评价，控制方法按脱水量控制要求。

评价方式：真空回潮抽空时间与真空度指标，批次样本量 $n=1$，可使用统计过程控制（SPC）技术评价批间的稳定性与符合性；滚筒回潮设备的物料温度、循环热风温度，干燥设备的筒壁温度、热风风量、蒸汽温度（入口、冷凝水），批次样本量 $n>1$，可使用统计过程控制（SPC）技术评价批内与批间的稳定性与符合性或使用均值检验判断与标准的符合性。

6. 工艺调控指标

工艺调控指标包括真空回潮的包芯温度、滚筒回潮设备的出口温度、HT物料温度、干燥脱水量，此类指标与表征动态加工强度的指标、验证设备状态工艺性能的指标有重合，可单独应用与工艺调控，使用以上指标对单工序进行基准强度，以此确定工序加工强度调控的起始尺度，并建立基于设备热能稳态下“工艺调控特性与技术参数转换模型”，例见表8-15。

表8-15 工艺调控特性基准强度和与主要热源参数、设备状态参数的转换模型

工序	项目	系数维护		转换方程	调控特性输入（X）	参数转换输出（Y）
		T_1	T_2			
真空回潮	包芯温度（X）→蒸湿温度（Y）	10.81	0.94	$Y=(X-T_1)/T_2$	78.5	71.72
松散回潮	出口温度（X）→蒸汽比例（Y）	57.19	1.01	$Y=(X-T_1)/T_2$	63.0	5.78
	出口温度（X）→循环风机（Y）	57.00	0.16	$Y=(X-T_1)/T_2$	63.0	38.46
润叶加料	出口温度（X）→蒸汽比例（Y）	48.00	2.11	$Y=(X-T_1)/T_2$	60.0	5.70
	出口温度（X）→循环风机（Y）	47.28	0.34	$Y=(X-T_1)/T_2$	60.0	37.11
HT	出口温度（X）→蒸汽压力（Y）	66.27	2.26	$Y=(X-T_1)/T_2$	69.0	1.21
干燥	脱水量（X）→筒壁温度（Y）	5.31	0.08	$Y=(X+T_1)/T_2$	5.9	137.67
	脱水量（X）→热风风量（Y）	3.09	0.001	$Y=(X-T_1)/T_2$	5.9	2395.9
固定参数	真空回潮：抽空温度10℃；保温时间90s；反抽时间30s 松散回潮：热风温度120℃；热风风机频率12Hz；循环风门、排潮风门50%；雾化蒸汽压力0.2MPa 润叶加料：热风温度120℃；热风风机频率12Hz；循环风门、排潮风门50%；雾化蒸汽压力0.2MPa 烘丝干燥：筒壁温度调节模式：热风风量2000m^3/h；热风风量调节模式：筒壁温度135℃					

通过该方法，可解决加工技术参数较多、参数层级不清、作用不明确等问题，并由此导致工序评价时难以准确界定加工参数对最终成品的作用和影响，影响工艺调控、品质控制的效果与效率的问题。建立“工艺调控特性与技术参数转换模型”，可实现各工序仅使用1个特性指标调控加工强度，可将

其转换为生产控制所需的技术参数，为后续准确评判工段、工序对品质的贡献以及工艺调控提供支撑。以松散回潮工序为例，要实现工艺调控特性-松散回潮出口温度（63.0℃），在固定次要热源参数以及设备状态参数条件下，依据转换方程将主要热源参数-蒸汽比例设定为5.78%、主要设备状态调控参数-循环风机频率设定为38.46Hz，经过试验验证，按所转化参数设置，并使设备及工艺特性均处于稳态。

第三节 配方实现类参数指标管控

一、配方实现类指标确定

卷烟产品风格特征是卷烟产品质量的基本要素，是卷烟产品配方的体现。叶组配方中各种烟叶的物理、化学特性是直接影响卷烟的品质因素，是卷烟内在质量的基础。对于影响物料最终施加精度的特性指标，除能表征物料施加的批次精度及过程稳定性（包括料液、表香、梗丝、膨胀丝）的直接影响外，还受如电子秤工序重量、工序物料含水率等指标的间接影响。以三丝掺配环节为例，叶丝干燥工序中，干燥后叶丝含水率存在一定范围内的波动，同时同一牌号卷烟不同批次之间干燥后叶丝含水率也存在差异，在比例跟踪掺配模式下，批次间干燥后叶丝含水率之间的差异造成了叶丝计量总重量差异，影响批次掺配物的总量，干燥后叶丝含水率的波动也造成了掺配物瞬时掺配精度上的差异，在比例定量掺配模式下，批次掺配物总量是一定的，与干燥后叶丝同步定量进入混掺柜中，批次掺配物总量不受批次之间干燥后叶丝含水率差异的影响。而且，在比例跟踪掺配模式下，组分叶丝在输送带上进行混合掺配，由于烟丝之间的缠绕以及受配比电子秤跟踪精度等因素的影响，掺配物的实际流量与设定的理论流量有一定的差异，见表8-16。

表8-16　梗丝掺配精度统计表

批号	纯丝累计量/kg	梗丝累计量/kg	纯丝水分/%	梗丝水分/%	纯丝干重/kg	梗丝干重/kg	掺配精度/%	实际精度/%
YE116120102	9932.60	1192.80	13.70	12.75	8571.83	1040.72	0.07	1.18
YE116120105	9917.50	1191.00	13.68	12.46	8560.79	1042.60	0.08	1.49

续表

批号	纯丝累计量/kg	梗丝累计量/kg	纯丝水分/%	梗丝水分/%	纯丝干重/kg	梗丝干重/kg	掺配精度/%	实际精度/%
YE116120202	9938. 40	1193. 50	13. 70	12. 69	8576. 84	1042. 04	0. 07	1. 25
YE116120403	9963. 80	1196. 60	13. 70	12. 65	8598. 76	1045. 23	0. 08	1. 30
YE116120502	9952. 10	1195. 20	13. 70	12. 74	8588. 66	1042. 93	0. 08	1. 19
YE116120505	9852. 40	1183. 30	13. 69	12. 27	8503. 61	1038. 11	0. 09	1. 73
YE116120602	9940. 50	1193. 80	13. 71	12. 66	8577. 66	1042. 66	0. 08	1. 30
YE116120605	9846. 80	1182. 50	13. 68	12. 63	8499. 76	1033. 15	0. 07	1. 29
YE116120702	9970. 30	1197. 40	13. 60	12. 70	8614. 34	1045. 33	0. 08	1. 12
YE116120705	9872. 90	1185. 70	13. 59	12. 27	8531. 17	1040. 21	0. 08	1. 61
YE116120802	9966. 60	1196. 80	13. 70	12. 43	8601. 18	1048. 04	0. 07	1. 54
YE116121101	9886. 60	1187. 30	13. 50	12. 30	8551. 91	1041. 26	0. 08	1. 46
YE116121103	9852. 70	1183. 20	13. 51	12. 43	8521. 60	1036. 13	0. 07	1. 32
YE116121107	9892. 60	1188. 00	13. 59	12. 49	8548. 20	1039. 62	0. 07	1. 35
YE116121202	9892. 90	1187. 90	13. 70	12. 88	8537. 57	1034. 90	0. 06	1. 01
YE116121206	9882. 00	1186. 70	13. 57	12. 63	8541. 01	1036. 82	0. 07	1. 16
YE116121302	9873. 80	1185. 60	13. 70	12. 81	8521. 09	1033. 72	0. 06	1. 09
YE116121306	9859. 60	1184. 10	13. 59	12. 17	8519. 68	1040. 00	0. 08	1. 72
YE116121406	9929. 80	1192. 50	13. 69	12. 05	8570. 41	1048. 80	0. 08	1. 98
YE116121502	9926. 70	1192. 00	13. 70	12. 67	8566. 74	1040. 97	0. 07	1. 26
YE116121801	9860. 60	1184. 20	13. 60	12. 43	8519. 56	1037. 00	0. 08	1. 43
YE116121803	9916. 10	1190. 90	13. 60	12. 53	8567. 51	1041. 68	0. 08	1. 32
YE116121807	9844. 00	1182. 40	13. 68	11. 45	8497. 34	1047. 02	0. 09	2. 68
YE116121902	9933. 60	1193. 00	13. 60	12. 00	8582. 63	1049. 84	0. 08	1. 93
YE116121907	9872. 30	1185. 70	13. 59	12. 85	8530. 65	1033. 34	0. 09	0. 94

续表

批号	纯丝累计量/kg	梗丝累计量/kg	纯丝水分/%	梗丝水分/%	纯丝干重/kg	梗丝干重/kg	掺配精度/%	实际精度/%
YE116122102	9973.70	1197.80	13.67	12.80	8610.30	1044.48	0.08	1.09
YE116122501	9850.00	1182.90	13.70	12.67	8500.55	1033.03	0.08	1.27
YE116122503	9899.90	1189.00	13.70	12.63	8543.61	1038.83	0.09	1.33
均值	9903.60	1189.35	13.65	12.50	8551.96	1040.66	0.08	1.41
标偏	42.01	5.03	0.06	0.31	34.80	4.83	0.01	0.36
极差	129.70	15.40	0.21	1.43	117.00	16.81	0.03	1.74

由表 8-16 可见，正常数据统计情况下梗丝掺配精度为 0.08%，若考虑水分、重量等因素影响折算标准含水率后其实际掺配精度为 1.41%，且批间波动变大，因此将配方实现的指标主要划分为“直接表征”与“间接影响”两类指标。物料施加的批次精度以及过程稳定性（包含料液、表香、梗丝、膨胀丝）定义为“直接表征”，参与控制物料施加的电子秤工序重量、工序含水率定义为“间接影响”，此类特性适用于品质控制，作为表征过程品质符合性的衡量指标。

围绕加工强度、配方实现两个类别，从控制特性、表征特性等多层级进行定义，通过分析关键设备对原料配方在“加工强度”与“配方实现”两方面的作用与机理，针对技术参数的可控性、控制状态、关联性、测量特性、经济性进行评价，指标的分类与确定汇总见表 8-17 和表 8-18。

表 8-17　加工强度类指标的分类与确定

类别	定义	真空回潮	滚筒回潮	HT+干燥
表征动态加工强度的指标	适用于品质控制，作为表征过程品质符合性与稳定性的衡量指标	蒸湿温度	蒸汽比例或流量	HT 蒸汽压力或流量干燥脱水量
表征静态加工强度的指标	适用于品质控制，作为表征过程品质符合性的衡量指标	贮存时间	物料贮存时间	—

续表

类别	定义	真空回潮	滚筒回潮	HT+干燥
影响动态加工强度的指标	适用于工艺控制，作为加工强度动态控制的关键数据源	—	润叶出口物料含水率	干燥前后、混合丝、掺配物料、成品含水率
控制设备状态的指标	适用于工艺控制，作为控制设备状态的关键控制节点	抽空温度及返抽、保温时间	热风/循环/排潮风机频率、排潮/循环风门开度、滚筒转速、流量、雾化蒸汽压力、热风温度	滚筒转速、热风温度
验证设备状态工艺性能的指标	适用于工艺控制，作为设备性能监测及保障的关键数据源	抽空时间、真空度	物料温度、循环热风温度	筒壁温度、热风风量、蒸汽温度（入口、冷凝水）
工艺调控指标	适用于工艺参数设计，作为工艺设计环节表征物料受处理强度的关键衡量指标	包芯温度	物料温度	HT 物料温度、干燥脱水量

表 8-18　　配方实现类指标的分类与确定

类别	定义	参数
直接表征	物料施加的批次精度以及过程稳定性	加料比例/精度、加香比例/精度、掺配比例/精度
间接影响	参与控制物料施加的电子秤工序重量，适用于品质控制，作为表征过程品质符合性衡量指标	加料工序重量、加香工序重量、掺配工序重量掺配叶丝含水率、掺配物料含水率

二、配方实现类指标控制

1. 直接表征类指标

直接表征类指标包括加料、加香、掺配的比例。

①检验方式：采集电子秤与流量计数值。

②数据采集方法：人工采集模式下，检验频次 $n=1$/批，批次生产前在中控室或现场确认施加比例设定值与工艺标准的一致性，并记录实际设定值，符合后才

能启动生产，生产结束后记录物料的重量，统计施加比例与精度。系统采集模式下，检验频次 $n>1$/批，系统对施加比例的实时值进行采集，计算瞬时施加比例。

③控制方式：施加精度，是重要的控制指标，参与质量判定。过程施加比例是评价产品配方实现过程稳定性的关键指标，但仅适用于系统采集模式，可使用二项分布或正态分布，对蒸汽比例或流量的符合性、稳定性是否符合标准进行判定。

④评价方式：施加精度批次样本量 $n=1$，可使用统计过程控制（SPC）技术评价批间的稳定性与符合性；过程施加比例批次样本量 $n>1$，可使用统计过程控制（SPC）技术评价批内与批间的稳定性与符合性。

2. 间接影响类指标

（1）加料工序重量、加香工序重量、掺配工序重量　工序重量是影响掺配、加香、加料完整性的一个关键指标，现阶段加工模式下，加料比例、加香比例、掺配比例都是以工序重量作为控制依据。工序重量稳定，能够保证准确实现产品的设计目标，同时工序物料重量也是验证过程是否混料、叶组配方是否完整的指标。影响工序物料重量稳定主要因素是在线电子秤的计量稳定性、投料的准确性、各工序批次的尾料控制。

①检验方式：采集电子秤数值。

②数据采集方法：批次生产结束后，在生产现场或中控室记录物料累计量，人工采集与系统采集方法一致。

③控制方式：工序重量标准表示为“目标值±允差”，允差中考虑了原料来料重量偏差、物料含水率波动偏差和测量系统误差等因素，影响工序重量的因子主要是：在线电子秤的准确性影响掺配、加香、加料的实际施加量；加工尾料的控制影响配方的完整性，会导致物料错牌；投料的准确性影响配方的准确性；加工质量（含水率）的稳定性影响工序重量的稳定性。工序重量可客观反映整个加工过程的稳定性，可根据以下几种情况进行相应的调整：涉及物料施加、掺配的主秤，理论计量精度（累计量和标准重量的绝对差值与标准重量的百分比）>一定比例，可判定该批不合格，应定期对电子秤进行点检，确保测量的准确性；若出现批次内所有工序点工序重量呈同趋势偏移，且均与标准中心值差值超出一定值，所有工序的重量都超出标准范围，并且全在同一侧，则可以确认投料错误，判定批次过程质量为不合格，单批次各工序重量超出标准要求范围，判定为电子秤异常或数据采集异常；连续生产

批次，上批次物料重量超出标准下限，下批次重量超出标准上限，且在后道工序同批次内都有此趋势的情况，可判定为加工尾料控制异常；若工序重量控制图上出现以下任一情况：连续 9 个点落在中心线同一侧；连续 3 个点有 2 个点落在中心线同一侧 2σ 区域以外；连续 5 个点有 4 各点落在中心线同一侧 1σ 区域以外可判定为电子秤趋势性偏移。

（2）掺配叶丝含水率、掺配物料含水率

①检验方式：采集在线水分仪检测值或抽检物料含水率。

②数据采集方法：人工采集模式下，子组样本量 $n=9$/批，在正常生产状态下（剔除料头、料尾的时间），在现场或中控室等间隔时间记录显示值或生产结束从过程曲线中等间隔时间进行采集，间隔时间根据具体的加工时间确定。系统采集模式下，在线配置数据采集分析系统，配置无效数据的剔除规则、采集频次。

③控制方式：依据掺配物料干燥后至掺配时的含水率散失情况，合理对干燥后物料含水率进行调控，确保主线叶丝含水率与掺配物料含水率一致，可提升实际的掺配精度。

④评价方式：按干物质相等的原则将叶丝与掺配物料含水率的数据纳入计算实际掺配比例，统计施加精度后进行评价。

第九章
质量分析检验

质量检验是根据产品标准或检验规程（方法）对产品及其形成过程的原辅材料和过程产品的一项或多项质量特性进行观察、测量、试验，并将结果与规定的质量要求进行比较，以判断每项质量特性合格与否的一种活动。质量检验应包括人工离线检验和系统在线监测两种方式，本章节主要依据 PDCA 方法，阐述质量检验活动的策划、组织、协调和控制管理模式，使之按一定的原则、程序和方法有效地进行，以保证产品质量获得规范监督和控制。

第一节　质量检验计划

卷烟工业企业宜综合 GB/T 19001—2016《质量管理体系　要求》、GB/T 24001—2016《环境管理体系　要求及使用指南》、GB/T 45001—2020《职业健康安全管理体系　要求及使用指南》、GB/T 19022—2003《测量管理体系　测量过程和测量设备的要求》、GB/T 23331—2020《能源管理体系　要求及使用指南》等标准的相关要求，并结合企业实际编制全价值链质量检验计划，总体规范卷烟生产全过程质量检验的内容及方式，作为分区域分领域检验作业规范性文件的指导和承接总纲。

质量检验计划按过程可分为原料、烟用材料、制丝、卷包和成品等质量检验活动计划，按检验方式可分为离线质量检验和在线质量监测，按主体责任可分为自检和专检。对于自检而言，可继续细分为首检、中检和尾检；而对于专检而言，可继续细分为工艺专检和质量专检。但不论企业如何分类实施质量管控，其检验计划宜包含工序（或对象）、检验项目、检验方法、检验频次、判定依据（或来源）等内容，质量检验计划如表 9-1 所示。

企业质量检验计划是对各级质量监督要求的聚合，不仅承接上级的管理要求，也结合企业实际融入了内控质量管理要求，并对生产一线部门的质量管理提出了指示性的要求，应进一步实施转化和细化。企业级质量管理部门应充分识别内外部环境变化，及时对质量检验计划进行运行维护和持续改进。

表 9-1　　制丝质量专检计划示例

工序	检验项目	检验方法	检验频次	来源	检验目的
叶片备料	配方准确率	现场配方单是否正确，现场实物核对自检记录情况	1 批次/班	品控	※
切片	切片宽度	切片出口用钢直尺检测	1 次/(月・机)	品控	◎
筛分加料	加料精度	系统采集	1 次/批	品控	※
切叶丝	叶丝宽度	切丝机出口取样用烟草投影仪检测	1 次/(周・机)	品控	※
叶丝加料	加料精度	系统采集	1 次/批	品控	※
叶丝增温增湿(SIROX)	入口含水率	系统采集	1 次/批	品控	◎
叶丝干燥	烘后叶丝含水率	系统采集	1 次/批	品控	※
比例掺配	梗丝掺配比例	系统采集	1 次/批	品控	※
	膨胀丝掺配比例	系统采集	1 次/批	品控	※
	回收烟丝掺配总量	系统采集	1 次/批	品控	◎
烟丝加香	含水率	系统采集	1 次/批	品控	※
	烟丝结构	加香滚筒出口取样用振动分选筛检测	1 次/(周・牌号)	品控	◎
	填充值	加香出口取样用 DD60A 填充力测试仪检测	1 次/(周・牌号)	品控	◎
	烟丝纯净度	加香出口取样人工挑拣	1 次/周	品控	◎
	加香精度	系统采集	1 次/批	品控	※
梗备料	配方准确性	现场配方单是否正确，现场实物核对自检记录情况	1 批次/班	品控	※
压梗	压梗厚度	切梗丝后取样用厚度仪检测	1 次/(周・机)	品控	◎
切梗丝	梗丝厚度	切梗丝机后取样用厚度仪检测	1 次/(周・机)	品控	◎

续表

工序	检验项目	检验方法	检验频次	来源	检验目的
梗丝加料	加料精度	系统采集	1次/批	品控	※
梗丝风选	含水率	系统采集	1次/批	品控	※
贮梗丝	填充值	梗丝贮柜出口取样用DD60A填充力测试仪检测	1次/（周·牌号）	品控	◎
	梗丝纯净度	梗丝贮柜出口取样人工挑拣	1次/周	品控	◎
	梗丝结构	梗丝贮柜出口取样用振动分选筛检测	1次/（周·牌号）	品控	◎

注："◎"表示监测，该检验结果不作为转序状态判定依据；"※"表示转序，该检验结果作为转序状态判定依据。

第二节　质量检验

一、离线指标型质量检验

离线检验应结合质量检验计划，针对在制品质量指标的符合性检验与评价方法，制定规范性检验作业指导文件，应包括但不限于检测指标、取样点、取样方法、检验频次、检验方法、判定准则。以某公司制丝质检作业指导书中的检测指标填充值为例：

（1）检测指标　填充值。

（2）适用工序　加香、干冰膨胀线叶丝风选、贮梗丝。

（3）取样地点　6000kg/h线加香出口振槽、3000kg/h线加香出口振槽、1140干冰膨胀线叶丝风选出口振槽、贮梗丝出口振槽落料处。

（4）取样、制备、检测方法

①用取样盘随机收集约1000g，拣出梗签、梗块，混合均匀后，用四分法缩至约200g置于样品盒中。

②样品在温度（22±1）℃，相对湿度（60±3）%的条件下，梗丝、膨胀丝平衡24h，烟丝平衡48h。

③填充值检测时，梗丝采用1kg压头，其余烟丝及膨胀丝采用3kg压头。

（5）检验频次　1 次/(周·牌号)。

（6）检验方法

①仪器：DD60A 填充值测定仪，1/100g 感量的电子天平。

②操作程序：称取 10g 样品，置于填充值测定仪的测量容器中，按操作规程测定。重复 5 次，同时每个样品测含水率 3 个。填充值按式（9-1）计算：

$$填充值(SV) = \frac{A \times H}{m \times 10}(cm^3/g) \tag{9-1}$$

式中　SV——填充值，cm^3/g；

A——烟丝装载器的垂直截面积，为固定值 $28.274cm^2$；

H——烟丝柱的剩余高度平均值，mm；

m——烟丝重量，g。

（7）判定方法　检测结果按各牌号制丝工艺技术标准判定，如不符合要求则反馈质量管理部门，并将检测结果填写至质量报表中。

二、比对型指标质量检验

离线检验不仅是对产品质量指标的测量及量化表征，也需要对相关检测仪器实施离线比对检测，以确保测量数据的准确可靠，应建立离线仪器比对质量检验规范性指导文件。以某公司制丝质检作业指导书中的水分仪比对为例。

1. 水分仪比对管理要求

水分仪比对工作分为三个部分：一是水分仪监控；二是水分仪比对；三是水分仪验证。

（1）水分仪监控　一是指质检员按频次要求对在线水分仪进行周期检定，保障在线水分仪的准确度；二是车间操作工根据频次要求取样并进行实验室快速水分的检测。

（2）水分仪比对　即水分仪校准，有两种情况：一是当质检员进行的周期检定结果数据，在线水分均值与烘箱水分均值允差（即 $B-A$）或实验室快速水分均值与烘箱水分均值允差（即 $C-A$）超过允许范围时需触发水分仪比对；二是当操作工自检发现在线水分均值与烘箱水分均值允差超出范围时，需及时复检一组，若复检的允差仍然超出范围则需触发质检员水分仪比对工单。若水分仪比对结果仍然不符合允差要求则反馈水分仪管理员进行零点值或截距的调整。

（3）水分仪验证　是指水分仪管理员调整后通知质检员进行水分仪验证，如验证时仍不符合要求再由水分仪管理员调整，并进行重复验证，直至符合允差要求为止。

（4）其他管理要求　各工序操作人员在生产线进入生产稳态时，需取2个样品送检验室做快速检测，当发现偏差超过允许误差时，进行复测，复测结果还是超过允差时，触发质检员进行水分仪比对，比对超过允差时及时通知水分仪管理员对水分仪进行标定，标定后对水分仪应重新取样验证是否符合工艺要求。

2. 水分仪比对取样要求

（1）取样准备　每组样品准备2~10个密封袋，密封袋必须干净且密封性合格，将密封袋按顺序进行编号，并进行高水分（≥16%）与低水分（<16%）的标识，以保证取样过程样品与水分检测的对应性和采集高低水分烟草样品的密封袋不混用。

（2）样品要求　必须在设备运行正常，工艺指标稳定方可取样。样品必须是在规定取样时间内经过水分仪探头检测且为生产线输送带表层样品。取样时要求工艺稳定物料水分相对均匀，没有水渍烟和结团现象。取样前先观察样品在输送带上状况，应保持足够的厚度，样品厚度保持稳定才能取样，应避免露底与样品高低不平时取样。

（3）取样位置　操作人员从生产线上抓取样品，取样位置必须在测量点的后面，而且和测量点在一条线上，和物料运动方向一致，尽可能接近水分仪探头光斑区域后方15~20cm内，确保所取样品和测量物料一致，应避免取样时手或抓取样品时干扰到水分仪的检测。

（4）取样时间　取样时间应控制或设置为4~10s。

（5）取样步骤

①取样前先观察水分仪的显示值，当生产稳定水分仪显示值没有较大波动时，先采用水分仪的取样功能进行预取样，观察取样后水分仪显示的标准偏差，标准偏差较小时方可正式取样。应避免在生产开始、结束和波动较大时取样；

②当具备取样条件时，操作人员必须采用水分仪操作面板（OIU），先设置好取样时间，按开始键从生产线上按要求连续快速抓取样品；

③当取样时间到达时结束取样，排空袋内空气后再密封。

（6）样品的判断　取样标准偏差应满足下各工序点标偏要求，若样品的标准偏差较大时，应该取消该样品，重新取样。

（7）样品的处理　将取回的样品密封在样品袋内，在检验室冷却到常温后，搅拌均匀，若样品为松散回潮、润叶加料等工序的叶片，必须按规范进行切丝制样，然后用快速水分仪和烘箱法测量含水率。

3. 实验室快速水分仪检测要求

（1）样品制备　将丝状样品放置一段时间，当样品的温度与检测环境温度一致时，再打开密封袋将样品搅拌均匀。

（2）样品检测　取出一定量的样品用实验室水分仪进行测量，每个样品翻动检测两次取平均值作为检测结果，每个样品的丝类平行试验结果的相差绝对值不大于0.3%含水率，检测后的样品马上放回密封袋内，排空袋内空气后再密封以备烘箱检测水分用。

4. 烘箱法检测要求

检测要求：水分仪监测中每个样品分2个小样进烘箱，取2个小样的平均值作为样品的烘箱值。水分仪比对中每个样品分4个小样进烘箱，取4个小样的平均值作为该样品的烘箱值。

5. 结果判定

（1）相差绝对值：每个样品的快速和烘箱水分丝类平行试验结果的相差绝对值不大于0.3%含水率，每个样品的叶片类平行试验结果的相差绝对值不大于1.0%含水率。若该组数据中个别组的样品的烘箱结果的相差绝对值超过要求，则该组样品水分数据作废。

（2）结果判定：若该组样品在线水分均值与烘箱水分均值允差超过允许范围，则需按水分仪对比管理要求进行检测和反馈。

第三节　计量检验

数据真实可信、可溯源是工艺分析的基础，卷烟生产过程计量检验主要包括：水分仪探测精度、温度仪探测精度、电子皮带秤的计量精度、电子皮带秤的控制精度等。

1. 在线水分仪探测精度

在物料正常通过时，取物料按烘箱法测其含水率，并同时记录取样时水分仪显示值，不少于5次。计算公式如下：

$$S = \left[\sum_{i=1}^{n} \left(\frac{|X_i - Y_i|}{X_i} \right) \right] / n \times 100\% \tag{9-2}$$

式中 S——探测精度,%；

X_i——第 i 次实测物料含水率,%，i 取1，2，…n 的自然数；

Y_i——第 i 次显示物料含水率,%，i 取1，2，…n 的自然数；

n——检测的次数。

2. 在线温度仪探测精度

读取温度仪的显示值，同时在温度仪探头处取样并用保温容器盛装样品，用水银温度计检测其实际温度，对应编号，共取10个样品。

3. 电子皮带秤计量精度

（1）模拟负荷法　使用已知重量的标准砝码均匀的放置于电子皮带秤称量段上运行，待砝码均匀流过电子皮带秤后，记录电子皮带秤的累计显示值，重复测量3次，测试中要求 $P_s \geqslant 50\text{kg}$。计算公式如下：

$$\delta_{ds} = \frac{|C_s - P_s|}{P_s} \times 100\% \tag{9-3}$$

式中 δ_{ds}——电子皮带秤计量精度,%；

P_s——放置砝码累计质量，kg；

C_s——电子皮带秤显示累计质量，kg。

计算3次重复测量的平均值。

（2）实物过料法　使用一定重量的烟草物料，重量大于50kg。将称量后的物料按设备额定流量通过电子皮带秤或在出口处收集全部物料，称重，与电子皮带秤累计值比较。重复测量3次，计算平均值。

4. 电子皮带秤控制精度

记录1min中电子皮带秤显示物料的量，与设定值相比，计算电子皮带秤的控制精度。

第四节　质量检验评价

企业应建立相应的检验工作质量考评方法，评估离线检验和在线监测的运行可靠性和有效性，以规避错检、漏检风险的发生。

离线检验工作质量评价是对检验人员日常检验计划编制、仪器校准、样品制备、操作规范、数据填报、结果审核等工作质量的一项评价活动，企业宜建立相应的工作质量考评规范指导文件，采取日常或专项督查的方式，确保检验工作有序规范运行和结果数据的准确可靠。

在线监测运行质量评价是对质量数采评价系统运维可靠性和有效性的一项评价活动，企业宜制订相应质量数采评价系统运维保障监督方案，可采取过程能力测评、工艺参数符合性测评、系统试错演练等方式，对数采规则、判异准则、报警规则、数据准确性等进行测评验证，以确保监测系统始终处于有效可靠运行状态。

企业应建立相应的规范性制度，针对离线检验和在线监测的不符合项及时进行调查分析，找出原因并制定改进措施，措施内容宜包括实施步骤、制定者和实施者、完成期限等，并对措施的合理性、完整性和实施效果进行评价，以某公司的质量改进表为例，如表 9–2 所示。

表 9–2　　某公司质量改进表示例

编号：

不符合事实或潜在不合格因素：		
检查人：	时间：	主管部门：
原因分析：		
		责任部门领导：
改进措施（包括实施者及完成时间）：		
制定者：	时间：	责任部门：
措施的完成情况及有效性评价：		
主管部门检查人：		时间：

第十章
工艺监督检查

工艺监督检查是为严格规范卷烟生产秩序、加大工艺管理力度、确保产品质量、降低消耗和提高效益所进行的监督检查。通过工艺检查，发现问题，采取措施，及时解决，促进技术管理水平的提高。工艺检查必须贯彻自查和抽查相结合的原则，严格工艺管理，对于不执行工艺和执行工艺差的车间和工人，除思想上进行教育，技术上进行帮助外，还必须采用必要的经济手段进行惩罚，提高实际符合率和工艺符合率，稳定生产，提高产品质量，促进技术水平的不断提高。

第一节　职能划分

（1）烟草工业企业工艺监督与检查宜采用分级管理，明确划分各级工艺管理部门的监督与检查职能和职责。

（2）烟草工业企业根据职能划分明确检查范围、内容、检查方式及评价考核。

（3）烟草工业企业需建立健全工艺管理制度和各类人员岗位工艺质量要求。

第二节　检查内容

（1）工艺监督检查应按方案策划、具体实施、考核评价和分析改进，形成 PDCA 循环，烟草工业企业工艺监督与检查管理内容主要分为定性类和定量类指标的监督与检查。

（2）定性类指标具有潜在性和隐蔽性，难以控制特点，主要包含工艺文件符合性、有效性和执行率、工艺条件保障、工艺质量风险、现场工艺纪律。

①工艺文件符合性、有效性和执行率主要包含工艺文件制（修）订流程，

工艺文件执行到位情况，工艺流程规范。

②工艺条件保障监督与检查管理主要包含设备性能保障、能源保障、生产环境保障（温湿度条件保障、虫情控制保障）和工艺人力资源保障的监督检查。

③工艺质量风险保障监督与检查管理主要包含风险评估、风险控制及工艺质量异常处理流程的监督检查；其工艺质量风险主要包含烟虫、油烟、杂物、异味霉变、混错牌、工艺行为、工艺环境、设备保障等风险。

④现场工艺纪律监督与检查管理主要包含现场工艺文件执行情况、工艺记录、工艺处理流程、人员保障情况、现场检验流程和规范操作。

（3）定量类指标管理因具有可定量类的特点，基于目前先进的加工设备与信息化系统，基本实现了参数化的管理，可通过数字化管理来进行预防把控，主要包含工艺参数与指标、测量系统、质量信息系统。

①工艺参数与指标监督与检查管理主要包含质量指标、工艺参数、设备参数的监督检查。

②测量系统监督与检查管理主要包含在线与离线测量系统测量的运行情况以及其准确性和稳定性类监督检查。

③质量信息系统监督与检查管理主要包含烟草工业企业相关质量信息系统数据采集的稳定性类，计算的准确性的监督检查。

第三节 开展方式

（1）烟草工业企业工艺监督与检查可按日常检查、周期性检查、专项检查和联合评估检查等形式开展。

（2）烟草工业企业工艺监督与检查应建立层级管理，由烟草工业企业技术中心、各厂工艺质量部、车间、班组形成层级工艺监督与检查管理，一级对一级负责指导、监督、检查和考评。

（3）烟草工业企业工艺监督与检查需进行计划、记录、考核、改进，形成 PDCA 循环。

（4）定性类指标监督与检查主要针对制度文件、管理职责等标准要求来检查其符合性和有效性，对发现的潜在问题需按规范的闭环处理流程进行管理，确保定性类指标预防管理执行到位。

（5）定量类指标主要依靠信息系统（MES、SPC、中控、机台工控等）对其进行符合性和达标情况的检查，发现异常及时进行过程纠偏和系统改进，必要时可以以课题形式开展攻关研究。

第四节　评价考核

（1）烟草工业企业宜建立切实有效的工艺纪律检查考核细则和考评办法，定期进行考评，并经常性开展工艺纪律教育。

（2）烟草工业企业工艺监督与检查进行分级、分类考评，并对接经济指标。

（3）工艺监督与检查评价考核中，要树立以检查处罚为辅，以教育和服务为主的人性化的工艺管理理念。

第五节　分析改进

（1）定期对工艺监督与检查结果进行统计与分析，及时发现改进机会，并把问题点作为下次监督与检查的重点。

（2）针对改进内容特点采取不同方式与工具实施改进，应具备完善的改进管理流程，包含方案策划、方案论证、改进实施、结果验证、形成标准等。

第十一章
工艺测试分析

为了客观地分析评估卷烟生产工艺制造和管控情况，卷烟企业需定期开展工艺质量、物料消耗、设备效率等方面的测试分析，本章节主要介绍相关指标要求、测试内容与方法。

第一节　工艺质量测试分析

一、主要质量指标要求

卷烟生产过程主要工艺质量指标及产品质量要求如表 11-1 至表 11-6 所示。

表 11-1　　叶丝质量指标要求

指标	单位	要求	检测点
填充值	cm^3/g	≥4.0	叶丝干燥后
整丝率	%	≥80.0	
碎丝率	%	≤2.0	
含水率标准偏差	%	≤0.17	
含水率允差	%	±0.5	

注：含水率标准偏差样品数应多于 30 个（下同）。

表 11-2　　梗丝质量指标要求

指标	单位	要求	检测点
填充值	cm^3/g	≥6.5	贮梗丝后
整丝率	%	≥85.0	

续表

指标	单位	要求	检测点
碎丝率	%	≤2.0	贮梗丝后
含水率标准偏差	%	≤0.17	
含水率允差	%	±0.5	

表 11-3　膨胀叶丝质量指标要求

指标	单位	要求	检测点
填充值	cm^3/g	≥6.0	贮膨胀叶丝后
批内填充值允差	cm^3/g	±0.5	
纯净度	%	≥99	
整丝率	%	≥75	
碎丝率	%	≤4.0	
含水率	%	11.5~14.0	
含水率允差	%	±0.5	
外观	—	无结团及炭化	

表 11-4　烟丝质量指标要求

指标	单位	要求	检测点
填充值	cm^3/g	≥4.2	贮丝后
纯净度	%	≥99.0	
整丝率	%	≥80.0	
碎丝率	%	≤2.0	
含水率标准偏差	%	≤0.17	
卷制过程整丝率变化率	%	90.0~95.0	

表 11-5　卷烟产品物理质量指标要求

指标	单位	要求
烟支长度	mm	设计值±0.5

续表

指标	单位	要求
烟支圆周	mm	设计值±0.2
烟支吸阻	Pa	设计值±120.0
烟支硬度	%	设计值±8.0
烟支重量标准偏差	mg/支	≤21.0
烟支吸阻标准偏差	Pa	≤40
烟支硬度标准偏差	%	≤2.5
烟支密度	mg/cm^3	≤235
烟支含水率	%	设计值±0.5
烟支含末率	%	<3.0
端部落丝量	mg/支	≤8.0
滤嘴通风率	%	设计值±10%

表 11-6　卷烟产品烟气质量指标要求

指标	单位	要求
批内焦油量波动值	mg	±1.0
批内烟碱量波动值	mg	±0.15

二、工艺质量测试内容

1. 烟片处理

烟片处理工段主要工序测试项目如表 11-7 所示。

表 11-7　烟片处理工序测试项目

检测项目	松散回潮	筛分和（一次/二次）加料	配叶贮叶
工艺参数	进料流量	进料流量	贮存时间
	双介质喷嘴蒸汽流量/压力	双介质喷嘴蒸汽流量/压力	环境温度
	加水比例/流量/压力	加料流量/比例	环境相对湿度
	工艺蒸汽比例/流量/压力	工艺蒸汽比例/流量/压力	

续表

检测项目	松散回潮	筛分和（一次/二次）加料	配叶贮叶
工艺参数	热风温度	热风温度	
	热风风机生产速度额定值	排潮风门开度	
	热风风门开度	料液温度	
	筒体转速	筒体转速	
工艺质量	出料水分	出料水分	含水率
	出料温度	出料温度	
	松散效果	加料累积精度	

2. 制叶丝

制叶丝工段主要工序测试项目如表 11-8 所示。

表 11-8　　　　制叶丝工序测试项目

检测项目	切叶丝	叶丝干燥	
		滚筒式	气流式
工艺参数	刀门压力	进料流量	进料流量
	刀辊转速	进料水分	进料水分
	压缩空气压力	SIROX 蒸汽流量	SIROX 蒸汽流量
		SIROX 蒸汽辊（WINOVER）转速	SIROX 蒸汽辊（WINOVER）转速
		SIROX 出口温度	SIROX 出口温度
		筒壁温度	工艺气体温度
		热风温度	工艺气体流量
		热风风速	负压设定
		排潮负压	
		热风风门开度	
		筒体转速	
		工作蒸汽流量/压力	

续表

检测项目	切叶丝	叶丝干燥	
		滚筒式	气流式
工艺质量	叶丝宽度	出料水分	
		出料水分标准偏差	
		出料温度	
		填充值	
		整丝率	
		碎丝率	
		干头干尾比率	

3. 制梗丝

制梗丝工段主要工序测试项目如表 11-9 所示。

表 11-9　　制梗丝工序测试项目

检测项目	筛分与回潮	贮梗	烟梗增温	压梗	切梗丝	梗丝加料	梗丝干燥	梗丝风选	贮梗丝
工艺参数	进料流量	贮存时间	工作蒸汽流量/压力	压辊间隙	刀门压力	进料流量	进料流量	电机转速	环境温度
	洗梗水温	环境温度			刀辊转速	双介质喷嘴蒸汽流量/压力	工作蒸汽流量/压力		环境相对湿度
	水流速度	环境相对湿度			压缩空气压力	加料流量/比例	SIROX蒸汽流量		
	加水比例/流量					工作蒸汽流量/压力	WINOVER转速		
						排潮风门开度	工艺气体温度		
						料液温度	负压设定		
						筒体转速			

续表

检测项目	筛分与回潮	贮梗	烟梗增温	压梗	切梗丝	梗丝加料	梗丝干燥	梗丝风选	贮梗丝
工艺质量	含水率	含水率	含水率	含水率	梗丝厚度	含水率	含水率	含水率	
	温度		温度	烟梗厚度		温度	温度	整丝率	
	筛分效果					加料精度	填充值	碎丝率	
							碎丝率		
							整丝率		

4. 制膨丝

膨胀叶丝（CO_2 法）工段主要工序测试项目如表 11-10 所示。

表 11-10　　膨胀叶丝（CO_2 法）工序测试项目

检测项目	前处理	叶丝浸渍	叶丝膨胀	冷却回潮	叶丝风选	膨胀叶丝贮存
工艺参数		浸渍压力	热风温度	工作蒸汽流量/压力	断面风速	环境温度
		浸渍时间	热风速度	汽水喷嘴流量/压力	电机转速	环境相对湿度
		排液时间	蒸汽流量	加水流量		
		单批重量		压缩空气流量/压力		
		计量带速比		排风风门开度		
				筒体转速		
工艺质量	含水率	CO_2 含量	含水率	含水率	整丝率	含水率
	叶丝宽度			含水率标准偏差	碎丝率	填充值
	整丝率			整丝率		整丝率
	碎丝率			碎丝率		碎丝率
				填充值		
				温度		
				加香精度		

5. 掺配加香

掺配加香工段主要工序测试项目如表 11-11 所示。

表 11-11 掺配加香工序测试项目

检测项目	比例掺配	加香	配丝贮丝
工艺参数	物料流量	物料流量	贮存时间
	各掺配物比例	加香比例	环境温度
		筒体转速	环境相对湿度
		压缩空气压力	
工艺质量	掺配精度	加香精度	填充值
		填充值	整丝率
		整丝率	碎丝率
		碎丝率	含水率
		含水率	含水率标准偏差
		含水率标准偏差	

6. 烟支卷接

烟支卷接工段主要工序测试项目如表 11-12 所示。

表 11-12 烟支卷接工序测试项目

检测项目	烟丝配送	烟支卷接
工艺参数	风速	环境温度
		环境相对湿度
		车速
		剔除物中含丝量
	整丝率降低	烟支长度
	含水率降低	烟支圆周
		烟支吸阻
		烟支硬度
		单支重量/含丝量
		单支重量标准偏差

续表

检测项目	烟丝配送	烟支卷接
工艺质量		含水率
		含末量
		端部落丝量
		焦油量波动值
		烟碱量波动值
		感官品质

三、工艺质量测试方法

1. 工艺参数

待生产稳定后，按 10~15min 的间隔，读取并记录设备、在线仪器仪表有关显示数据，读取不少于 3 次，并计算平均值，记录于相应表格中。将可采集的工艺参数在生产结束后导出原始数据，并对稳态过程的数据进行统计，包括平均值、极值、标偏和 CPK 等，采用 Excel 表进行汇总。

2. 物料水分

（1）在线水分仪法

①检测点设置。在线水分仪宜设置于被检测工序设备入口或出口约 3.0m 内的位置；对于回潮、气流干燥等出口为高温物料工序，宜设置于设备出料输送装置至另一输送装置搭接后的位置。

红外水分仪检测探头应垂直于探测烟草物料面、探头至物料面高度约为（250±100）mm，在探测方向上物料流连续且物料厚度应大于 5.0cm 以上。

②计量性能。按照 JJG（烟草）29—2011《烟草加工在线水分仪检定规程》进行在线水分仪检定、使用中检验，达到规程中规定的水分仪计量性能要求。

③样品检测。在线水分仪检测阻尼（平滑时间）一般不超过 10s，在线水分仪检测输出数据不需作平滑处理，中控从服务器采集数据应采用等时间间隔抽取方法，且采集频次一般不超过 15s。

（2）烘箱法

①取样方法。取样宜在生产运行稳定阶段，于各工序设备入口或出口

3.0m 范围内或水分仪探测点后 20cm 范围内随机取样 50~100g，置于密闭样品盒（袋）内。

②样品制备。样品混合均匀后，取一定的样品置于已知重量的样品盒中，及时盖上盒盖并立即称重，精确至 0.001g，每样品应至少平行测定两次。

③样品检测。当烘箱温度稳定在（100±1）℃时，将待测样品盒盖打开并将盒盖放在盒子底部置入烘箱中层，样品盒放置密度应不小于 1 个/120cm²，关闭烘箱门开始计时，2h 后打开烘箱门，对样品盒逐一加盖后取出置入干燥器内，冷却至室温后分别称重，精确至 0.001g，计算样品含水率，公式如下：

$$w = \frac{m_1 - m_2}{m_1} \times 100\% \tag{11-1}$$

式中　w——样品含水率,%;

m_1——烘前样品重量，g;

m_2——烘后样品重量，g。

计算平行样的含水率平均值。含水率测定结果以平行试验结果的平均值表示，精确至 0.01%。平行试验结果若绝对差大于 0.30%时，应重新抽样检测。

3. 物料温度

（1）检测点　在检测工序设备出口约 300mm 位置处。

（2）检测仪器　红外测温仪（-80~500℃，发射率 0~1，烟草制品发射率一般取 0.95）或接触式温度计（-80~200℃，精度等级为 1.0）。

（3）操作程序

①接触式温度计检测，用绝热容器迅速盛装被测物料并压实，将温度计插入容器中心，当温度计温度不再升高时，读取温度显示值。应至少检测 3 个位置，计算平均值。

②红外测温仪检测，距离物料 100~300mm 处测量物料温度。应连续测量 10 次，计算平均值。

4. 烟（叶、梗）丝结构

（1）三层筛分法　按 YC/T 178—2003《烟丝整丝率、碎丝率的测定方法》的规定进行取样、检测。

（2）层筛分法

①取样与样品处理。生产运行稳定阶段，在取样工序出口输送装置上，

用金属取样盘置于物料输送装置末端，从烟草物料流的截面自由下落处，接取烟（叶、梗）丝样品约500g。每隔约10min取样1次，共取五次。在实验室内将五个样品分别缓慢倾倒于约400mm×600mm的塑料盘上，并在（22±1)℃，相对湿度（60±2)%条件下平衡12h。

②检测仪器。拍击式或平面旋转偏心式五层检测筛（ϕ300mm×50mm），标准筛网（12.50mm、3.35mm、1.70mm、0.85mm、0.50mm），烟末接盘，分析天平（感量为0.001g）。

③操作程序。设定旋转频率为（350±5）r/min，筛分时间设定为5min，对平衡后的每个烟丝样品，分别按以下步骤进行检测：称量（150±5）g，缓慢倒入最上层筛网，启动检测筛，筛分结束后将12.50mm网筛上的烟丝合并入3.35mm网筛上的烟丝中，分别称量3.35mm、1.70mm、0.85mm、0.50mm筛网及烟末接盘上的烟丝重量，计算各层筛网烟丝重量百分比。

④测试结果。计算5个样品各层筛网筛分的烟丝重量百分比的平均值作为测试结果。

5. 烟（叶）丝填充值

（1）叶丝、烟丝填充值按YC/T 152—2001《卷烟　烟丝填充值的测定》规定进行取样、检测。

（2）膨胀烟丝、梗丝填充值按YC/T 163—2003《卷烟　膨胀梗丝填充值的测定》规定进行取样、检测。

6. 卷烟物理指标

（1）卷烟长度按GB/T 22838.2—2009《卷烟和滤棒物理性能的测定　第2部分：长度　光电法》的要求执行。

（2）卷烟圆周按GB/T 22838.3—2009《卷烟和滤棒物理性能的测定　第3部分：圆周　激光法》的要求执行。

（3）卷烟质量按GB/T 22838.4—2009《卷烟和滤棒物理性能的测定　第4部分：卷烟质量》的要求执行。

（4）卷烟吸阻按GB/T 22838.5—2009《卷烟和滤棒物理性能的测定　第5部分：卷烟吸阻和滤棒压降》的要求执行。

（5）卷烟硬度按GB/T 22838.6—2009《卷烟和滤棒物理性能的测定　第6部分：硬度》的要求执行。

（6）卷烟含末率按GB/T 22838.7—2009《卷烟和滤棒物理性能的测定

第 7 部分：卷烟含末率》的要求执行。

（7）烟支含水率按 GB/T 22838. 8—2009《卷烟和滤棒物理性能的测定　第 8 部分：含水率》的要求执行。

（8）烟支外观按 GB/T 22838. 12—2009《卷烟和滤棒物理性能的测定　第 12 部分：卷烟外观》的要求执行。

（9）烟支滤嘴通风率按 GB/T 22838. 15—2009《卷烟和滤棒物理性能的测定　第 15 部分：卷烟通风的测定定义和测量原理》的要求执行。

（10）烟支端部落丝量按 GB/T 22838. 17—2009《卷烟和滤棒物理性能的测定　第 17 部分：卷烟端部掉落烟丝的测定振动法》的要求进行执行。

7. 批内烟支焦油量和烟碱量波动值、变异系数

（1）样品制备　用生产过程中同一批烟丝卷制的卷烟，同机台、等时间间隔取样 n 次（$n \geqslant 20$），每次取样数量 40 支或 2 盒。样品不进行平衡、不挑选。

（2）检测仪器与操作程序　焦油量按 GB/T 19609—2004《卷烟　用常规分析用吸烟机测定总粒相物和焦油》测定。烟气烟碱量按 GB/T 23355—2009《卷烟　总粒相物中烟碱的测定　气相色谱法》测定。

（3）检测结果　检测数值经检验剔除异常值，计算批内烟支焦油量、烟碱量波动值，公式如下：

$$T_{\mathrm{f}} = T_{\max} - T_{\min} \tag{11-2}$$

式中　T_{f}——批内烟支焦油量（烟碱量）波动值，mg；

$T_{\max}$——批内烟支焦油量（烟碱量）最大值，mg；

$T_{\min}$——批内烟支焦油量（烟碱量）最小值，mg。

检测数值经检验剔除异常值，计算批内焦油量、烟碱量变异系数，公式如下：

$$\mathrm{CV_T} = \frac{\sqrt{\sum (T_i - \bar{T})^2/(n-1)}}{\bar{T}} \times 100 \tag{11-3}$$

式中　$\mathrm{CV_T}$——批内卷烟焦油量（烟碱量）变异系数，%；

T_i——第 i 次焦油量（烟碱量）检测值，mg，i 取 1，2，…，n；

$\bar{T}$——批内卷烟焦（烟碱量）均值，mg。

第二节　物料消耗测试分析

一、物料消耗指标要求

主要原料和烟用材料损耗和消耗要求如表 11-13 和表 11-14 所示。

表 11-13　　原料损耗和消耗指标要求

指标	单位	要求
总损耗率（包括制丝和卷接包）	%	≤5.0
万支卷烟原料标准消耗	kg	≤6.9

注：原料标准消耗是（烟支长度+过滤嘴长度）×烟支圆周为（59mm+25mm）×24.3mm，烟丝含水率 12%条件下的原料耗用量。

表 11-14　　烟用材料损耗指标要求

指标	单位	要求
卷烟纸损耗率	%	≤1.5
滤棒损耗率	%	≤1.0
接装纸损耗率	%	≤1.5
商标纸损耗率	%	≤0.5

二、物料消耗测试指标与计算方法

1. 原料标准重量

烟草物料标准重量按含水率 12.0%折算，计算公式如下：

$$M^o = M \times \frac{1 - w}{1 - 12.0\%} \times 100\% \quad (11-4)$$

式中　M^o ——以 12.0%含水率折算的烟草物料标准重量，kg；

w ——实测含水率,%；

M ——实测烟草物料重量，kg。

2. 出叶（梗、膨）丝率

按式（11-5）或式（11-6）计算：

$$f_{ys} = \frac{M_{ys}^{o}}{M_{Ty}^{o}} \times 100\% \quad (11-5)$$

或

$$f_{ys} = \frac{M_{Ty}^{o} - M_{Ey}^{o}}{M_{Ty}^{o}} \times 100\% \quad (11-6)$$

式中　f_{ys}——出叶（梗、膨）丝率,%；

M_{Ty}^{o}——投料烟片标准重量，kg；

M_{ys}^{o}——产出叶（梗、膨）丝标准重量，kg；

M_{Ey}^{o}——排出物标准重量，kg。

3. 卷包损耗率

卷包原料损耗率按式（11-7）计算：

$$\eta_{cig} = \frac{M_{Ej}^{o}}{M_{Tj}^{o}} \times 100\% \quad (11-7)$$

式中　η_{cig}——卷包原料损耗率,%；

M_{Tj}^{o}——卷包投料烟丝标准重量，kg；

M_{Ej}^{o}——卷包排出烟丝（含梗签）标准重量，kg。

4. 总损耗率

卷烟制丝、卷接包总损耗率按式（11-8）或式（11-9）计算：

$$\eta = \frac{M_{Es}^{o} + M_{Ej}^{o}}{M_{T}^{o}} \times 100\% \quad (11-8)$$

或

$$\eta = \frac{M_{T}^{o} - M_{z}^{o} \times N \times 10^{-2}}{M_{T}^{o}} \times 100\% \quad (11-9)$$

式中　η——原料总损耗率,%；

M_{T}^{o}——投入原料标准重量，kg，原料指片烟、烟梗、再造烟叶等；

M_{Es}^{0}——制丝排出物标准重量，kg；

M_{Ej}^{o}——卷接包排出物标准重量，kg；

M_{z}^{o}——单支含丝标准重量，mg；

N——成品卷烟数量，万支。

5. 原料利用率

烟叶利用率按式（11-10）计算：

$$f = 1 - \eta \quad (11-10)$$

式中 f——原料利用率,%;

η——原料总损耗率,%。

或按投入产出法，计算公式如下：

$$f = \frac{m \times n \times 10}{M_0} \times 100\% \tag{11-11}$$

式中 f——烟叶利用率,%;

m——单支含丝量，g;

n——成品卷烟数量（每箱为 1 万支卷烟），箱;

M_0——投入卷烟原料标准重量（包括片烟、烟梗、薄片），kg。

6. 卷烟原料消耗

（1）投入产出法　按式（11-12）计算：

$$C = \frac{M_T^o}{N} \tag{11-12}$$

式中 C——卷烟实际原料消耗量，kg/万支;

M_T^o——投入原料的标准重量，kg，含片烟、烟梗、再造烟叶等;

N——卷烟成品数量，万支。

（2）工艺损耗法　按式（11-13）计算：

$$C = \frac{M_z^o}{f} \times 10^{-2} \tag{11-13}$$

式中 C——卷烟实际原料消耗量，kg/万支;

M_z^o——单支含丝标准重量，mg;

f——原料利用率,%。

（3）万支卷烟标准消耗　按式（11-14）计算：

$$C^0 = k \times C \tag{11-14}$$

式中 C^0——卷烟标准消耗量，kg/万支;

C——卷烟实际原料消耗量，kg/万支;

k——标准烟支折算系数。

标准烟支折算系数计算公式为：

$$k = \frac{l_0 \times {c_0}^2}{l \times c^2} \tag{11-15}$$

式中 l_0——标准产品烟支长度，mm，取值 59mm；

l——实际产品烟支长度，mm；

c_0——标准产品烟支圆周，mm，取值 24.5mm；

c——实际产品烟支圆周，mm。

7. 材料损耗

卷烟纸、接装纸、滤棒、商标纸损耗率按式（11-16）计算：

$$F = \frac{H - J}{H} \times 100\% \tag{11-16}$$

式中 F——材料损耗率，%；

H——万支卷烟实际消耗材料数量（卷烟纸和接装纸，kg 或 m；滤棒，万支；商标，张）；

J——万支卷烟理论消耗材料用量（卷烟纸和接装纸，kg 或 m；滤棒，万支；商标，张）。

8. 卷包残烟量

卷包残烟量按式（11-17）计算：

$$\eta_{cs} = \frac{M_{cs}^{o}}{N} \times 100\% \tag{11-17}$$

式中 η_{cs}——卷包残烟量，kg/万支；

M_{cs}^{o}——卷包过程排除残烟重量，kg；

N——合格成品卷烟数量，万支。

第三节 生产效率测试分析

一、生产效率指标要求

卷烟生产效率相关指标要求如表 11-15 所示。

表 11-15 生产效率指标要求

指标	单位	要求
主要设备有效作业率	%	≥95.0
生产线综合有效作业率	%	≥85.0

二、生产效率测试指标与计算方法

1. 主机及各工艺段生产能力

在正常情况下，首先测定一批标准折算重量的物料 w，通过某一主机或工艺段所需要的时间 h，然后按式（11-18）进行计算。

$$Q = \frac{w}{h} \tag{11-18}$$

式中 w——标准重量，kg；

h——通过时间，h。

2. 主机及各工艺段有效作业率

$$n = \frac{Q}{q} \times 100\% \tag{11-19}$$

式中 Q——为实际生产能力，kg/h；

q——为额定生产能力，kg/h。

3. 主机及各工艺段无故障率

$$Y = 1 - \frac{H}{h} \times 100\% \tag{11-20}$$

式中 H——为设备故障时间，h；

h——为设备测定时间，h。

第十二章
管控水平评价

随着自动化和信息化技术在卷烟工业企业的广泛应用，行业生产制造过程的自动化水平显著提升，新的检测分析技术的应用使得测量分析的分辨率和灵敏度大大提高，自动化仪器仪表不仅是过程测量“工具”，而且是过程运行状态的信息“源头”，大量传统的人工、离线、实验室的检测分析由实时、在线、连续的测量分析所取代，极大地提高了卷烟生产的过程控制能力和质量监测水平。《卷烟工艺规范》中强调了工艺控制由控制指标向控制参数转变，并突出了过程控制在卷烟生产中的重要作用。目前卷烟生产过程管控评价方法主要有工序过程能力指数、sigma 水平和批次质量评价等。

第一节 过程能力指数

当过程稳态时，可用过程能力指数 C_p 表征过程能力，并按式（12-1）和式（12-2）计算得出：

$$SD = \sqrt{\frac{1}{N-1}\sum (x_i - \bar{x})^2} \tag{12-1}$$

式中 x_i ——样本值；

$\bar{x}$ ——样本均值；

N——样本数。

$$C_p = \frac{T}{6\sigma} \tag{12-2}$$

式中 T——指标公差；

σ ——总体标准偏差。

整体过程能力可采用过程能力指数 C_{pk} 和过程性能指数 P_{pk} 表征，并按式（12-3）和式（12-4）分别计算得出：

$$C_{pk} = \min\{C_{pu}, C_{pl}\}, C_{pu} = \frac{USL-\mu}{3\sigma}, C_{pl} = \frac{\mu - LSL}{3\sigma} \tag{12-3}$$

式中 USL——参数规格上限；

LSL——参数规格下限；

μ ——总体均值；

σ ——用平均样本标准差 S/C4 估计（C4 为与样本量有关的系数）。

$$P_{pk}=\min\{P_{pu},P_{pl}\},\ P_{pu}=\frac{USL-\mu}{3\sigma_{lt}},\ P_{pl}=\frac{\mu-LSL}{3\sigma_{lt}} \tag{12-4}$$

式中 σ_{lt}——过程的综合标准差，$\sigma_{lt}=\sqrt{\dfrac{\sum_{i=1}^{kn}(x_i-\mu)^2}{kn-1}}$（$k$ 为检测的样本个数，n 为子样量——样本中采集的子样个数）。

第二节 制造能力测评

一、不合格率计算

1. 计量型数据

正态分布时按如下公式进行计算：

（1）双侧标准

$$p=1-\Phi\left(\frac{USL-\mu}{\sigma}\right)+\Phi\left(\frac{LSL-\mu}{\sigma}\right)$$

（2）单侧标准

望小值：
$$p=1-\Phi\left(\frac{USL-\mu}{\sigma}\right)$$

望大值：
$$p=\Phi\left(\frac{LSL-\mu}{\sigma}\right)$$

式中 USL——CTQ 的上规格限；

LSL——CTQ 的下规格限；

μ——总体均值（用样本均值估计）；

σ——总体标准差（用样本标准差估计）。

非正态分布时，先进行数据的正态变换。

2. 计数型数据

（1）计件型数据

$$p=\frac{不合格品数}{产品检测数}$$

（2）计点型数据

$$p=\frac{\text{缺陷数}}{\text{单位产品机会数}\times\text{产品检测数}}$$

二、测评计算模型

在确定 sigma 水平计算模型时，计算每个关键质量特性的质量水平，再用几何平均的方法计算每个过程平均合格率的方法。在环节之间或者过程之间，并根据过程对总体贡献程度的差异性，赋予其相应的权重，计算几何平均合格率，然后转换为过程的总体 sigma 水平，测评计算模型示例见图 12-1。

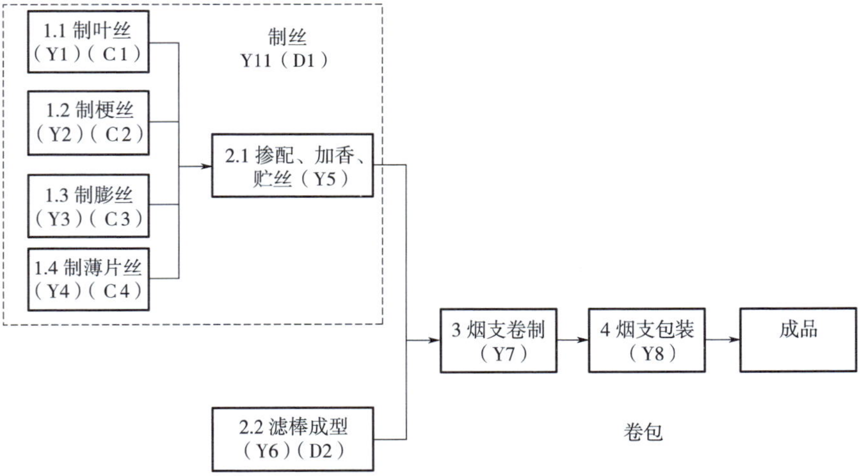

图 12-1　sigma 水平的计算模型示意图

三、sigma 水平计算

通过标准合格率查表计算得出 sigma 水平，过程环节及总体合格率按式（12-5）和式（12-6）进行。

$$Y_{11}=\sqrt[2]{Y_1^{C_1}\times Y_2^{C_2}\times Y_3^{C_3}\times Y_4^{C_4}\times Y_5} \tag{12-5}$$

$$NY=\sqrt[3]{Y_{11}^{D_1}\times Y_6^{D_2}\times Y_7\times Y_8} \tag{12-6}$$

式中　　$Y_1 \sim Y_8$——每一个环节的合格率；

C_1、C_2、C_3、C_4——根据企业制造的掺配组分比例确定的权重，$C_1+C_2+C_3+C_4=1$，如 C_1、C_2、C_3、C_4 由多条生产线参与加工的可

按产量为权重计算；

D_1、D_2——对产品的影响程度，$D_1+D_2=1$，D_2 的权重不宜大于 0.2。

第三节 批次质量评价

工艺过程的管控以工艺标准为基础，以过程的准确、精确控制为目标，量化分析评价过程管控能力，以触发过程的分析优化，指导过程管控水平的提升。

一、过程管控量化表征

卷烟加工过程参数指标的管控可以分为三类：望目控制型、极值控制型和范围控制型。由于范围控制型变量（如贮叶时间）要求在一定的范围内即可，通常为工艺符合性管理。因此，卷烟加工过程中需重点管控的主要是望目和极值型变量，可通过与工艺标准要求相比较来量化表征。

1. 望目控制变量

望目型变量大多为在线数采的连续数据，如筒壁温度、物料含水率等。可通过偏离度和离散度来表征。

偏离度表征实际控制值与工艺标准值的偏离程度，即准确度。采用式（12-7）进行计算，其值越小，表明实际控制均值与技术标准值越接近，即控制准确度越好。

$$Z = \frac{|\bar{x} - x_{pv}|}{\sigma_{pv}} \tag{12-7}$$

式中 Z——偏离度；

$\bar{x}$——实测平均值；

x_{pv}——标准设计控制值；

σ_{pv}——标准设计标准偏差，一般取 σ_{pv} = 允差/3。

离散度表征实际控制波动情况（标准偏差）与工艺标准要求的满足程度，即精确度，用式（12-8）进行计算和表征，其值越小，表征实际控制的波动情况越能满足技术标准要求，即控制精度更好。

$$P = \frac{s}{\sigma_{pv}} \tag{12-8}$$

式中 P——离散度；

s——实测标准偏差；

σ_{pv} ——标准设计标准偏差，一般取 σ_{pv} =允差/3。

2. 极值控制变量

极值型变量大多为检测的离散数据，如加料精度、碎丝率、端部落丝量、卷烟外观质量等。通常有望大［$\geq x_{pv}$（标准设计控制值）］、望小（$\leq x_{pv}$）要求，主要通过实测值与设定值的偏移程度来表征，按式（12-9）计算。

$$Z_P = \frac{\bar{x} - x_{pv}}{x_{best} - x_{pv}} \tag{12-9}$$

式中　Z_P ——偏移程度；

$\bar{x}$ ——实测平均值；

x_{pv} ——标准设计控制值；

x_{best} ——理论或实际最优值。

二、参数控制水平评价

1. 望目变量模型

望目变量要求控制中心值和标准偏差，即对偏离度和离散度均有要求，评价模型应当是 Z、P 的函数，且与 Z、P 均是负相关。一般管控要求为中心值偏离应小于 3 倍标准偏差，实测标准偏差应小于设计标准偏差，相应地其偏离度≤3，离散度≤1，可用图 12-2（1）描述，偏离度与离散度的综合评价即为图中“A 至 O 点”的距离，用“r”表示。距离 r 与管控指数关系如图 12-2（2）所示。图 12-2（2）中，①中心点 $Z=0$、$P=0$ 时为理想最优管控水平，其管控指数用 I_{best} 表示；②红色参考线 $Z=3$、$P=1$ 为最低管控要求，其管控指数用 I_{base} 表示。

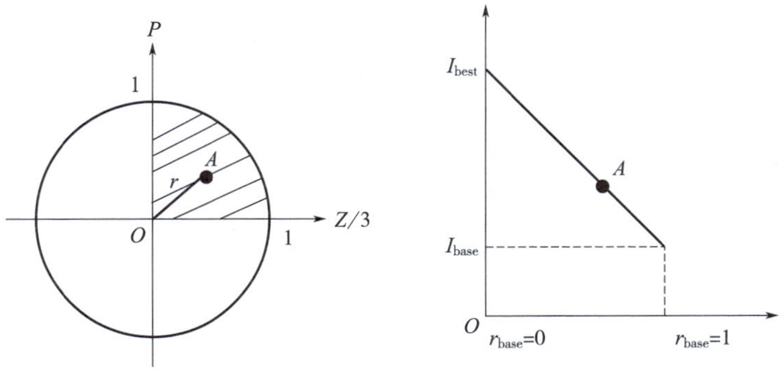

（1）Z、P值示意图　　（2）工值示意图

图 12-2　望目变量管控示意图

因此，管控指数 I_c 可用式（12-10）计算，并且取值范围为［0，100］，超限后取边界值。

$$I_c = I_{base} + (I_{best} - I_{base}) \times \frac{\left(\sqrt{\left(\frac{Z}{3}\right)^2 + P^2} - 1\right)}{(r_{best} - r_{base})}$$

$$= I_{base} + (I_{best} - I_{base}) \times \frac{\left(\sqrt{\left(\frac{Z}{3}\right)^2 + P^2} - 1\right)}{(0 - 1)}$$

$$I_c = I_{best} - (I_{best} - I_{base}) \times \sqrt{\left(\frac{Z}{3}\right)^2 + P^2}$$

式中　I_c——望目变量管控指数；

I_{best}——最优管控指数；

I_{base}——基线管控指数。

令 $I_{best}=100$，$I_{base}=60$，可得：

$$I_c = 100 - 40 \times \sqrt{\left(\frac{Z}{3}\right)^2 + P^2} \tag{12-10}$$

式中　I_c——望目变量管控指数。

2. 极值变量模型

极值控制变量有望大（$\geq x_{pv}$）、望小（$\leq x_{pv}$）两种类型，其管控要求可用图 12-3、图 12-4 描述，图 12-3（1）、图 12-4（1）分别为望小、望大情况下实测平均值、设定基线值及最优值的相对位置图，图 12-3（2）、图 12-4（2）分别为望小、望大情况下设定基线值及最优值对应管控指数的趋势变化示意图。其管控指数 I_d 可按下式（12-11）计算，并且取值范围为［0，100］，超限后取边界值。

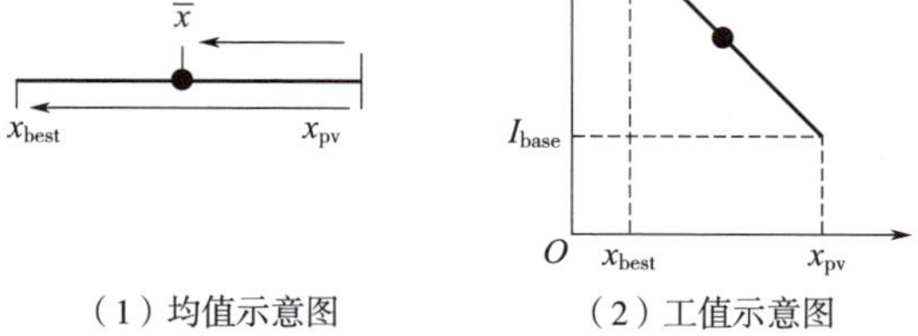

（1）均值示意图　　（2）工值示意图

图 12-3　望小离散变量管控示意图

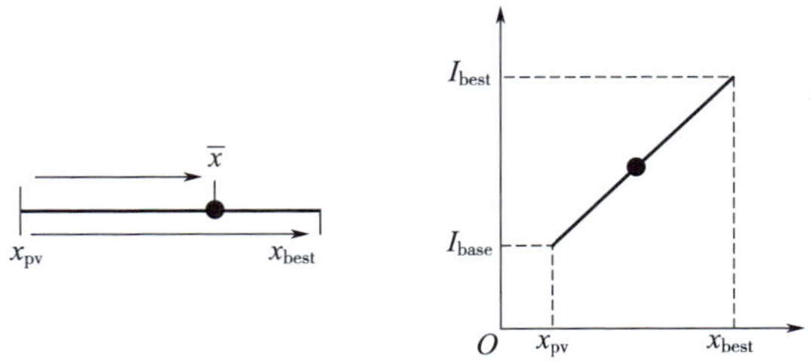

（1）均值示意图　（2）工值示意图

图 12-4　望大离散变量管控示意图

$$I_d = I_{base} + (I_{best} - I_{base}) \times \left(\frac{\bar{x} - x_{pv}}{x_{best} - x_{pv}}\right) = I_{base} + (I_{best} - I_{base}) \times Z_P \qquad (12-11)$$

式中　I_d——极值变量管控指数；

I_{best}——最优管控指数；

I_{base}——基线管控指数。

令 $I_{best}=100$，$I_{base}=60$，可得：

$$I_d = 60 + 40 \times Z_P$$

如卷烟成品外观质量为望大型，工艺标准要求≥90，即 $x_{pv}=90$，$I_{base}=60$；$x_{best}=100$，$I_{best}=100$，可得：

$$I_d = 60 + 40 \times \frac{x - 90}{10} = 4x - 300$$

三、工序加工水平评价

工序内各变量是平行的，采用算术加权的方法，构建量化的工序管控指数模型，如式（12-12）所示，并且取值范围为［0，100］，超限后取边界值。

$$G = f(I, w) = \sum_{i=1}^{k} w_i I_i \qquad (12-12)$$

式中　G——工序管控指数；

I_i——第 i 个变量的管控指数；

w_i——第 i 个变量的权重。

四、批次综合水平评价

批次内前后各工序是相互影响的，采用几何加权的方法，构建量化的批次综合管控指数模型，如式（12-13）所示，并且取值范围为［0，100］，超限后取边界值。

$$B = f(G,\ d) = \sum \sqrt[d_i]{\prod_{i=1}^{n} G_i^{d_i}} \tag{12-13}$$

式中　B——批次综合管控指数；

G_i——第 i 个工序的管控指数；

d_i——第 i 个工序的权重。

五、评价方法应用

1. 模型取值分析

按工艺管控要求，管控能力指数取值如表 12-1 所示。并可划分为：（1）$I \geqslant 80$ 为优；（2）$70<I<80$ 为良；（3）$60<I \leqslant 70$ 需关注；（4）$I \leqslant 60$ 为差，需改进。

表 12-1　管控能力指数取值表

P	Z															
	0	0.2	0.4	0.6	0.8	1.0	1.2	1.4	1.6	1.8	2	2.2	2.4	2.6	2.8	3
0	100	97.33	94.67	92.00	89.33	86.67	84	81.33	78.67	76.00	73.33	70.67	68.00	65.33	62.67	60.00
0.2	92	91.57	90.39	88.69	86.67	84.45	82.11	79.69	77.22	74.70	72.16	69.60	67.02	64.42	61.82	59.21
0.4	84	83.78	83.13	82.11	80.77	79.17	77.37	75.41	73.33	71.16	68.90	66.59	64.22	61.82	59.38	56.92
0.6	76	75.85	75.41	74.70	73.74	72.54	71.16	69.6	67.89	66.06	64.12	62.10	60.00	57.84	55.62	53.35
0.8	68	67.89	67.56	67.02	66.27	65.33	64.22	62.95	61.54	60.00	58.35	56.59	54.75	52.82	50.83	48.78
1.0	60	59.91	59.65	59.21	58.60	57.84	56.92	55.86	54.67	53.35	51.93	50.4	48.78	47.07	45.28	43.43

2. 单变量评价分析

以某一牌号卷烟 HJY 的 3 批次生产过程数据为例，采用本方法对松散回潮、润叶加料、滚筒烘丝和混丝加香过程变量的管控指数计算结果如表 12-2～表 12-5 所示。从分析计算结果可以看出，管控指数能够较好地反映过程变量的管控水平，发现过程的管控短板和问题，本计算示例中的松散回潮出口烟丝含水率、烘丝物料流量和筒壁温度控制需改进提高，松散回潮回风温度需关注分析。

表 12-2　　松散回潮工序变量管控指数

评价变量		批次号	实测		Z	P	I
名称	标准		平均值	标准偏差			
物料流量/(kg/h)	3 100±23	87	3 099.98	0.510	0.003	0.067	97.34
		18	3 099.99	0.380	0.001	0.050	98.02
		75	3 099.97	0.400	0.004	0.052	97.91
回风温度/℃	60±2	87	60.03	0.400	0.045	0.600	75.99
		18	59.98	0.560	0.030	0.840	66.40
		75	60.17	0.510	0.255	0.765	69.21
出料含水率/%	18.5±1.0	87	18.48	0.040	0.060	0.120	95.13
		18	18.43	0.330	0.210	0.990	60.30
		75	18.47	0.360	0.090	1.080	56.78

表 12-3　　润叶加料工序变量管控指数

评价变量		批次号	实测		Z	P	I
名称	标准		平均值	标准偏差			
物料流量/(kg/h)	3 200±16	87	3 200.01	0.630	0.002	0.118	95.27
		18	3 200.01	0.770	0.002	0.144	94.22
		75	3 200.05	0.640	0.009	0.120	95.20
热风温度/℃	95±3	87	95.00	0.470	0.000	0.470	81.20
		18	94.99	0.600	0.010	0.600	76.00
		75	95.02	0.310	0.020	0.310	87.60
加料精度/%	≤0.5	87	0.01	—	—	—	98.88
		18	0.02	—	—	—	98.48
		75	0.02	—	—	—	98.80
出料含水率/%	19.5±1	87	19.45	0.100	0.150	0.300	87.83
		18	19.70	0.130	0.600	0.390	82.47
		75	19.50	0.100	0.000	0.300	88.00

注：表中加料精度最优值取为“0”。

表 12-4　　滚筒烘丝工序变量管控指数

评价变量		批次号	实测		Z	P	I
名称	标准		平均值	标准偏差			
物料流量/(kg/h)	2 800±14	87	2 800.02	0.400	0.004	0.086	96.57
		18	2 819.18	0.510	4.110	0.109	45.03
		75	2 809.47	29.430	2.029	6.306	0.00
HT 蒸汽流量/(kg/h)	200±10	87	200.00	0.150	0.000	0.045	98.20
		18	199.99	0.170	0.003	0.051	97.96
		75	200.00	0.420	0.000	0.126	94.96
Ⅰ区筒壁温度/℃	128±2	87	128.00	0.070	0.000	0.105	95.80
		18	128.09	0.380	0.135	0.570	77.13
		75	129.75	1.430	2.625	2.145	7.34
Ⅱ区筒壁温度/℃	128±2	87	128.00	0.090	0.000	0.135	94.60
		18	128.10	0.470	0.150	0.705	71.73
		75	127.56	0.960	0.660	1.440	41.73
热风温度/℃	115±3	87	115.0	0.180	0.000	0.180	92.80
		18	115.0	0.080	0.000	0.080	96.80
		75	115.7	0.420	1.050	0.420	78.13
出料含水率/%	13±0.5	87	12.97	0.056	0.180	0.336	86.35
		18	13.01	0.044	0.060	0.264	89.41
		75	12.86	0.055	0.840	0.330	82.69

表 12-5　　混丝加香工序变量管控指数

评价变量		批次号	实测		Z	P	I
名称	标准		平均值	标准偏差			
流量波动/%	≤1.0	87	0.60	—	—	—	76.00
		18	0.55	—	—	—	78.00
		75	0.39	—	—	—	84.40

续表

评价变量		批次号	实测		Z	P	I
名称	标准		平均值	标准偏差			
加料精度/%	≤0.5	87	0.036	—	—	—	97.12
		18	0.024	—	—	—	98.08
		75	0.029	—	—	—	97.68
出料含水率/%	12.7±0.5	87	12.79	0.027	0.540	0.162	90.31
		18	12.69	0.080	0.060	0.480	80.78
		75	12.74	0.041	0.240	0.246	89.65

注：表中流量波动、加料精度最优值取为“0”。

3. 多变量综合评价分析

卷烟 HJY 的制丝关键工序参数及其权重如表 12-6 所示，工序和批次综合管控指数计算结果表 12-7 所示。从分析结果可以看出，工序和批次的综合管控指数也能较好地反映过程的管控水平。本计算例中松散回潮工序和滚筒烘丝工序的管控指数较低，其相应的批次管控指数也较低，需分析改进。

表 12-6　　HJY 卷烟制丝关键工序参数及其权重

工序名称	工序权重/%	参数	权重/%
松散回潮	0.2	物料流量	0.3
		热风温度	0.4
		出料含水率	0.3
润叶加料	0.2	入口物料流量	0.2
		热风温度	0.2
		加料精度	0.3
		出料含水率	0.3
薄板烘丝	0.4	物料流量	0.2
		HT 蒸汽流量	0.2
		Ⅰ区筒壁温度	0.1
		Ⅱ区筒壁温度	0.2
		热风温度	0.1
		出料含水率	0.2

续表

工序名称	工序权重/%	参数	权重/%
混丝加香	0.2	流量波动	0.3
		加香精度	0.4
		出料含水率	0.3

表 12-7　工序和批次综合管控指数

批号	松散回潮	润叶加料	薄板烘丝	混丝加香	批次综合
087	88.14	91.31	94.00	88.74	91.21
018	74.05	88.33	78.22	86.87	80.95
075	74.09	92.60	21.68	91.29	49.41

第十三章 工艺改进优化

改进优化是工艺技术深化应用的重要方面，针对生产过程中的不足要基于科学方法进行不断改进优化，并将改进结果进行固化应用；优良的操作经验宜以示范应用，并且改进优化的成果要有传承，也是企业工艺进步的重要财富。本章节主要介绍工艺改进流程、异常分析诊断、优良操作模式和知识管理等内容。

第一节 工艺改进流程

建立工艺改进工作机制，包括信息输入、问题的识别与类型划分、改进步骤与要求以及改进结果的输出。

一、信息输入

信息输入应包括但不限于以下内容：

（1）顾客投诉与反馈；

（2）过程质量目标实现情况；

（3）纠正和预防措施；

（4）行业对标、竞争牌号分析；

（5）管理体系内外审核结果；

（6）产品设计及改进需求；

（7）工艺评价结果。

二、问题识别

（1）确定信息输入的职能部门与信息流程、周期。

（2）对输入信息进行类型划分，应包括但不限于以下内容：

①制度保障类；

②过程质量类；

③技术改造类。

三、步骤要求

应针对改进内容特点采取不同方式与工具实施改进，并建立完善的改进管理流程，应包括但不限于以下内容。

（一）方案策划

1. 选择工艺改进课题

（1）明确所需解决的问题。

（2）问题的背景及目前情况。

（3）改进所能解决的程度即目标的确定。

（4）根据实际问题涉及的主要部门确定任务负责人和组员。

（5）拟定改进活动的时间表，初步制订改进计划。

2. 掌握现状

（1）抓住问题的特征，从人、机、料、法、环等各种不同角度进行调查；

（2）现场收集数据中没有包含的信息。

（二）方案论证

1. 设立假说（选择可能的原因，根据经验和原始资料、数据或专业人员进行判定）

（1）搜集关于可能原因的全部信息。

（2）用“掌握现状”阶段掌握的信息，消除已确认无关的因素，重新整理剩下的因素。

2. 验证假说（从已设定因素中找出主要原因）

（1）搜集新的数据或证据（进行工艺验证测试、工艺试验、设备工艺性能点检、标准、文件执行情况监督检查），制订计划来确认原因对问题的影响。

（2）综合全部调查到的信息，确定主要影响原因。

（三）改进实施

（1）将现象的排除（应急对策）与原因的排除（永久对策）严格区分开。

（2）先准备好若干对策方案，调查各自利弊，选择参与人员都能接受的方案。

（3）采取对策后，尽量不要引起副作用（其他质量问题），如果产生了副作用，应考虑换一种对策或消除副作用。

（四）结果验证

（1）选择同种分析方法对采取对策前后对质量特性值进行比较。

（2）如果有其他效果，可列举出来。

（3）对改进效果不显著的措施及改进实施过程中出现的问题，要予以总结，为工艺持续改进提供依据。

①找出遗留问题；

②考虑解决这些问题后下一步该怎么做；

③总结本次工艺改进活动过程中，已解决问题、未解决问题或遗留问题。

四、改进输出

对改进有效的措施，根据工艺改进输入端分类的识别，改进成果应纳入标准优化工作的输入以防止问题再次发生，输出后应用于以下方面：

（1）制度保障体系文件的制修订；

（2）工艺技术标准的制修订；

（3）设备技术改进；

（4）专项问题的系统改进。

第二节　异常工况诊断

一、总体架构设计

异常工况诊断的专家系统以计算机为平台，在现有监控系统的基础上，采用面向对象设计方法，面向现场操作人员，使用 Windows 平台应用程序开发环境进行编程，开发的系统可以通过企业内部网与公司的检测数据管理系统相连。软件结构框图如图 13-1 所示。

以滚筒烘丝过程为例，其异常工况诊断专家系统的功能具体包括：

1. 数据通信功能

与生产数据库对接，固定时间提取批量生产数据进行下一步监控。

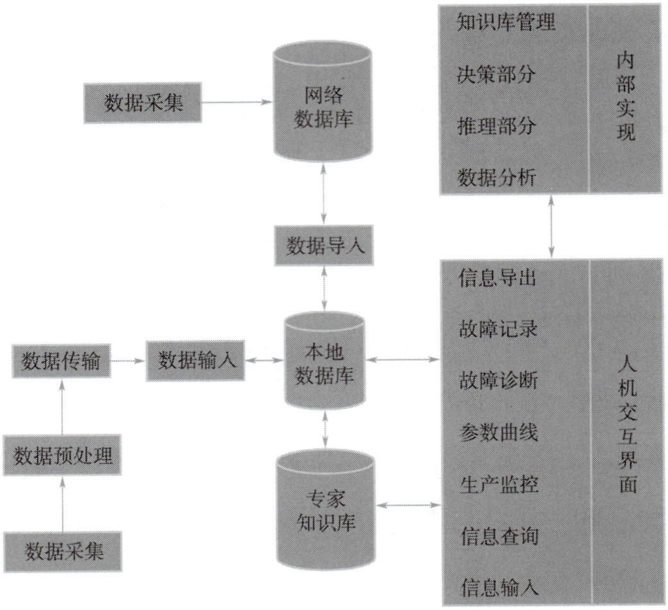

图 13-1　软件结构框图

2. 监控功能

监控功能是前期的一个数据监控以及报警实现：

（1）专家系统根据读取自数据库的数据信息，绘制参数运行曲线。

（2）根据设定参数的界限，由（1）得到的数据结合计算的一系列数据特征，判断运行过程中是否超限。

（3）若判断出超限参数，确定为异常工况后，进入异常工况分析界面。

3. 异常工况诊断功能

异常工况诊断为专家系统的核心功能，在异常工况诊断功能的实现上，设置有几个子功能模块。

（1）推理机　专家系统根据监控的报警信息，利用推理机进行异常诊断，即根据规则库的匹配搜索。

（2）知识库　在确定异常工况的情况下，根据知识库的信息给出处理方法。在知识库找不到此类异常工况的时候需要把该条异常工况信息作为新规则加入知识库，完善知识库。

（3）异常工况记录　异常工况成功处理后，系统记录下该异常工况的信息数据。

4. 知识库管理功能

知识库在运行过程中，以前的知识需要定期维护，例如规则的增加、修改、删除和查看。具体细节功能如图 13-2 所示。

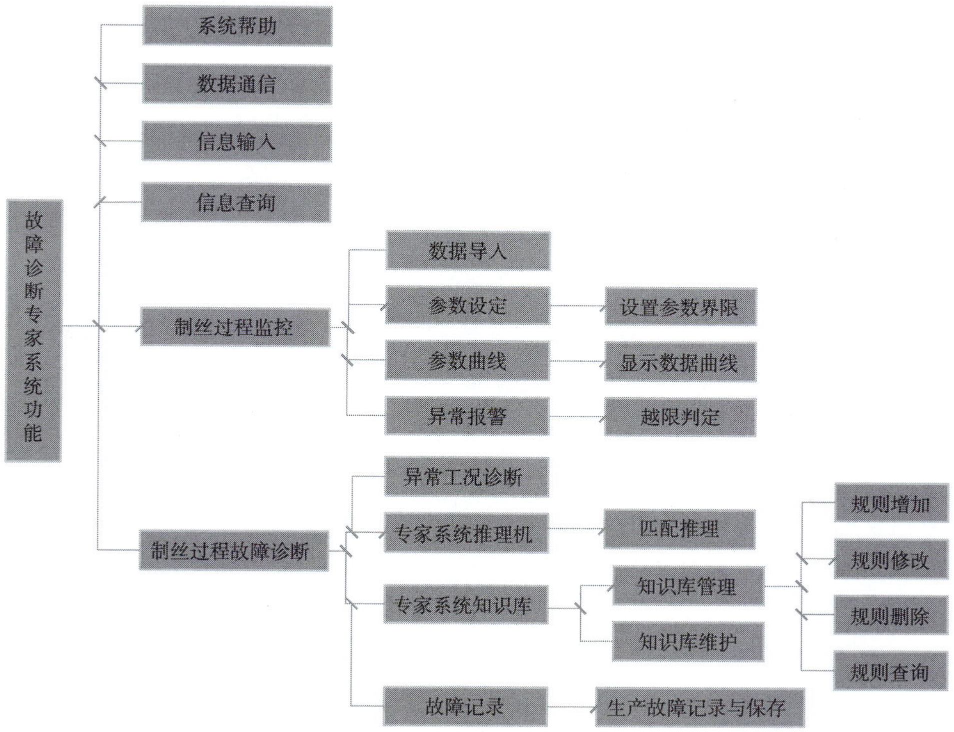

图 13-2　知识库具体细节功能

二、原型系统开发

专家系统的设计关键是过程的监控与异常工况的诊断。

1. 工段监控界

过程监控分为三工段：松散回潮、润叶加料、叶丝干燥，可选择所需要监控的工段，如图 13-3 所示。

2. 参数监控界

参数曲线显示对应参数的实时数据曲线如图 13-4 所示。

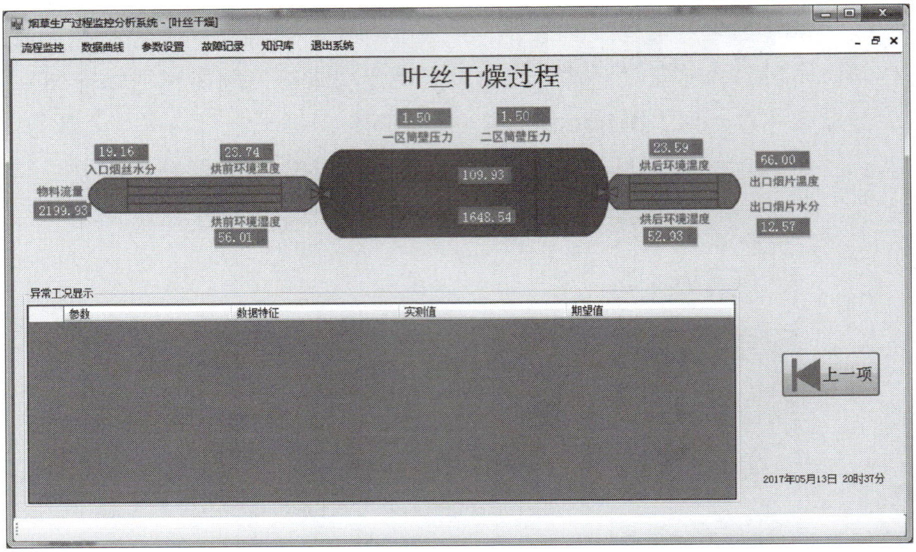

图 13-3　工序监控界面图

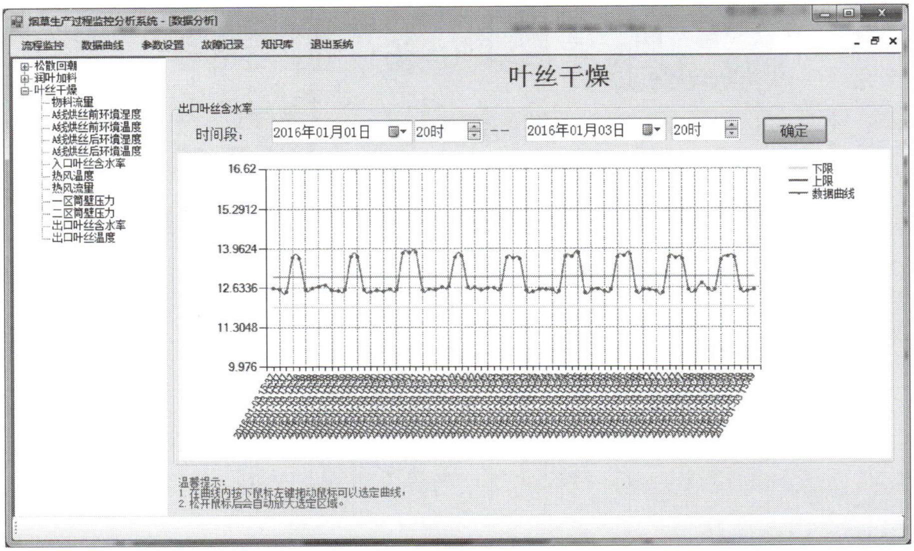

图 13-4　参数数据曲线图

3. 参数设置

参数设置界面可以设置所有参数的数据限如图 13-5 所示。

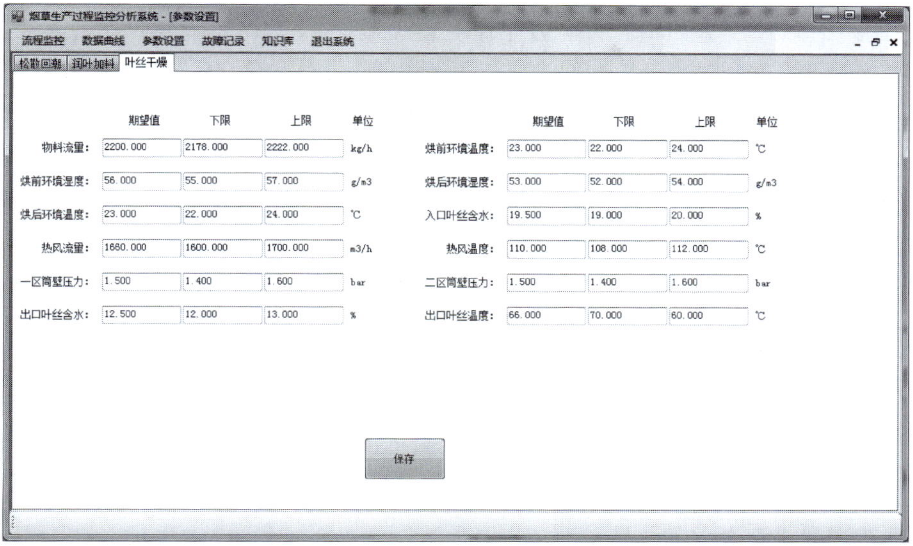

图 13-5　参数数据限设置图

4. 知识库管理

知识库管理界面可以对知识规则的增加、旧知识的修改与删除。其主显示界面具体如图 13-6 所示。

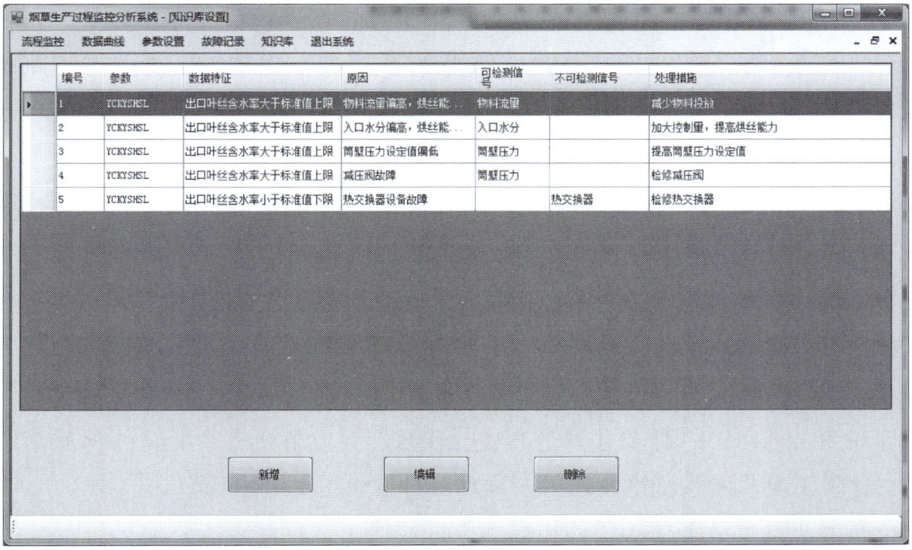

图 13-6　知识库显示界面

知识增加按照规则的结构从前至后，第一级选择结果参数，即我们最关注的输出参数，然后向下依次选择控制量或输入量，找出异常工况的原因，最后着落在一个可检测的信号或者不可检测的仪器上，如此生成一条新规则，如图 13-7 所示。

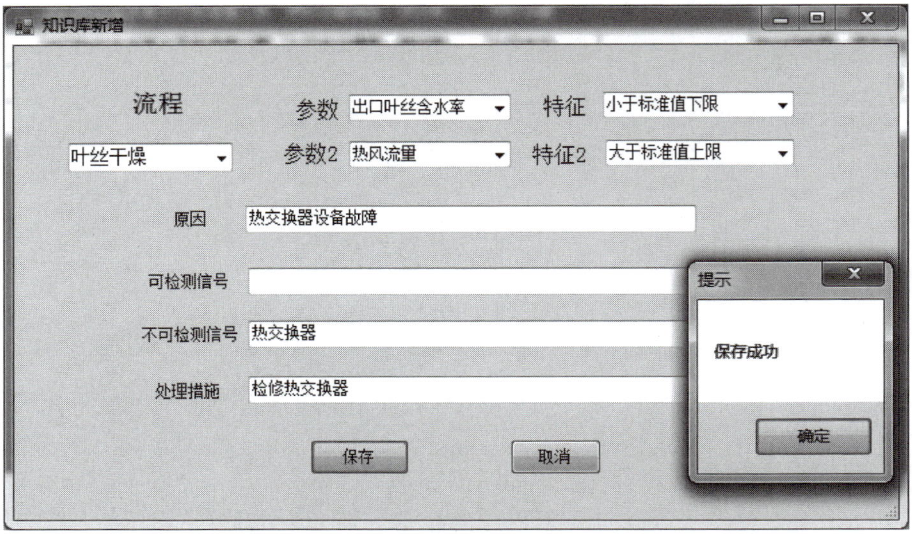

图 13-7　知识库新增界面

旧知识的编辑在点击选中规则后便可操作，比如通过重新选择中间的判断参数，重新输入变量值，甚至改变逻辑符增加一级搜索，来改变以前的规则。

旧知识的删除在选中规则点击“删除”后便可删除。

三、异常工况诊断

通过基于专家系统的异常工况诊断的应用，可以在发生异常工况时，快速指导维修操作人员进行故障排除，减少故障维修时间。以 2017 年 10 月 21 日发生的异常工况——松散回潮进料中断为例：

在 2017 年 10 月 21 日生产过程中，松散回潮设备突然发生进料中断情况。此时异常工况诊断系统也发现了该异常，具体如图 13-8 所示。

通过选取“故障分析”按钮，即可进入“生产过程故障分析”界面。

经由异常工况诊断系统诊断分析，推断极可能导致异常的原因是脱箱机

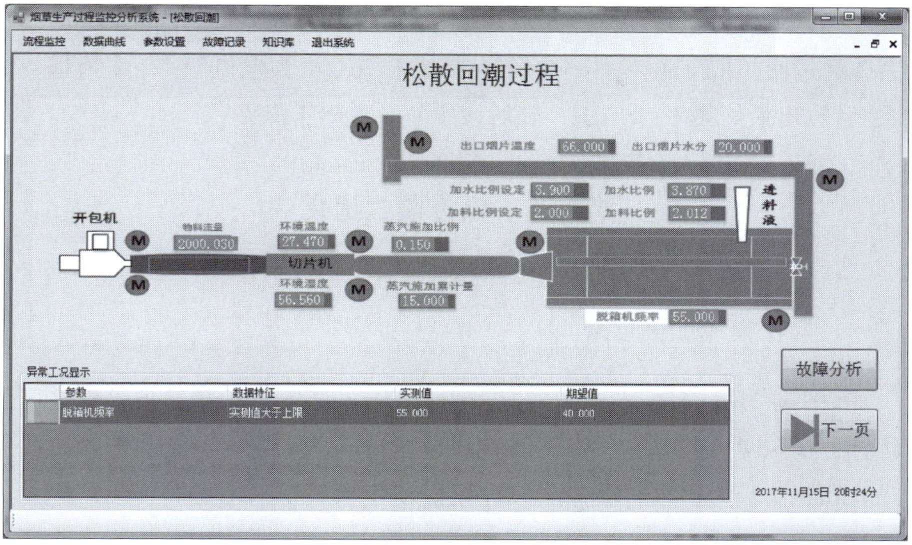

图 13-8　松散回潮工序监控界面图

电机频率过高，具体如图 13-9 所示。

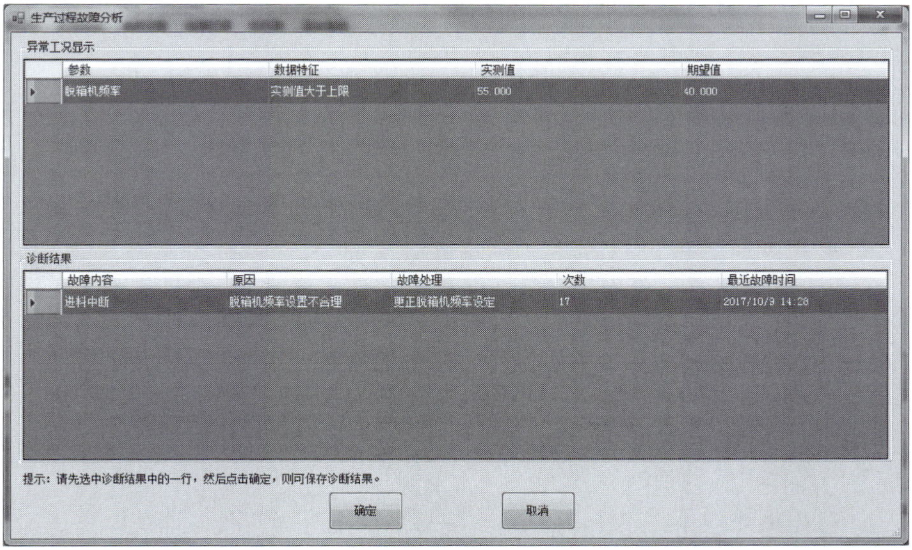

图 13-9　松散回潮异常情况诊断图

经由维修人员确认，该批次产品生产时频率达到 55Hz，导致烟叶被带起烟包个数为 12 个，进而导致松散回潮设备生产异常中断。

在确认了原因之后，技术人员经分析电机频率与烟叶被带起个数的线性关系，通过回归拟合出公式 $y=0.2448x-3.6776$（x 为电机频率，y 为烟包个数），计算出最优频率为 15Hz，随后该故障得到彻底解决。

第三节　操作模式优化

一、操作模式优化思路

复杂工业过程的运行状态往往同时取决于多个工艺参数且各参数之间相互耦合，在实际生产中通过机理的方法建立精确、系统的数学模型对过程进行描述和控制较为困难。操作模式优化借助于模式识别的思路，无须建立庞大复杂的参数模型系统，其核心思想是：实际生产中积累了大量工业运行数据，其间蕴含了很多优良的操作，将这些大量的历史运行数据构建为操作模式库，就可以根据当前的工业运行状态，从操作模式库中寻找与之最匹配的优良操作模式和参数设置用于指导当前生产，从而实现基于历史数据的优化控制。

操作模式优化技术包括：优良操作模式的构建、操作模式匹配、操作模式优选、操作模式演化。

1. 操作模式库构建

将已知的工艺参数（输入条件）和需要调节的工艺参数（操作参数）组成一个操作模式，由历史若干操作模式以及其评价指标组成操作模式库。

2. 操作模式匹配

基于相似度函数，针对新的输入条件（待匹配样本），在操作模式库中匹配到与之相似的操作模式。

3. 操作模式优选

针对新的输入条件（待匹配样本），在操作模式库中搜索到与之相似且结果优秀的操作模式的策略和方法。

4. 操作模式演化

运用顺序选优方法通过操作模式优化输出推荐参数，在某些较为极端的条件下，若无法从操作模式库中直接找到合适的操作模式时，采用局部建模的思想，获得演化的操作模式。

与模型库相似，采用数据驱动的自学习自更新方式实现操作模式库的更新。

二、优良操作模式构建

优良操作模式主要由操作模式与该操作模式的评价指标构成。

操作模式的定义是描述一个生产过程所需的所有关键变量的集合，由输入条件、操作参数两部分组成。$X(k)=[x_1(k), x_2(k), \cdots, x_m(k)]^T$ 表示第 k 批次的输入条件，其中 m 为输入条件的维数；$Y(k)=[y_1(k), y_2(k), \cdots, y_n(k)]^T$ 表示第 k 批次的操作参数，其中 n 为操作参数的维数，因此第 k 批次的操作模式表达式为 $U(k)=(X^T(k), Y^T(k))^T$。

评价指标是指在某一操作模式下生产过程及结果的质量评价，采用 QI（质量指数）为主要评价指标（计算方法见第八章）。QI 由偏离度和离散度经运算组合而成，分别代表了出口水分均值与设定值的偏差以及出口水分的标偏。$R(k)=[r_1(k), r_2(k), \cdots, r_q(k)]^T$ 表示第 k 批次的评价指标，其中，q 为评价指标的个数。

与制丝过程数据模型相似，制丝生产的操作模式库也需要分段处理，即根据各工序的工艺加工任务将制丝整线分为烘前段稳态、烘丝段稳态和掺配加香段稳态和烘丝非稳态共四个部分进行操作模式库的构建，其输入条件、操作参数（输出参数）和评价指标如表 13-1～表 13-4 所示。

表 13-1　　烘前段稳态操作模式库

输入条件（批次均值）	操作参数（输出参数）	评价指标 R
烘前水分设定值	松散回潮加水比例	
松散回潮环境温度		
松散回潮环境湿度		
烟片预配环境温度		
烟片预配环境湿度		
烟片预配贮叶时间		烘前水分偏离度
筛分加料环境温度		烘前水分离散度
筛分加料环境湿度		烘前水分稳态 QI
贮叶环境温度		
贮叶环境湿度		
贮叶贮存时间		
松散回潮蒸汽流量		
筛分加料蒸汽流量		

表 13-2　　烘丝稳态操作模式库

输入条件（批次均值）	操作参数（输出参数）	评价指标 *R*
烘后水分设定值	热风流量稳态设定值	烘后水分偏离度 烘后水分离散度 烘后水分稳态 QI
烘前环境温度	热风温度	
烘前环境湿度	（一区）筒壁压力	
烘后环境温度	（一区）筒壁压力	
烘后环境湿度	物料流量	
烘前叶丝水分		

表 13-3　　掺配加香段稳态操作模式库

输入条件（批次均值）	操作参数（输出参数）	评价指标 *R*
烘后至掺兑前环境温度	A 线烘后水分设定值	加香后水分偏离度 加香后水分离散度 加香后水分稳态 QI
烘后至掺兑前环境湿度		
掺兑梗丝水分		
掺兑膨丝水分		
B 线烘后水分		
C 线烘后水分		
掺兑区温度		
掺兑区湿度		
一级混配柜贮丝时间		

表 13-4　　烘丝非稳态操作模式库

输入条件	操作参数（输出参数）	评价指标
烘前环境温度	预热热风风量	烘后水分非稳态时间
烘前环境湿度	预热筒壁压力（一区）	
烘前叶丝水分	预热筒壁压力（二区）	
烘后叶丝水分设定值		

三、操作模式匹配

相似度匹配算法是一种成熟的数学分析算法，常用于指纹识别、人脸识别等诸多领域，它主要是利用相似度和欧式距离系数建立了描述数据样本间近似程度，从而确定寻找的目标样本。

（一）匹配方法

操作模式匹配的目的是针对新的输入条件在操作模式库中匹配到与之相似的操作模式，以相似度来表征两者之间的相似程度。相似度为两条输入条件之间的加权欧式距离。定义 k_1 批次和 k_2 批次操作模式的相似度为：

$$S(k_1,\ k_2) = \sqrt{\sum_{m} w_j \times [x_j(k_1) - x_j(k_2)]^2} \tag{13-1}$$

w_j 为第 j 个输入条件的权重，其中 $\sum_{m} w_j = 1$。由此可见，相似度越小，两个批次的输入条件越相似。

在上式相似度的定义中，涉及了输入条件的权重，因此输入条件的权重设定是操作模式匹配的关键步骤之一。目前广泛采用的权重设定方法有等权重法、相关性法和基于覆盖度的特征权值法。等权重法权值设定结果取决于输入条件数量，相关性法的设定依据为输入条件与评价指标之间的关系，而基于覆盖度的特征权值法着眼于输入条件内在的分布关系。

1. 等权重法

等权重法即为各个输入条件设计相等的权重，例如烘丝工序非稳段有 4 个输入条件，则每个输入条件的权重均为 0. 25。等权重法具有简单易行的优点，对于简单的系统也能取得较好效果。

2. 相关性法

相关性法是指对两个具备相关性的变量进行分析，进而得到两个变量之间的相关系数，操作模式优化主要是分析各输入条件与评价指标的相关性，通过计算得到操作模式库中各输入条件与评价指标列向量的 Pearson 相关性系数，并将权值归一化。Pearson 相关性系数越大，两个指数越相关。

3. 基于覆盖度的特征权重法

基于覆盖度的特征权重方法，是以某个输入条件对模式库中该条件分布的平均覆盖度来衡量其重要性，从而确定其特征权值。即先假定各条件特征权重相等，通过比较不同条件对模式库平均覆盖度的影响，从而计算出每个特征属性的权重。该方法权重确定的依据为操作模式库各个输入条件的分布，与输出无关，越容易区分开的输入条件的权重越小。

覆盖度的定义为设案例 $x_i \in U$，x_i 的覆盖度是指案例库 U 中与 x_i 相似的所有案例的集合，即

$$\mathrm{cover}(x_i) = \{x_j \mid x_j \in U,\ \mathrm{sim}_A(x_i,\ x_j) \leqslant \alpha\} \tag{13-2}$$

其中，$\mathrm{sim}_A(x_i,\ x_j)$ 为案例 x_i，x_j 的相似度，α 为案例相似度阈值。

具体实现步骤如下：

步骤 1：对于案例集 U 中的所有案例进行排序，并令案例特征属性的权重 $w_k = 1/m(k = 1,\ 2,\ \cdots,\ m)$ 且 $i = 1$；

步骤 2：按公式计算属性集 A 包括所有特征属性时 x_i 的覆盖度，并将其覆盖案例的个数记为 C_{0i}，并令 $k = 1$；

步骤 3：计算属性集 A 中去掉属性 q_k 时 x_i 的覆盖度，记其覆盖案例的个数为 C_{ki}；

步骤 4：判断是否 $k \geqslant m$，若是，则进入下一步；否则，令 $k = k + 1$，回到步骤 3；

步骤 5：判断是否 $i \geqslant n$，若是，则进入下一步；否则，令 $i = i + 1$，回到步骤 2；

步骤 6：根据不同属性对案例平均覆盖度的影响程度，按式（4-3）确定特征属性 q_k 的重要性 w'_k，

$$w'_k = \frac{\left| \frac{1}{n}\sum_{i=1}^{n} C_{0i} - \frac{1}{n}\sum_{i=1}^{n} C_{ki} \right|}{\frac{1}{n}\sum_{i=1}^{n} C_{0i}} \quad (k = 1,\ 2,\ \cdots,\ m) \tag{13-3}$$

步骤 7：对 w'_k 归一化，则可得到每个特征属性的权重 w_k，

$$w_k = w'_k \Big/ \sum_{k=1}^{m} w'_k \quad (k = 1,\ 2,\ \cdots,\ m) \tag{13-4}$$

4. 3 种方法的权重设定结果对比

以烘丝工序非稳态段为例，按上述等权重法、相关性法和基于覆盖度的特征权值重对模式库中的操作模式进行计算，可得到 3 种权重设定的结果，如表 13-5 所示。

表 13-5　　烘丝非稳态段 3 种权重设定结果比较

方法	入口环境湿度	入口环境温度	入口烟丝水分	出口水分设定
等权重法	0. 25	0. 25	0. 25	0. 25
相关性法	0. 35	0. 08	0. 48	0. 09
基于覆盖度的特征权重法	0. 35	0. 12	0. 44	0. 08

（1）等权重法中 4 个输入条件的权重均为 0. 25。

（2）相关性法考虑的是输入条件与评价指标的相关性，结果显示：入口烟丝水分与非稳态时间相关性最高，其次是入口环境湿度，入口环境温度和出口水分设定与非稳态时间的相关性较小。

（3）基于覆盖度的特征权重法结果显示，入口烟丝水分权重最大，其次是入口环境湿度，入口环境温度与出口水分设定值的权重皆较小。基于覆盖度的特征权重法聚焦于输入条件内部的分布，无需考虑输入条件与评价指标的联系。入口烟丝水分、入口环境湿度分布得较为连续，因而较难区分，其权重较大；而出口烟丝水分设定值为以 0. 1 为单位变化的离散值，较容易区分，所以权重较小。

（二）匹配结果

在模式库建立后，利用等权重法、相关性法和基于覆盖度的特征权值法等 3 种匹配方法举例说明待匹配样本的输入条件在不同权重设置下操作模式匹配的结果，并对不同分段选取合适的匹配方法。

1. 滚筒烘丝前稳态段操作模式匹配结果

在烘丝前稳态段操作模式库中随机抽取其中一条数据为待匹配样本，分别采用等权重法、相关性法和覆盖度法进行操作模式匹配，其输出的最小相似度推荐结果见表 13-6，从表可以看出等权重法和覆盖度法操作模式优化输出的结果为同一条操作模式，输出参数加水比例的差别为 0. 1，推荐操作模式的 QI 值高于待匹配样本的 QI 值。相关性法输出的结果与另两种方法不同。

表 13-6　　烘前稳态段操作模式匹配示例

类别	参数	待匹配样本	等权重推荐结果	相关性法推荐结果	特征权重法推荐结果
输入条件	烘前水分设定值	19. 5	19. 5	19. 5	19. 5
	松散回潮环境湿度	47. 66	47	47. 97	47
	松散回潮环境温度	28. 48	29. 01	29. 22	29. 01
	蒸汽补偿比例	0. 13	0. 26	0. 11	0. 26
	筛分加料环境湿度	47. 88	47. 77	51. 12	47. 77
	筛分加料环境温度	28. 85	28. 67	29. 48	28. 67
	蒸汽施加比例	1. 85	1. 8	1. 8	1. 8

续表

类别	参数	待匹配样本	等权重推荐结果	相关性法推荐结果	特征权重法推荐结果
输入条件	烟片预配环境湿度	59.99	62.33	62.66	62.33
	烟片预配环境温度	29.89	29.59	32	29.59
	贮叶环境湿度	66.59	68.17	68.06	68.17
	贮叶环境温度	28.17	28.07	29.42	28.07
	烟片预配贮叶时间	62	57	63	57
	贮叶贮存时间	1120	1302	1088	1302
输出参数	加水比例	4.9	4.7	4.8	4.7
	实际烘前水分均值	19.54	19.48	19.52	19.48
评价指标	QI 得分	98.71	98.78	98.27	98.78
	相似度		0.04	0.034	0.023

2. 滚筒烘丝稳态操作模式匹配结果

在烘丝稳态段操作模式库中随机抽取其中一条数据为待匹配样本，分别采用等权重法、相关性法和覆盖度法进行操作模式匹配，其输出的最小相似度推荐结果见表 13-7。从表可以看出等权重和相关性法操作模式优化输出的结果为同一条操作模式，输出参数热风风量的差别为 81，推荐操作模式的 QI 值高于待匹配样本的 QI 值。特征权值法输出的结果与另两种方法不同。

表 13-7　　烘丝稳态操作模式匹配示例

类别	参数	待匹配样本	等权重推荐结果	相关性法推荐结果	特征权重法推荐结果
输入条件	烘后叶丝水分设定值	12.6	12.6	12.6	12.6
	烘丝入口环境湿度	44.91	43.49	43.38	44.41
	烘丝入口环境温度	25.06	24.26	24.26	24.96
	烘丝出口环境湿度	43.18	43.09	43.09	42.85
	烘丝出口环境温度	23.97	23.28	23.28	24.41
	烘前叶丝水分	19.36	19.41	19.41	19.36
	预热热风风量设定值	1701	1694	1694	1690

续表

类别	参数	待匹配样本	等权重推荐结果	相关性法推荐结果	特征权重法推荐结果
输出参数	物料流量	2200	2200	2200	2200
	热风温度	110	110	110	110
	热风风量	1758	1839	1839	1741
	筒壁压力（1区）	1.5	1.5	1.5	1.5
	筒壁压力（2区）	1.5	1.5	1.5	1.5
评价指标	QI得分	93.18	93.29	93.29	90.63
	实际烘后水分均值	12.56	12.58	12.58	12.55
	相似度		0.070	0.054	0.060

3. 掺配加香段稳态操作模式匹配结果

在掺配加香稳态段操作模式库中随机抽取其中一条数据为待匹配样本，分别采用等权重法、相关性法和覆盖度法进行操作模式匹配，其输出的最小相似度推荐结果见表13-8，从表可以看出3个权重设置方法输出的结果均为同一条操作模式，推荐操作模式的QI值高于待匹配样本的QI值。

表13-8　　　　掺配加香段操作模式匹配示例

类别	参数	待匹配样本	等权重推荐结果	相关性法推荐结果	特征权值法推荐结果
输入条件	加香后水分设定值	12.3	12.3	12.3	12.3
	ABC三线烘丝出口平均环境温度	27.6	27.74	27.74	27.74
	ABC三线烘丝出口平均环境湿度	47.23	47.16	47.16	47.16
	B线出口叶丝含水率	12.84	12.8	12.8	12.8
	C线出口叶丝含水率	12.9	12.9	12.9	12.9
	梗丝掺配含水率	13.42	13.49	13.49	13.49
	膨丝掺配含水率	12.42	12.59	12.59	12.59
	一级混配柜贮丝时间	5	4	4	4
	加香区平均环境温度	27.15	27.35	27.35	27.35
	加香区平均环境湿度	55.19	53.73	53.73	53.73

续表

类别	参数	待匹配样本	等权重推荐结果	相关性法推荐结果	特征权值法推荐结果
输出参数	A线烘后水分设定值	12.8	12.8	12.8	12.8
评价指标	QI得分	99.14	99.31	99.31	99.31
	实际加香后水分均值	12.27	12.31	12.31	12.31
	相似度		0.023	0.03	0.034

4. 滚筒烘丝非稳态操作模式匹配结果

在烘丝非稳态操作模式库中随机抽取其中一条数据为待匹配样本，分别采用等权重法、相关性法和覆盖度法进行操作模式匹配，其输出的最小相似度推荐结果见表13-9。从表可以看出3个权重设置方法输出的结果均为同一条操作模式，其推荐的预热筒壁压力高于待匹配样本、预热热风风量低于待匹配样本，推荐操作模式的非稳态时间低于待匹配样本。

表13-9　　　　烘丝过程非稳态操作模式匹配示例

类别	参数	待匹配样本	等权重推荐结果	相关性法推荐结果	特征权值法推荐结果
输入条件	入口环境湿度	61	59	59	59
	入口环境温度	29	29	29	29
	出口烟丝水分设定值	12.8	12.8	12.8	12.8
	入口烟丝水分	19.17	19.28	19.28	19.28
输出参数	预热筒壁压力（一区）	1.37	1.43	1.43	1.43
	预热筒壁压力（二区）	1.37	1.43	1.43	1.43
	预热热风风量	1800	1670	1670	1670
评价指标	非稳态时间	110	100	100	100
	相似度		0.03	0.045	0.032

烘丝非稳态一般通过现场操作工根据经验人工设定预热热风风量以及预热筒壁压力开环控制出口烟丝水分，受人为因素影响较大，通过操作模式优

化技术，可以实现烘丝料头非稳态的最优控制。

四、操作模式优选

（一）优选策略与方法

操作模式优选的目的是针对新的输入条件，能够搜索到操作模式库中与之相似且结果优秀的操作模式。主要有如下 3 种策略。

①评价结果优：在进行操作模式优选时设置一定的评价指标阈值，使输出的操作模式的评价指标大于设置阈值。

②相似度高：在进行操作模式优选时设置一定的相似度阈值，使输出的操作模式相似度小于设置的阈值。

③设置一定输出结果数量：在进行操作模式优选时，对操作模式库中操作模式的相似度进行计算，再根据相似度排序设置一定数量。

通过不同策略的组合，可以得到操作模式优选的 5 种方法，从而实现最佳操作模式的优化输出，具体如图 13-10 所示。

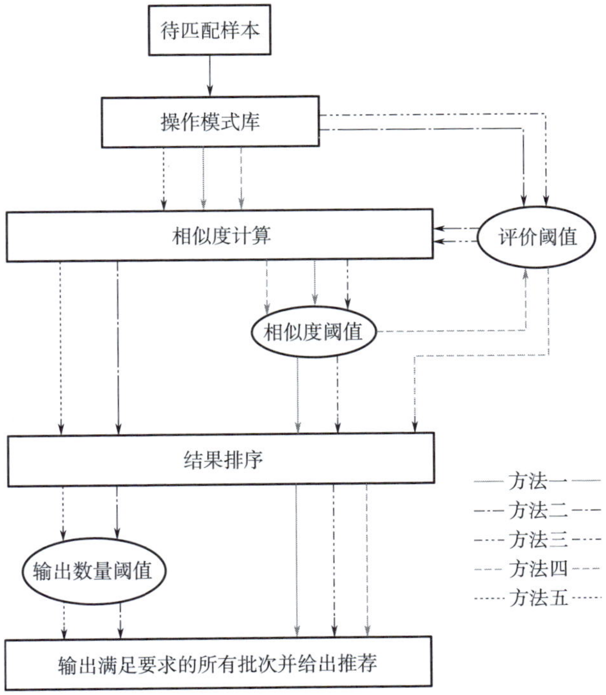

图 13-10　操作模式最优输出方法

1. 方法一：仅相似度阈值

方法一先对操作模式库中操作模式的相似度进行计算并排序，再输出相似度小于阈值的操作模式。

2. 方法二：先优后量（先根据评价指标阈值筛选，再根据相似度排序输出一定的数量）

方法二先对操作模式库中操作模式的评价指标进行筛选，再将评价指标高于阈值的操作模式进行相似度排序，最后按照相似度的排序输出一定数量的操作模式。

3. 方法三：先优后似（先根据评价指标阈值筛选，再根据相似度阈值筛选）

方法三先对操作模式库中操作模式的评价指标进行筛选，再将评价指标高于阈值的操作模式进行相似度计算后排序，最后输出相似度小于阈值的操作模式

4. 方法四：先似后优（先根据相似度阈值筛选，再根据评价指标阈值筛选）

方法四先对操作模式库中操作模式的相似度进行计算，再将相似度小于阈值操作模式进行评价指标排序，最后输出评价指标高于阈值的操作模式。

5. 方法五：固定输出数量

方法五是对操作模式库中操作模式的相似度进行计算，在根据相似度排序输出一定数量的操作模式。例如，操作模式库有 1000 个批次，设置输出数量为 10，则只输出相似度最高的 10 个批次。

（二）优选结果分析

选取模式库 2015 年 1 月至 12 月的 677 个批次历史数据，以烘丝稳态段为例，随机选取其中 10 条操作模式分别用上述五种方法进行操作模式优选。在进行操作模式优选时，相似度匹配的权重设置为相关性法，相似度阈值设置为 0. 07，评价指标阈值设置为 90，固定输出数量为前 20 条。五种方法的输出批次数、排序批次数和程序算法用时如表 13-10 所示。

由表 6-10 可知：

（1）输出批次数量：方法二和方法五由于限定 20 条，因此最终结果均为 20 条，方法三和方法四得到的优选数量相同，均小于方法一得到的优选数量。

表 13-10　五种操作模式优选方法比较

批次	方法一 仅相似度阈值			方法二 先优后量			方法三 先优后似			方法四 先似后优			方法五 固定输出数量		
	输出批次数	排序批次数	算法用时/ms	输出批次数	排序批次数	算法用时/ms	输出批次数	排序批次数	算法用时/ms	输出批次数	排序批次数	算法用时/ms	输出批次数	排序批次数	算法用时/ms
1	33	33	142	20	508	5924	29	29	130	29	29	134	20	677	10366
2	3	3	123	20	508	5672	2	2	104	2	2	121	20	677	9736
3	7	7	111	20	508	5288	5	5	104	5	5	104	20	677	8905
4	4	4	121	20	508	7439	3	3	104	3	3	122	20	677	13693
5	8	8	129	20	508	7105	6	6	103	6	6	122	20	677	13038
6	59	59	204	20	508	6104	47	47	164	47	47	171	20	677	10652
7	2	2	121	20	508	6360	2	2	112	2	2	121	20	677	11236
8	7	7	116	20	508	6854	5	5	106	5	5	108	20	677	12196
9	59	59	225	20	508	5885	37	37	139	37	37	151	20	677	10587
10	66	66	217	20	508	5861	51	51	162	51	51	172	20	677	11379

（2）排序批次数量：方法三和方法四排序批次数相同而且最少，原因为这两种方法的筛选条件相同，且都是经过筛选后再排序；方法五排序批次数最多，原因是方法五需要对整个操作模式库中677条操作模式进行排序；方法二排序批次数少于方法五，原因是方法二先根据评价指标阈值筛选可以使操作模式库的条数减少至508条。

（3）耗时与排序批次数正相关，从结果来看，排序过程耗时较长。

（4）综合五种方法的对比结果，相似度阈值以及评价指标阈值的设定（对输出结果和程序算法运行速度有较大影响）是关键。当相似度阈值设定太大时，不仅输出操作模式的相似度不高，而且会造成程序运行速度较慢；当相似度阈值设定的太小时，匹配的操作模式过少，甚至会出现搜索失败的情况。当评价指标阈值设置过高时，虽然可以提高程序运行速度，但操作模式匹配结果可能不佳，而评价指标阈值设置得过低时，也会造成程序运行速度较。因此在实际应用中，应合理的设置相似度阈值以及评价指标阈值。

五、操作模式演化

一般而言，待优化样本通过操作模式优化可以匹配到合适的操作模式。但在某些特殊（极端）情况下，某一个输入条件在历史数据中出现较少（如极端天气条件），可能会出现匹配失败的情况。当某个输入条件无法从操作模式库中直接找到合适的操作模式时，可通过对输入条件一定邻域内的操作模式进行局部建模，并将新的输入条件代入求解得到输出参数，从而实现操作模式演化。

1. 操作模式演化的方法

操作模式演化的具体方法为：与某一输入条件在一定相似度范围内存在着若干条操作模式，这些操作模式的输入条件、输出参数和评价指标之间可以构成有效的局部模型。利用局部建模的思想，将与该输入条件在一定相似度内的所有操作模式，建立输入条件 X、输出参数 Y 和评价指标 W 的模型 f：

$$W = f(X,\ Y) \tag{13-5}$$

该模型可以描述输入条件局部范围内的操作模式与评价指标的关系，从而得到该输入条件下演化的操作模式输出。

由于建模所用数据为经过相似度筛选的数据，一般认为在一定小的邻域内，线性模型足以描述输入条件、输出参数和出口水分的关系。但是，一般情况下操作模式中包含多个输出参数，因此已知输入条件及出口水分期待值无法求解式 W。这时需要添加一定的约束条件对方程组进行降维处理。以烘丝段为例，其输入条件、输出参数如表 13-2 所示。4 个输出参数中，热风温度、物料流量和筒壁温度设定值为工艺技术标准中的设定值，在此情况下，热风风量稳态设定值可以通过程序求解。操作模式演化的具体流程为：

步骤 1：将带匹配样本与操作模式匹配，将在相似度阈值 α 内的 n 条操作模式的输入条件、输出参数存入矩阵 X，出口水分存入矩阵 Y；

步骤 2：判断 n 是否满足预设建模最小条数 $n_{\min}$，如不满足，以预设步长提高相似度阈值 α，回到步骤 1；如满足，进入下一步；

步骤 3：求解 $A=(X^TX)^{-1}X^TY$；

步骤 4：将待批配样本的输入条件 X，筒壁压力、热风温度、物料流量的工艺技术标准设定值代入 $Y=AX$，可求解出热风风量设定值。

求解得出的热风风量设定值即为操作模式演化的输出值。

2. 提高建模精度的自适应相似度方法

演化的结果在很大程度上取决于所建立模型的精度。下面以烘丝稳态为研究对象介绍如何提高演化建模的精度。

将操作模式库中 697 条数据的每一条操作模式作为待匹配样本，和其余的 696 条操作模式进行相似度匹配，将相似度在设定阈值内的操作模式用来对烘丝出口水分建模，再将待匹配样本的输入条件、输出参数代入模型得出烘丝出口水分预测值，将模型预测值与实际值进行对比，通过计算得到的平均绝对误差来反映模型的预测精度。

在研究过程中发现当相似度阈值取值较小时误差较大，其原因是相似度阈值较小时获取的样本量少，这些少量的样本中可能存在误差较大的样本，从而造成了整体的平均绝对误差较大。

为了克服这个问题，引入了自适应相似度的方法，将相似度阈值初始值设定为 0.05，当进入建模数据少于 16 条则以 0.01 或 0.02 的步长增大相似度阈值，匹配中权重的设定方法为相关性法，结果显示采用自适应相似度的方法可以提高模型的预测精度（见表 13-11）。

表 13-11　固定相似度与自适应相似度建模效果对比

名称	固定相似度					自适应相似度	
相似度阈值初始值及步长	阈值0.5	阈值0.2	阈值0.1	阈值0.07	阈值0.05	阈值初始值0.05步长0.01	阈值初始值0.05步长0.02
平均绝对误差	0.0151	0.0225	0.8017	0.9352	1.5089	0.0154	0.0152

以自适应相似度方法为基础，研究了相关性和覆盖度两种不同权重设置方法下不同相似度阈值初始设定值对模型精度的影响。相似度阈值初始设定值0.03~0.25，自适应相似度步长设置为0.01，只以80分以上的操作模式建模，结果如表13-12所示。从表中可以看出：

（1）相关性法的平均误差均值在不同相似度阈值变化时基本保持不变。

（2）覆盖度法模型精度随相似度阈值初始设定值的改变，呈先大后小再大的趋势；模型精度随相似度阈值初始设定值的改变变化不大。

（3）两种权重设置方法对比，特征权值法的误差绝对值均值的最小值比相关性法误差绝对值均值的最小值要更小。演化过程的权重设置方法选择特征权值法可以提高演化模型的精度。

表 13-12　不同权重设置方法下相似度阈值初始值的演化模型精度

相似度阈值初始值	0.05	0.07	0.15	0.18	0.2	0.25
覆盖度法平均误差均值	0.0216	0.0189	0.0150	0.0147	0.0148	0.0149
相关性法平均误差均值	0.0154	0.0161	0.0156	0.0155	0.0155	0.0156

3. 操作模式演化的结果验证

在实际生产中选取某一批次的烘丝过程为对象，将操作模式演化的输出结果用于下一批次的生产，通过对比前后两批次烘丝结果，验证操作模式演化的实际应用效果。

由表13-2可知，烘丝稳态有6个输入条件，分别是烘后水分设定值、烘前环境温度、烘前环境湿度、烘后环境温度、烘后环境湿度和烘前叶丝水分，上述6个输入条件的覆盖度法权重为{0.032，0.149，0.101，0.072，0.102，

0.544}。评价指标阈值设定为 QI 得分为 80 分，相似度阈值初始设定值为 0.18，可获取的样本数量为 26，将该 26 个样本量进行操作模式演化，将操作模式演化的输出结果用于下一批次的生产，两批次的烘丝结果对比见表 13-13。

表 13-13　　操作模式演化的验证结果

类别	参数	待优化样本（上一批次）	操作模式演化推荐（下一批次）
输入条件	烘前环境温度	22.39	23.05
	烘前环境湿度	31.17	31.54
	烘后环境温度	25.37	25.38
	烘后环境湿度	22.37	23.16
	烘后水分设定值	12.8	12.8
	入口烟丝水分	19.05	18.95
输出参数	热风温度	110	110
	筒壁压力设定值（一区）	0.86	0.87
	筒壁压力设定值（二区）	0.85	0.86
	热风设定值	2174	1923
	烘后水分均值	12.82	12.80
评价指标	QI	88.85	95.35

从表中可知，针对两个批次环境温湿度和来料水分的变化，操作模式演化输出了略高的筒壁压力和较低的热风风量设定，待优化样本（上一批次）实际评价指标 QI 得分为 88.85，操作模式演化推荐（下一批次）的实际评价指标 QI 得分为 95.35，评价指标得分明显高于待优化样本，验证了操作模式演化方法的实际效果。

第四节　工艺知识管理

工艺知识管理的流程包括知识的获取、知识的存储、知识的整理与关联以及知识的输出，并逐步建立工艺知识管理系统。

一、工艺知识获取

卷烟工艺知识应包括但不限于以下内容。

1. 工艺概况

工艺概况包括工艺流程及设备布局（图档）；生产能力；分组加工模式；动力供应情况；底层控制系统与上位监控情况；数据采集系统。

2. 工序设备基础知识

工序设备基础知识可从设备说明书中获取，此类信息通常情况下不会存在变化，当设备改造或更换后，需对信息进行更新。

（1）备料工序　包括配料方式、投料方式、分切设备、回软室情况。

（2）真空回潮设备　包括设备基础信息（型号、厂家、启用年限、加工能力、控制地点、是否必须使用等），抽空、蒸湿、保温、返抽控制单元的控制模式、参数的设备可调范围与标准控制范围、在线测量装置、工艺原理、设备工作原理。

（3）滚筒回潮设备　包括设备基础信息（型号、厂家、启用年限、加工能力、控制地点、是否必须使用等），分组加工功能，流量、水分、温度、加料控制单元的控制模式、参数的设备可调范围与标准控制范围、在线测量装置、工艺原理、设备工作原理。

（4）隧道回潮设备　包括设备基础信息（型号、厂家、启用年限、加工能力、控制地点、是否必须使用等），设备类型（HT、SIROX、高压增温增湿）；流量、水分、温度控制单元的控制模式、参数的设备可调范围与标准控制范围、在线测量装置、工艺原理、设备工作原理。

（5）切丝设备　包括设备基础信息（型号、厂家、启用年限、加工能力、控制地点），进料方式，长度、宽度、水分控制的可调范围与标准控制范围。

（6）干燥脱水设备　包括设备基础信息（型号、厂家、启用年限、加工能力、控制地点），设备类型（薄板、气流），流量、脱水控制单元的控制模式、参数的设备可调范围与标准控制范围、在线测量装置配置、工艺原理、设备工作原理。

（7）掺配　包括电子秤基础信息（型号、厂家、启用年限、加工能力、控制地点），掺配能力，掺配方式与功能，掺配比例的设备可调范围与标准控制范围，在线测量装置。

（8）加香 包括设备基础信息（型号、厂家、启用年限、加工能力、控制地点），加香控制单元的控制模式、参数的设备可调范围与标准控制范围、在线测量装置。

（9）贮存 包括贮柜基础信息，贮存功能（分组、全配方），贮存能力、布料方式、出柜速度、温湿度控制、贮存时间的可调范围与标准控制范围。

（10）洗梗 包括设备基础信息（型号、厂家、启用年限、加工能力、控制地点），流量、水温控制单元的设备可调范围与标准控制范围、工艺原理、设备工作原理。

（11）压梗 包括设备基础信息（型号、厂家、启用年限、加工能力、控制地点），流量、压梗的设备可调范围与标准控制范围。

（12）送丝 包括设备基础信息（型号、厂家、启用年限、加工能力、控制地点），送丝方式，送丝能力及可控参数的调整范围与标准控制范围，在线测量装置。

（13）卷制设备 包括设备基础信息（型号、厂家、启用年限、加工能力）；加工能力，烟支规格，材料（接装纸、卷烟纸）规格及内芯尺寸，平准器凹槽规格尺寸，检测剔除设备。

（14）包装设备（型号、厂家、启用年限、加工能力） 包括设备基础信息；加工能力，小盒、条盒、箱规格，烟支排列，材料（盒条包装纸及透明纸、内衬纸、框架纸）规格及内芯尺寸，条盒拉线方向、位置、开口形状，打码，检测剔除设备。

（15）滤棒成型设备 包括设备基础信息（型号、厂家、启用年限、加工能力）；加工能力，丝束、滤棒规格，供给方式，固化时间，设备参数可调范围与标准控制范围。

（16）检测能力 包括检测设备的种类与基础信息（型号、厂家、启用年限）。

3. 工艺认知类知识

工艺认知类知识可从工艺类科技项目、课题、测试结论中获取，此类信息会随工艺技术水平的推进而发生变化，当有新的结论或依据时，需对信息进行更新。

（1）感官质量与过程加工参数或指标的关联性与调控方法。

（2）加工消耗与过程加工参数或指标的关联性与调控方法。

（3）影响关键加工参数或指标可控性与稳定性的关键因子与控制方法。

（4）不同加工工艺流程设计对产品质量与加工成本的影响规律。

（5）新型设备对产品质量与加工成本的影响规律。

（6）设备工艺性能、加工过程质量、产品质量的关联性。

4. 工艺程序类知识

工艺程序类知识可从当前的管理文件、制度、分析改进报告中获取，此类信息指某项业务成熟的流程或方法，当制度或文件更新后，可对信息进行更新。

（1）设备改造方法。

（2）标准设计与变更流程。

（3）工艺优化方法。

（4）质量评价与改进方法。

（5）专项测试方法。

5. 工艺概念类知识

工艺概念类知识可从国内外相关文献中获取，有新工艺、方法等信息时，可增补相关的信息。

（1）新工艺。

（2）新设备。

（3）新概念。

二、工艺知识整理

为了避免储存信息的层次结构混乱、提取困难、知识碎片化，需要对知识信息进行整理，首先需确定知识信息的目录编码原则、统一名称原则、标签化原则，然后建立索引系统，实现信息的体系化、便管理、易提取。

三、工艺知识存储

各类工艺知识信息应按文本、数据、图档 3 个类别进行格式统一，便于后续的整理与读取，可使用成熟的文件管理系统或开发专用系统储存信息。

四、工艺知识输出

通过索引提取知识信息，输出后应用于以下方面：

（1）工艺技术改进。

（2）设备技改与选型。

（3）科研项目立项与研究。

（4）专项问题的系统改进。

（5）日常质量问题的改进。

（6）管理制度、技术标准的制修订。

第十四章 批次质量追溯

卷烟企业生产属于流程式生产，主要通过制丝、卷包来完成卷烟产品的加工，流程长且比较复杂，除了制丝和卷包两个主要加工环节，还包括原料、烟用材料、香料调制等环节，为制丝和卷包生产提供原料、香糖料、烟用材料辅助，各主要加工环节和原辅材料对卷烟产品的最终质量都会产生重要影响。因此，本章节主要从卷烟生产各区域物料特性出发，理清各区域物料批次划分和上下游关联性设计，明确各工序质量检验确认要求，为批次物料管控提供品质保障，实现工艺过程再现和工艺质量追溯。

第一节 生产区域特点

卷烟企业生产属于流程式生产，由具有上下关联的工序组成，各工序在生产运行时所包含的物料信息多种多样，因此，实现物料可追溯的前提是将各生产环节划分为独立的单元，单元应覆盖卷烟生产过程，这是构成追溯链的基础。

卷烟生产主要通过制丝、卷包来完成卷烟产品的加工，流程长且比较复杂，除了制丝和卷包两个主要加工环节，卷烟过程还包括原料、烟用材料、香料调制等原辅材料，为制丝和卷包生产环节提供原料、香料、烟用材料，各主加工环节和原辅材料对卷烟产品的最终质量都会产生重要影响。从生产或管理角度，一般将卷烟生产全过程划分为五个区域，如图 14-1 所示。

1. 原料区域功能特点

原料环节主要完成片烟等原料的进货、仓储、出库等功能，其主要特点如下。

（1）原料种类多，具有不同的供应商、产地、等级、年份、生产日期等。

（2）原料以件或包为最小单位，供应商或企业在原料上一般采用条码或 RFID 等形式标识原料来源。

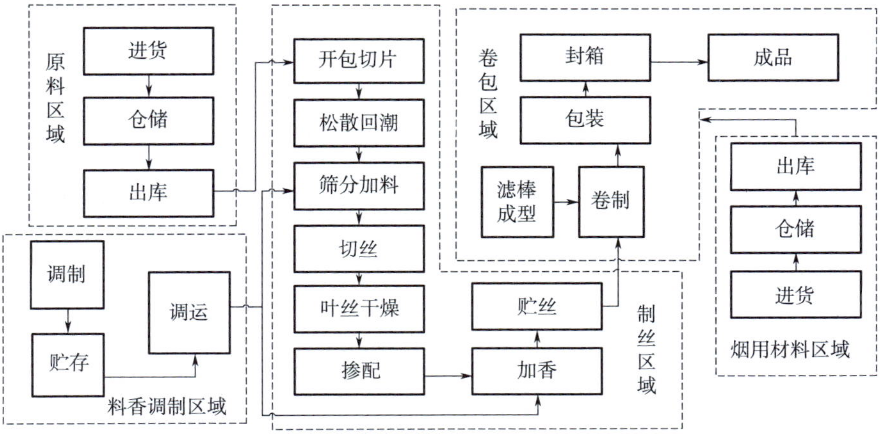

图 14-1　卷烟生产过程区域划分

（3）企业一般采用仓储平库存储原料，醇化后出库至高架库货位待投料。

（4）原料按品牌配方出库，一般通过物流自动化自动配送到制丝生产线。

（5）原料醇化周期较长，一般需要 18 个月以上。

2. 制丝区域功能特点

制丝环节是比较典型的流程式生产，从原料投入到配方成品烟丝的产出，是一个稳定的、连续的加工过程，各中间环节相互关联、相互制约，互为工艺流程的上下游，在各中间环节加工过程添加了香料、掺配物等进行混合加工，其物理和化学特性发生了明显变化，其主要特点如下。

（1）企业在确定工艺流程、工艺布局及设备选型后，很长一段时间内主要加工设备基本不变。

（2）各企业工艺流程和加工设备相似，但工艺比较复杂，一般经过开包、切片、松散回潮、筛分和加料、切丝、叶丝干燥、掺配、加香等工序加工处理。

（3）制丝生产比较柔性，加工方式主要采用分组加工、全配方加工等方式，可以通过一些设备组合，灵活选择工艺生产路径和调整加工参数来满足产品的变化需求。

（4）采用分段式加工，烟草在制品在加工流转过程一般采用储柜存储。

（5）配方烟丝一般采用储柜或烟丝库存储。

（6）不同品牌产品加工可以共用相同的工艺设备和工艺路径，但原料和技术标准不同。

（7）制丝加工过程产生多种中间物料，比如叶片、叶丝、烟丝等，在产出中间物料过程混合了香料、梗丝、膨胀丝等物料。

3. 卷包区域功能特点

卷包环节应属离散型生产，主要以成套机组完成加工任务，主要完成烟丝风送、烟支卷制、小盒条盒成箱包装、滤棒成型，其主要特点如下。

（1）设备型号多、种类多，企业根据产品规格设置不同的设备。

（2）连接关系比较复杂，呈星形状，比如卷接机。

（3）产品输入物料较多，比如烟支需要滤棒、各种烟用材料、烟丝等。

（4）生产具有连续性和高速性的特点。

4. 香料调制区域功能特点

香料调制环节在卷烟企业中相对独立，主要完成调制、储存、调运 3 个环节。在调运过程企业主要采用移动罐输送或是管道输送方式。

5. 烟用材料区域功能特点

烟用材料环节主要完成烟用材料的进货、仓储、出库等功能，其主要特点如下：

（1）烟用材料品种多，具有不同的供应商、规格、生产日期等。

（2）供应商或企业在烟用材料上一般采用条码等形式标识原料来源。

（3）企业根据牌号生产需要将多种烟用材料重新配盘后上高架库存储。

卷包机台根据生产牌号呼叫烟用材料托盘下架，一般通过物流自动化和 AGV 小车自动配送到卷包机台。

第二节　追溯单元划分

应以快速定位物料流向为目的，划分各区域单元，应能通过单元间的信息关联，实现过程链上的任一单元对其上一个单元具有溯源功能，对其下一个单元具有跟踪功能。当过程物料或卷烟产品出现质量问题时，应能通过溯源与跟踪，快速定位质量问题根源和影响范围，实施原因分析和质量改进。

一、定义与标识

（一）追溯单元定义

根据卷烟生产各区域的功能与特点，可将卷烟生产划分为原料追溯单元、制丝生产追溯单元、料香调制追溯单元、卷包生产追溯单元和烟用材料追溯单元。

1. 原料追溯单元

（1）同一供应商、产地、等级、年份、生产日期的原料构成一个原料追溯单元。

（2）进货、仓储、出库各环节的原料追溯单元应具有唯一标识。

2. 制丝生产追溯单元

（1）同一日期、序号、设备生产的同牌号、同规格烟草在制品构成一个制丝生产追溯单元。

（2）从原料投入到成品烟丝各环节的制丝生产追溯单元应具有唯一标识。

3. 料香调制追溯单元

（1）同一日期、序号、设备调制的同牌号同规格料香构成一个料香调制追溯单元。

（2）料香调制、贮存、流转各环节的料香调制追溯单元应具有唯一标识。

4. 卷包生产追溯单元

（1）同一日期、班别、序号、设备生产的同牌号、同规格滤棒、半成品或卷烟产品构成一个卷包生产追溯单元。

（2）滤棒成型、卷制、包装、装箱到成品入库各环节的卷包生产追溯单元应具有唯一标识。

5. 烟用材料追溯单元

（1）同一供应商、品种、规格、生产日期、生产序列号的烟用材料构成一个烟用材料追溯单元。

（2）进货、仓储、出库各环节的烟用材料追溯单元应具有唯一标识。

（二）追溯单元标识

物料追溯单元也定义为可追溯的对象，指卷烟生产过程中具有唯一信息标识和共同特征的过程物料或卷烟产品。过程物料包括原料、烟草在制品、烟用材料、烟用添加剂及半成品。而追溯单元标识是质量追溯信息的载体或查询媒介，制造时（或制造前）应同时形成追溯标识。各追溯单元在其制造及之后的卷烟生产过程各环节应具有唯一标识，相互关联的追溯单元之间可通过标识实现上下游的关联和信息的关联，以确保对产品质量追溯时信息交换的通畅。追溯单元标识可由卷烟生产企业自行定义和设计，其方式可为文字记录、数字代码、产品流转卡、LED 等，但不限于上述方式，以下是以数字代码为例对各追溯单元进行描述。

二、原料追溯单元

以某公司某原料追溯单元及其标识为例。

1. 生产要素说明

（1）供应商代码　代码标识为 690000001。

（2）生产时间　2021 年 10 月 10 日。

（3）生产序号　当天第二批生产，序号为 02。

（4）品种代码　代码标识为 100384，品种代码含产地、等级信息。

2. 原料批次的形成

原料生产批次：供应商代码（9 位）+原料代码（6 位）+生产日期（8 位）+生产序号（2 位），如 690000001-100384-20211010-02。

当供应商、产地、等级、年份、生产日期中任一要素发生变化时，意味着不同的原料批次，唯一标识用于区别在进货、仓储、出库各环节中各原料批次。

三、制丝追溯单元

以某公司某牌号制丝生产追溯单元及其标识为例。

1. 生产要素说明

（1）生产地点　制丝生产线；

（2）生产时间　2021 年 10 月 10 日。

（3）生产序号　当天第二批生产，序号为 02。

（4）生产牌号　××××××，牌号标识为 100101。

（5）加工方式　分组加工。

（6）加工流程　如图 14-2 所示。

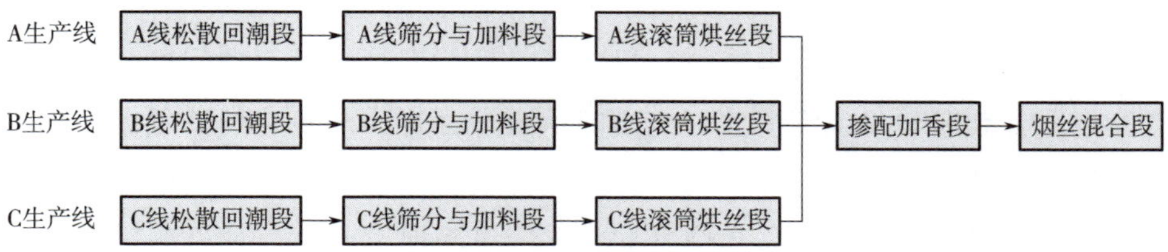

图 14-2　某公司某牌号加工工艺流程

（7）工艺段识别标识　如表 14-1 所示。

表 14-1　　工艺段名称及标识

工艺段名称	工艺段识别标识	工艺段名称	工艺段识别标识
A 线松散回潮段	01	C 线松散回潮段	07
A 线筛分与加料段	02	C 线筛分与加料段	08
A 线滚筒烘丝段	03	C 线滚筒烘丝段	09
B 线松散回潮段	04	掺配段加香段	10
B 线筛分与加料段	05	烟丝混合段	11
B 线滚筒烘丝段	06		

2. 制丝生产批次形成过程

（1）制丝加工过程产出的不同烟草在制品　从上述生产要素信息可知，在 2021 年 10 月 10 日，序号为 02，牌号为××××××的产品采用分组加工方式，经过了 11 道加工环节完成了从片烟配方原料投入到产出成品烟丝，分别产出了不同的烟草在制品，具体如表 14-2 所示。

表 14-2　　工艺段与烟草在制品一一对应关系表

工艺段名称	烟草在制品名称	工艺段名称	烟草在制品名称
A 线松散回潮段	某牌号 A 松散叶片	C 线松散回潮段	某牌号 C 松散叶片
A 线筛分与加料段	某牌号 A 加料叶片	C 线筛分与加料段	某牌号 C 加料叶片
A 线滚筒烘丝段	某牌号 A 叶丝	C 线滚筒烘丝段	某牌号 C 叶丝
B 线松散回潮段	某牌号 B 松散叶片	掺配段加香段	某牌号　加香烟丝
B 线筛分与加料段	某牌号 B 加料叶片	烟丝混合段	某牌号　成品烟丝
B 线滚筒烘丝段	某牌号 B 叶丝		

（2）制丝加工过程形成的制丝生产批次　每个生产工艺段是由一个或一组工艺设备组成，根据同一日期、序号、设备生产的同牌号烟草在制品构成一个制丝生产批次的原则，可以形成 11 个制丝生产批次，具体如表 14-3 所示。

表 14-3　　制丝生产批次

序号	制丝生产批次名称	序号	制丝生产批次名称
1	某牌号 A 松散叶片批次	7	某牌号 C 松散叶片批次
2	某牌号 A 加料叶片批次	8	某牌号 C 加料叶片批次
3	某牌号 A 叶丝批次	9	某牌号 C 叶丝批次
4	某牌号 B 松散叶片批次	10	某牌号　加香烟丝批次
5	某牌号 B 加料叶片批次	11	某牌号　成品烟丝批次
6	某牌号 B 叶丝批次		

（3）每个制丝生产批次具有唯一标识　根据从原料投入到成品烟丝各环节的制丝生产批次应具有唯一标识的原则，每个制丝生产批次对应的唯一标识，唯一标识这里用数字表示，如表 14-4 所示。

表 14-4　　制丝生产批次与标识一一对应关系

制丝生产批次名称	唯一标识	制丝生产批次名称	唯一标识
某牌号 A 松散叶片批次	20211010-02-01-100101	某牌号 C 松散叶片批次	20211010-02-07-100101
某牌号 A 加料叶片批次	20211010-02-02-100101	某牌号 C 加料叶片溯单元	20211010-02-08-100101
某牌号 A 叶丝批次	20211010-02-03-100101		
某牌号 B 松散叶片批次	20211010-02-04-100101	某牌号 C 叶丝批次	20211010-02-09-100101
某牌号 B 加料叶片批次	20211010-02-05-100101	某牌号　加香烟丝批次	20211010-02-10-100101
某牌号 B 叶丝批次	20211010-02-06-100101	某牌号　成品烟丝批次	20211010-02-11-100101

以某牌号 A 松散批次为例，其对应的唯一标识是 20211010-02-01-100101，其中 20211010 表示生产日期，02 表示生产序号，01 表示松散回潮段设备，100101 表示牌号。

当生产日期、生产序号、加工设备、牌号中任一要素发生变化时，其唯一标识也相应发生改变，也就代表了另外一个制丝生产批次。

四、料香调制追溯单元

以某公司某牌号料香调制追溯单元及其标识为例。

1. 生产要素说明

（1）种类代码　TL 代表糖料，XL 代表香料。

（2）生产时间　2021 年 10 月 10 日。

（3）作业模式　A 表示自动，M 表示人工。

（4）生产序号　当天第二批调制，序号为 002，生产序号含调制设备信息。

（5）制备流程　如图 14-3 和图 14-4 所示。

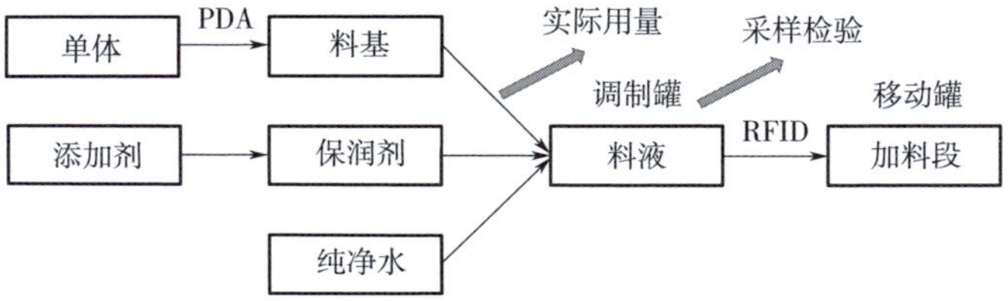

图 14-3　某公司某牌号糖料制备流程

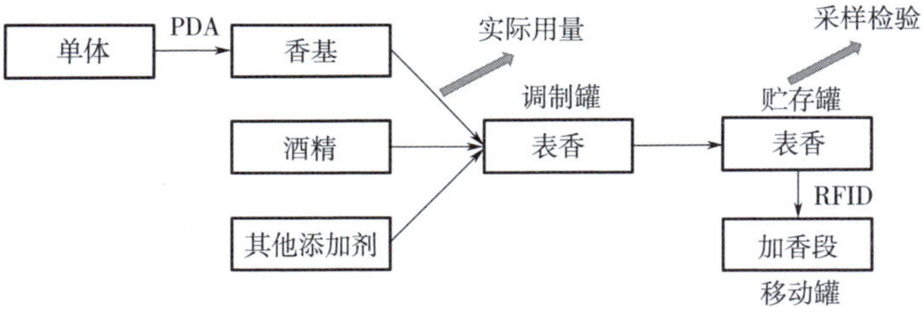

图 14-4　某公司某牌号香料制备流程

2. 香糖料批次的形成

香糖料生产批次：TL（2 位）+ 生产日期（8 位）+ 作业模式（1 位字母，A 表示自动，M 表示人工）+ 生产序号（3 位）；例如 TL-20211010-A-002。

当日期、序号、设备中任一要素发生变化时，意味着不同的料香批次，唯一标识用于区别在进货、仓储、出库各环节中各料香批次。

五、卷包追溯单元

以某公司某牌号卷包生产追溯单元及其标识为例。

1. 生产要素说明

（1）生产地点　卷包生产（二）车间。

（2）生产时间　2021 年 10 月 10 日。

（3）生产序号　当天第二批生产，序号为 02。

（4）生产牌号　××××××，标识为 100101。

（5）班别　甲班，班别识别标识如表 14-5 所示。

表 14-5　班别名称及代码

班别名称	班别识别标识	班别名称	班别识别标识
甲班	1	丙班	3
乙班	2	丁班	4

（6）加工流程　如图 14-5 所示。

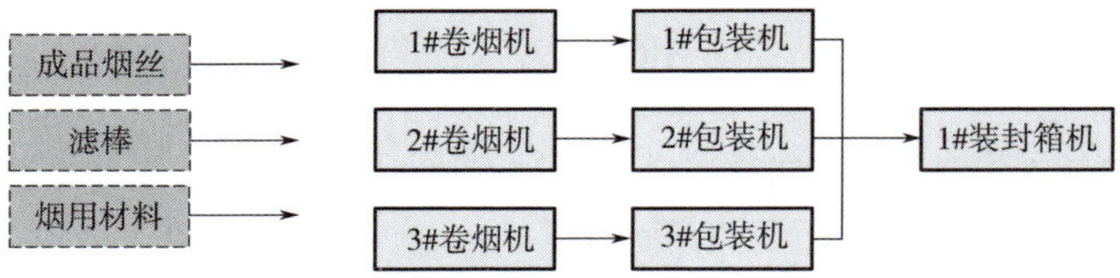

图 14-5　某公司某牌号卷包加工流程图

（7）机台设备识别标识　如表 14-6 所示。

表 14-6　机台设备名称及标识

机台设备名称	机台设备识别标识	机台设备名称	机台设备识别标识
1#卷烟机	J01	2#包装机	B02
2#卷烟机	J02	3#包装机	B03
3#卷烟机	J03	1#装封箱机	Z01
1#包装机	B01		

2. 卷包生产批次形成过程

（1）卷包加工过程产出的卷烟半成品或产品　从上述生产要素信息可以看到，在 2021 年 10 月 10 日，序号为 02，牌号为××××××的生产经过了 7 道加工环节完成了从成品烟丝、滤棒、烟用材料投入到产出卷烟半成品或卷烟产品，具体如表 14-7 所示。

表 14-7　　机台设备与卷烟半成品或产品一一对应关系表

机台设备名称	卷烟半成品或卷烟产品名称	机台设备名称	卷烟半成品或卷烟产品名称
1#卷烟机	某牌号 J01 烟支	2#包装机	某牌号 B02 小盒/条盒
2#卷烟机	某牌号 J02 烟支	3#包装机	某牌号 B03 小盒/条盒
3#卷烟机	某牌号 J03 烟支	1#装封箱机	某牌号 Z01 箱烟
1#包装机	某牌号 B01 小盒/条盒		

（2）卷包加工过程形成的卷包生产批次　根据同一日期、班别、序号、设备生产的同牌号滤棒、半成品或卷烟产品构成一个卷包生产批次的原则，可以形成 7 个卷包批次，具体如表 14-8 所示。

表 14-8　　卷包生产批次列表

序号	卷包生产批次名称	序号	卷包生产批次名称
1	某牌号 J01 烟支批次	5	某牌号 B02 小盒/条盒批次
2	某牌号 J02 烟支批次	6	某牌号 B03 小盒/条盒批次
3	某牌号 J03 烟支批次	7	某牌号 Z01 箱烟批次
4	某牌号 B01 小盒/条盒批次		

（3）每个卷包生产批次具有唯一标识　根据滤棒成型、卷制、包装、装箱到成品入库各环节的卷包生产批次应具有唯一标识的原则，每个卷包生产批次对应的唯一标识，如表 14-9 所示。

表 14-9　　卷包生产批次与标识一一对应关系

卷烟半成品或卷烟产品名称	唯一标识
某牌号 J01 烟支批次	20211010-1-02-J01-100101
某牌号 J02 烟支批次	20211010-1-02-J02-100101
某牌号 J03 烟支批次	20211010-1-02-J03-100101
某牌号 B01 小盒/条盒批次	20211010-1-02-B01-100101

续表

卷烟半成品或卷烟产品名称	唯一标识
某牌号 B02 小盒/条盒批次	20211010-1-02-B02-100101
某牌号 B03 小盒/条盒批次	20211010-1-02-B03-100101
某牌号 Z01 箱烟批次	20211010-1-02-Z01-100101

以 J01 烟支批次为例，其对应的唯一标识是 20211010-1-02-J01-100101，其中 20211010 表示生产日期，1 表示甲班，02 表示生产序号，J01 表示 1#卷接机，100101 表示牌号。

当生产日期、班别、生产序号、机台设备、牌号中任一要素发生变化时，其唯一标识也相应发生改变，也就代表了另外一个卷包生产批次。

六、烟用材料追溯单元

以某公司某烟用材料追溯单元及其标识为例。

1. 生产要素说明

（1）供应商代码　代码标识为 y0004697（代码长度不定）。

（2）生产时间　2021 年 10 月 10 日。

（3）生产序号　当天第二批生产，序号为 02。

（4）品种代码　代码标识为 0309010010，品种代码含规格信息。

2. 烟用材料批次的形成

烟用材料生产批次：供应商代码（长度不定）+品种代码（10 位）+生产日期（8 位）+生产序号（2 位），如 y0004697-0309010010-20211010-02。

当供应商、品种、规格、生产日期、生产序列号中任一要素发生变化时，意味着不同的烟用材料批次，唯一标识用于区别在进货、仓储、出库各环节中各烟用材料批次。

第三节　追溯信息管理

一、追溯信息分类

各家卷烟生产企业在生产过程产生的质量信息丰富多样，完整的追溯信息能够还原并反映卷烟产品加工过程的真实情况，为了便于追溯，信息应进行系统分类，并符合 GB/T 7027—2002《信息分类和编码的基本原则与方法》中确立的科学性、系统性、可扩延性、兼容性和实用性原则。追溯信息分类示例如表 14-10~表 14-13 所示。

表 14-10　原料批次追溯信息分类与示例

序号	追溯信息类别	追溯信息内容示例
1	基本信息	原料批次号、条码、名称、重量、生产日期、出入库时间等
2	货位信息	原料批次号、名称、仓库货位号、在库数量等
3	质检信息	到货质检、入库水分合格率、在库普查等
4	产品质量	原料质量指数评价结果及其明细数据
5	环境温湿度	关键监控点环境温湿度的标准及均值等
6	虫情情况	新增粉虫或螟虫情况等

表 14-11　制丝生产批次追溯信息分类与示例

序号	追溯信息类别	追溯信息内容示例
1	基本信息	牌号、批次号、班组、产量、生产时间等
2	技术标准	工艺技术标准或检验技术标准等
3	加工过程	人员、设备、物料等
4	物料信息	转入、转出物料的牌号、批次号、数量、时间等
5	质检信息	制丝批次检验结果及其明细数据
6	产品质量	制丝质量指数评价结果及其明细数据
7	异常事件	设备、工艺、操作、系统、能源、物流等引起的生产异常记录；发生不合格处置事件等
8	改进信息	纠正预防措施、专项改进、日常改进等
9	环境温湿度	关键监控点环境温湿度的标准及均值等
10	虫情预警	细分区域虫情预警（高、中、低、数量等）
11	原料信息	原料批次号、条码、名称、重量、生产日期、出入库时间等

表 14-12　糖香料生产批次追溯信息分类与示例

序号	追溯信息类别	追溯信息内容示例
1	基本信息	牌号、批次号、出料罐号、生产时间等
2	技术标准	检验技术标准等
3	加工过程	人员、设备、物料等
4	质检信息	糖香料批次检验结果及其明细数据等

表 14-13　卷包生产批次追溯信息分类与示例（含烟用材料）

序号	追溯信息类别	追溯信息内容示例
1	基本信息	牌号、批次号、班组、班次、产量、生产时间等
2	技术标准	工艺技术标准或检验技术标准等
3	加工过程	人员（操作员、检验员）、设备、物料等
4	物料信息	转入、转出物料的牌号、批次号、数量、时间等
5	质检信息	卷包批次检验结果及其明细数据等
6	产品质量	卷包质量指数评价结果及其明细数据等
7	异常事件	设备、工艺、操作、系统、能源、物流等引起的生产异常记录；发生不合格处置事件等
8	改进信息	纠正预防措施、专项改进、日常改进等
9	环境温湿度	关键监控点环境温湿度的标准及均值等
10	虫情预警	细分区域虫情预警（高、中、低、数量等）
11	辅料信息	辅料批次号、条码、名称、生产日期、生产厂商等
12	箱装缺条	箱装重量、差值、状态等

二、追溯信息要求

（1）应采集进货、产品与生产过程所涉及的质量及其影响因素等反映产品质量的全部信息，并与批次标识进行关联。

（2）信息宜采用在线自动采集。离线检测信息、现场记录信息、异常事件处置信息应当天进行收集和传递，异常改进信息及其他延时采集的信息应当及时收集和传递，信息的传递和管理宜采用计算机辅助系统。

（3）应保证所有质量信息的准确性和真实性，相关检测仪表、器件应定期进行校验标定，并且信息的描述应规范、准确。

三、追溯信息管理

（1）采集　按照规定有目的地采集质量信息，并保证数据的真实性和可靠性。

（2）处理　对采集的信息应进行分类和分析。

（3）传递　不同来源的质量信息应按标识及时传递至信息中心进行汇总整理。

（4）存储　对整理后信息应及时进行存储和备份，追溯信息至少保存2年。

（5）查询　企业可根据自身条件建立生产过程质量追溯信息化平台，满足不同追溯和查询需求。

第四节　追溯单元关联

通过对基于工艺流程的批次流向进行分析和分解，建立工厂模型、工序树模型、物料模型，对生产批次产品链按照物料输入输出进行管理，构建产品批次生态链及构建追溯信息生态圈，生产批次追溯关联设计重点是对产品批次流向链路进行分解，分段突破和解决重点各环节生产批次的关联关系和逻辑设计，从而促成原料批次、制丝批次、糖香料批次、卷包批次、烟用材料批次在生产过程中的有机串联，为企业内部产品批次的正反向追溯实现提供了重要的依据。

以某公司基于工艺流程的批次流向关联示意为例，如图14-6所示。

一、原料批次与制丝批次之间关联逻辑

（1）前置条件：①片烟自动扫码，批次等信息写入制丝电控PLC；②iHistorian数采。

（2）在制丝线预处理段生产时，片烟通过自动扫码称重后，将箱号、条

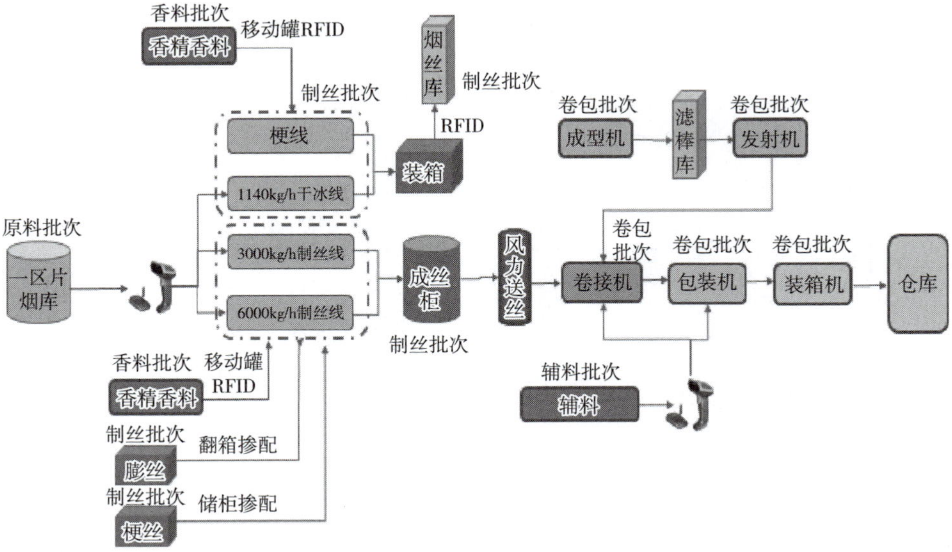

图 14-6 某公司基于工艺流程的批次流向示意图

码、重量等信息自动写入制丝电控系统，并以 10s 频次的时间序列实时采集至 iHistorian 数采系统。

（3）在制丝预处理段生产批次结束后，通过定制程序从 iHistorian 数据库进行数据抽取处理及批次归档，实现按制丝批次归档片烟扫码信息，同时推送至质量系统追溯库。

（4）片烟入库时通过扫码，扫码信息推送至原料批次管理系统进行原料批次信息归档，原料批次管理系统负责原料批次的质检业务。

（5）质量系统通过片烟条码即可从原料批次管理系统中关联到原料批次及其质检信息，从而实现制丝批次与原料批次的追溯关联。

（6）制丝批次与原料批次的关联关系是 1∶*N* 的关系。

二、制丝内部生产批次之间关联逻辑

（1）前置条件：MES 系统排产。

（2）通过 MES 系统排产调度生成制丝各生产区域的生产任务（制丝批次）计划，每个制丝批次任务由若干个制丝子批次组成，通过制丝批次与制丝子批次之间的从属关系，则可以得到制丝子批次之间的输入输出关系，质量系统通过集成接口获取 MES 排产数据存储至追溯库。

（3）制丝内部生产批次之间的关系是 1∶1 的关系。

三、糖香料批次与制丝批次之间关联逻辑

（1）前置条件：①通过移动罐 RFID 信息写入制丝线 PLC；②iHistorian 数采。

（2）香料厨房出料时通过集控系统将糖、香料生产批次写入移动罐 RFID 芯片。

（3）生产前制丝电控系统读取糖、香料移动罐 RFID 信息并写入 PLC，作为生产线加料或加香料罐的生产批次，同时实时数采至 iHistorian 数据库。

（4）制丝批次任务生产结束后，通过定制程序从 iHistorian 数据库抽取数据，形成制丝生产批次和糖香料生产批次的归档，结果推送至质量追溯数据库。

（5）香料厨房集控在生产时触发推送糖香料生产批次信息至质量系统，质量系统接收后自动生成糖香料批次质检业务工单，折光及密度等质检数据与糖香料生产批次自动关联。

（6）香料批次与制丝批次之间关系是 1∶1 的关系。

四、制丝生产批次与卷包生产批次之间关联逻辑

（1）前置条件：①卷包机台排产；②工序树建模，确定上下游设备连接关系；③获取储柜出柜信号、储柜信息等。

（2）关联逻辑思路如图 14-7 所示。

（3）制丝生产批次与卷包生产批次之间关系是 N∶M 的关系。

五、卷包内部生产批次（卷接、包装、装封箱）之间关联逻辑

（1）前置条件：①卷包机台排产；②工序树建模，确定上下游设备连接关系；③获取机台生产批次开始、换牌等。

（2）关联逻辑思路如图 14-8 所示。

（3）卷接生产批次与包装生产批次的关联关系是 1∶1 的关系，包装生产批次与装封箱生产批次的关联关系是 N∶1 的关系。

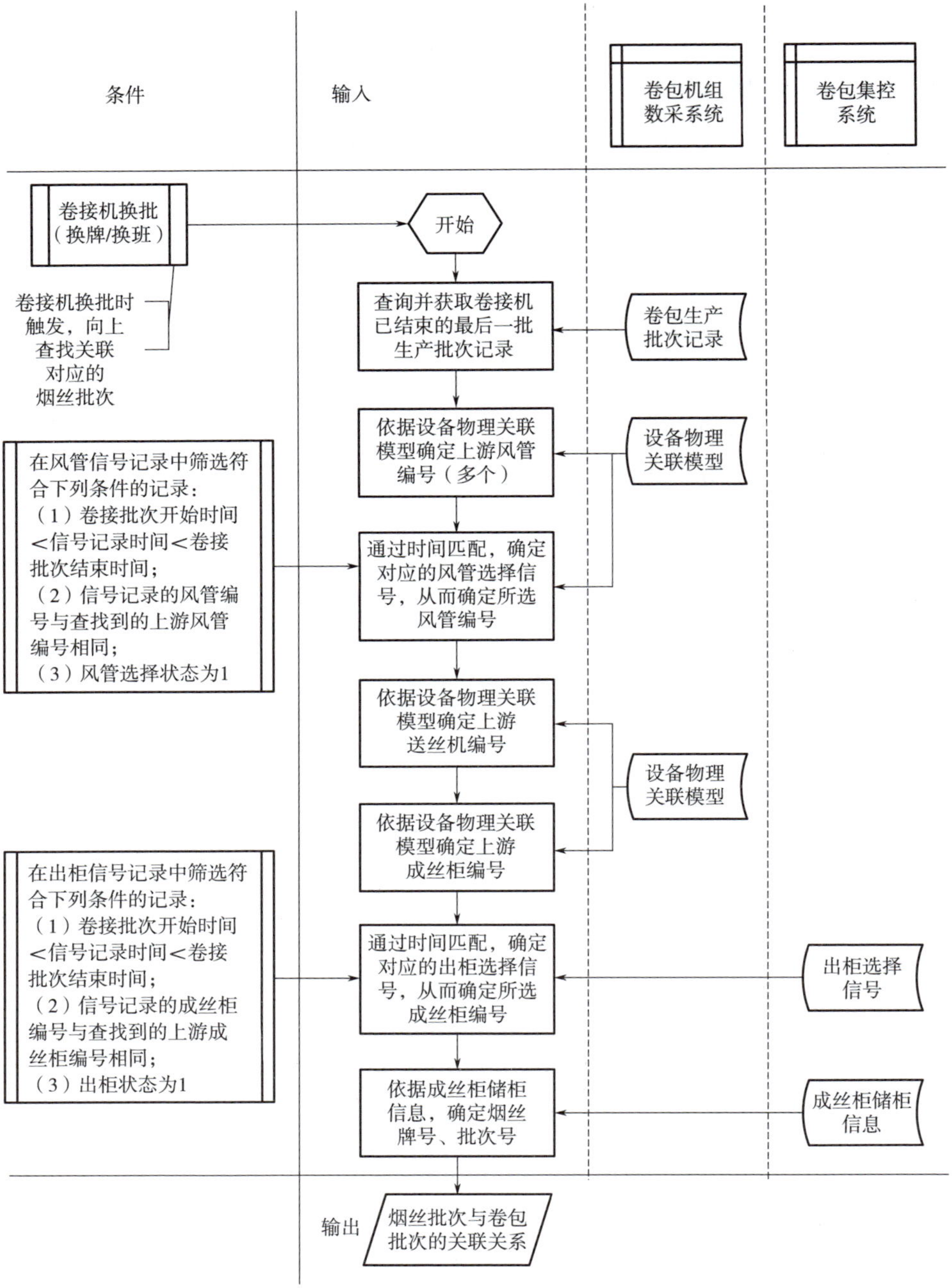

图 14-7　某公司制丝批次与卷包批次关联逻辑示意图

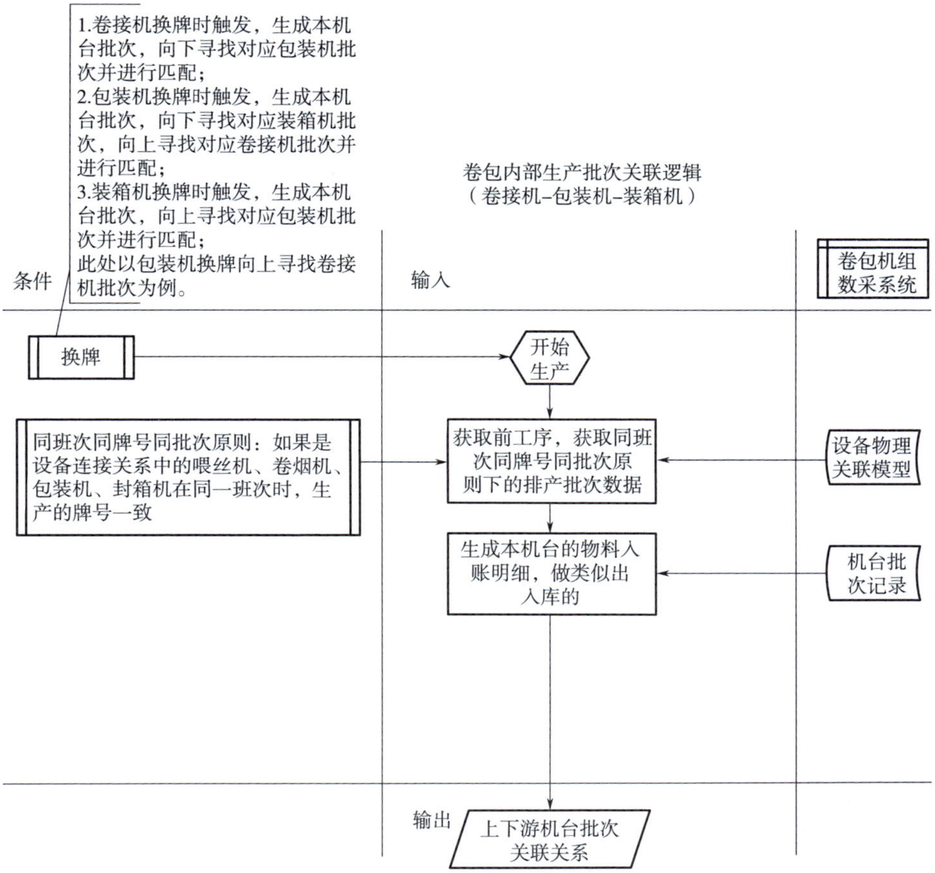

图 14-8　某公司卷包内部生产批次关联逻辑示意图

六、烟用材料批次与卷包生产批次间关联逻辑

（1）前置条件：①卷包机台排产；②辅料上机扫码。

（2）通过烟用材料上机扫码，实现烟用材料条码与卷包生产批次之间的对应关系，通过对烟用材料条码进行解析生成材料生产批次，从而确定了烟用材料批次与卷包生产批次的关联关系。

第十五章 工艺智能管控

随着卷烟智能制造的深入推进，生产过程采集的海量数据为工艺管控提供重要资源，基于企业信息系统，开发工艺智能管控分析平台，把工艺人员从重复的脑力劳动中解放出来，从事更有意义的工艺研究与创新显得尤为重要。本章主要介绍企业信息系统、生产一体化系统和工艺智能管理分析平台架构。

第一节　卷烟企业信息系统概况

目前卷烟企业的信息化系统总体分为三层结构，上层为计划层即企业资源计划系统（ERP）；中间层为执行层即制造执行管理系统（MES）；底层为自动化管控层，包括自动化物流系统、制丝集控系统、卷包数据采集系统、能源管控系统等。通过在三个层次的信息共享和通信，实现信息贯穿整个生产过程和工艺流程，起到信息化支撑平台的作用。

制丝集控系统应用于制丝车间，是介于 MES 和制丝生产控制设备之间，承担生产信息传递任务的一套计算机系统。制丝集控系统接收 MES 系统下发的生产工单，然后按照生产加工工序进行分解，并附加相应的控制参数，下载到相应工序生产设备控制器中。同时负责采集各个工序的实时数据，进行存储、统计、分析，并将 MES 系统需要的数据反馈给 MES 系统。监控机运行监控程序，实时监测生产设备的运行状态和生产过程中的实时工艺数据，承担实时数据采集、生产工单信息下发、工艺参数设定值的维护、生产数据汇总结果的显示和向 MES 系统反馈数据的任务。

卷包数据采集系统是利用卷接包车间各种设备本身已有的数据采集功能，建立起面向生产现场的数据采集系统，实现卷接包车间各种设备现场数据的实时采集、传送，为生产实时指挥、企业信息管理提供依据。数据采集系统的建立为车间各部门与生产现场（机台）之间架设了一条快速的信息通道。

生产现场的实际情况可以实时准确地传送到各级管理部门；管理人员根据现场情况所采取的应变措施和调度指令也可以实时传送到指定的生产现场（机台）。

能源管控系统是集生产监控和能源管理于一体的管理控制系统，对动力车间所管辖范围内的生产设备进行实时监控，对全厂各部门及重点设备的能源消耗计量统计，向各相关部门发布能源计量信息。能源管控系统与制造执行系统（MES）、中烟能源信息管理系统（EEMS）配有通信接口，负责为 MES 系统上传能源计量数据和空调温湿度数据，为 EEMS 上传能源管理数据。

制造执行管理系统（MES）是通过控制包括物料、设备、人员、流程指令和设施在内的所有工厂资源，在统一平台上集成诸如质量控制、资源管理、生产调度等功能的方式，实现制造数字化。MES 系统主要实现以下功能：计划排产与调度、数据收集和生产过程监视、生产设备管理、过程检验控制、生产标准管理、生产物料管理、生产人员管理、生产成本管理、生产统计报表、MES 系统还与 ERP 系统、自动化物流系统、制丝集控系统、卷包数据采集系统、动力数采系统等外部系统具有信息接口。

企业资源计划系统（ERP）实现物流、资金流和信息流的协调同步，突出计划、预算、控制功能，优化企业内部的财务管理和协同运作过程，并通过与 MES 系统集成，实现对制造环节的快速监控、协调及优化，实现企业管控一体化的目标。

第二节　卷烟生产一体化管控系统

1. 以 MES 为核心，与 PCS、ERP 协同作用的管控一体化信息系统

A 卷烟厂制丝线大量采用独立电控，通过中控控制全线，由独立电控与中控做到无缝交互。对于独立电控，深度剖析每一套单机电控的控制方式，例如 HDT 气流式烘丝机可采用水分控制和流量控制两种方式，结合设备的闭环控制，研究何种控制更加符合工艺要求，在此基础上，挖掘工艺参数、配置参数与设备能力的结合性。对于中控则以模块化、柔性化生产为重点抓手，对物料追踪、批次切换、防差错体系、报警分级做详细研究，并重点优化从 MES 工单下发至组织生产的全过程。A 卷烟厂制丝线 SPCD 智能质量监控系统是集制丝数采、生产监视、生产质量评价、设备状态和性能监视、设备维

护保养指导为一体的智能系统。借助生产设备控制模型，对各类控制点的相关性进行数据分析，对标最佳控制的偏差进行研究分析，提出诸如设备清洁、工艺参数、控制执行、设备调整等指导建议。同时引入生产质量全过程评价机制，并应用“黄金生产曲线”指导生产。

2. “三模统一、三级联动”的制丝管控系统

B卷烟厂制丝线完成了生产管控一体化的构建，改变了传统管控系统的“金字塔”建设模式，打通了生产计划、生产执行和生产控制的垂直通道，建立了ERP-MES-FCS的信息高速公路，实现了物料流、信息流、控制流的统一，确保了制丝生产全过程的精准配方、精确控制、精细作业。为实现企业数字化工厂提供了成功的案例和切实可行的方案。

3. 以批次管控为核心的集柔性和智能于一体的现代化管控系统

C卷烟厂制丝线建立了以批次管控为核心的集柔性和智能于一体的现代化管控系统，该系统一是以批次为主线，实现配方批次设计、订单化批次排程、任务批次调度、智能批次控制生产、批次数据采集与反馈、批次质量分析技术以及批次追溯技术，全面实现产品设计、订单化生产和分析与追溯按照批次管理的业务柔性化；二是系统设计采用ISA S88的iBatch平台和基于ISA S99的GE PA平台，保障系统设计柔性化；三是采用Ilog APS智能排程软件实现订单化批次任务智能排产和智能调度，并利用RFID和智能导引小车（AGV）等技术实现烟丝流转过程智能化识别、定位、跟踪、监控和管理。

4. 多功能多层次的智能管控系统

基于制丝线的多维精细加工流程设计以及多单元、多路径的柔性制造技术，D卷烟厂制丝线建立了与之相匹配的多功能多层次智能管控系统，包括生产管控、品质管控及设备管控系统。生产管控系统由精准排产系统、多功能仿真系统、多对象协同调度系统组成，包含排产、计划验证及生产进度预测、工单下达三个层次；品质管控系统是基于MES数字化过程质量控制与SPC分析，实现生产物料批次质量信息正向跟踪和反向追溯查询，并结合RFID技术实现防差错控制；设备管控系统是通过建设制丝线设备运行状态监控及现场HMI报警功能、建立制丝线设备维修管理系统，深化设备维修管控体系，建立维修经验知识库，从而实现设备管控。

生产管控系统的应用使多目标排产结果的优化，作业任务执行及时、有效，生产数据流向清晰完整，实现了调度实时性，减轻了突发事件或故障发

生后对生产的影响。品质管控系统的应用实现了数字化的过程质量控制与SPC分析，RFID技术防差错（混牌、错牌）控制避免人为操作失误隐患，并可实现生产物料批次质量信息的正向跟踪和反向追溯；设备管控系统集成了专线设备运行状态监控及现场HMI报警功能，实时监控生产现场情况，而设备维修管理则确保设备具有持续的工作能力，充分发挥最佳的设备效能。

5. 以全过程SPC监控分析、自主开发的排产系统和多维度质量追溯三大核心模块有机组成的管控系统

D卷烟厂制丝线建立了适合自身品牌的管控系统，包括SPC过程控制系统、高级排产系统、多维度质量追溯系统。

（1）SPC过程控制技术　首先对制丝线进行流程分析，理出生产过程的流程图。从流程中梳理出全部工艺参数，共170个参数，通过因果矩阵筛选出60个指标，并按因果矩阵分数由高到低排序，确定关键输出参数30个。为了更有效地筛选出最为关键的参数，利用参数地图筛选出制叶丝线、制膨胀梗丝线、制膨胀烟丝SPC控制参数。将生产过程的主要控制参数分成在线、离线两大部分，制丝线SPC系统数据分别从在线、离线两大部分采集与处理项目。在此基础上，进行控制图选择，建立判异规则，通过比较Xbar-S（均值标准差控制图）与I-MR-R/S（单值移动极差控制图）在制丝环节的应用效果，最终选择单值移动极差控制图，并给出控制图的判异规则。

（2）高级排产技术　首先是高级排产需求分析，根据制丝线生产计划的管理要求，制作生产计划报表层次表，实际上就是将排产需求转化为生产计划报表。其次是高级排产算法研究，先进行排产因素分析，然后进行制丝排产算法、卷包排产算法研究，排产算法采用竞争队列的方法，最终建立MES排产功能。在前述二者基础上，再进行排产系统构建，先进行一体化排产设计，分为三个层次，一是计划层，二是进度层，三是生产作业层，然后进行闭环滚动排产。最后再进行多策略排产与版本控制，通过比较不同版本的排产效果，选择最优版本。

（3）多维度质量追溯技术　多维度质量追溯包括：工艺标准追溯、物料信息追溯、质量信息追溯。工艺标准追溯，通过工艺物理模型、工艺逻辑模型、业务驱动模型形成工艺建模，然后建立分组加工工单结构图。工艺标准追溯采用系统自动生成的版本号来关联不同的生产标准，通过追溯标准的版本来查看标准的处理痕迹记录，以便于标准信息的查看。物料信息追溯，首

先进行 BOM 结构规范化，然后把生产过程中的成品、半成品、工序制品、原料、辅料的所有物料批次（Lot）信息都结构化地组织起来，再形成物料结构谱系图。通过物料追溯图可以实现物料所有加工环节的信息追溯。质量信息追溯，在质量管理中，根据工艺及管理需求针对产品的生产过程，对原辅物料、制丝、卷包、嘴棒、虫控及环境温湿度等进行有效的全过程监控管理，实现产品质量信息的可追溯性。

6. 以过程管控为核心，集数据收集、信息传递、质量判定为一体的质量管控系统

E 卷烟厂制丝线在原有的生产控制系统基础上，结合精益生产、sigma 管理等先进的过程控制理念，不断优化和改进过程控制系统，逐步形成了适用于企业品牌制丝线的质量管控系统，该系统主要由三部分构成。第一部分为基于过程数据的制造执行系统，以生产全过程数据管理为基础，通过对生产过程中生产组织、物料信息、质量数据的收集、整理、加工、反馈，从而打造出一个快速反应、有弹性、精细化的卷烟品牌制造环境，实现了降低制造成本、缩短交货期、提高产品质量的目的；第二部分为基于过程管理的质量评价体系，通过与制造执行系统的高度集成，运用制造过程数据以及对应 CTQ 评价指标的对比，实现每一批次产品质量的评价，另外，通过对多批次生产过程数据的统计分析，完成制丝生产线的总体稳定性评价；第三部分为基于信息化平台的合作生产管理系统，该系统充分利用 IT 技术，具备数据采集及录入、SPC 数据分析、MAS 测量系统分析、检测评价分析、过程能力评价、质量信息传递等功能，较好地解决了信息不对称的问题，提高了信息的利用率，为企业品牌合作生产的管理决策提供了可靠、快捷、全面的信息，确保了品牌合作生产质量得到较为有效的控制与管理。

7. 面向“智慧工厂”思想设计，充分利用制丝线嵌入式控制系统，信息智能与控制智能“双层联动”

F 卷烟厂制丝线管控系统面向“智慧工厂”思想设计，充分利用制丝线嵌入式控制系统，信息智能与控制智能“双层联动”，厂级 MES 系统建立了制丝“IPC”智能处理中心，基于“传感器+大数据+精准决策”层级的搭建，将与制丝系统相关的物流、自动排产、生产调度、质量品控等关键环节横向集成，制丝监控管理系统创新设计了“制丝元化”大数据实时分析与决策系统，将生产实时信息、预警报警信息向各层级的管理人员进行推送。

厂级 MES 和制丝线监控管理系统共同构建了八大管理控制平台，最终实现黄金叶品牌专线的生产管理集中化、生产组织智能化、制造过程精细化和卷烟生产柔性化。

（1）柔性自动化控制平台　按照 ISA88 国际工业标准，制丝生产线在设计时按照其物理模型分解为能够独立完成某项功能的最小生产单元，主要包括设备模块、生产单元、配方模块、调度模块等一系列模块单元，在生产过程中，可以依据工艺配方需求，把不同的工艺段按流程装配在一起，告诉设备执行什么功能、按什么顺序进行，自动完成从原材料到最终产品的生产加工，满足产品分组加工和柔性生产的需求，真正实现生产线的灵活组织。

（2）智能化生产管理平台　将品牌专用制丝生产线业务单元合理划分，按照生产决策、生产计划、生产调度、生产执行、生产监视的层级管理模式，依据工厂信息、排产策略和调度方法等因素进行分类建模，以模型驱动排产，以排产拉动执行，并以问题为导向在生产结束后将生产过程信息统一归集到决策层，实现了柔性排产、敏捷调度和全过程追溯的加工制造。

（3）智能化质量管理平台　根据质量规范确定关键质量控制点进行质量控制和产品的抽样检验并进行过程能力分析，依照考核标准对质量检验结果进行考核，通过对检测数据使用各种分析手段到质量改进过程，串联形成 PDCA 管理的闭环模式，从而达到连续质量改进的目的。

（4）网络一体化诊断平台　通过 NM 数据监测机对底层控制层的工业以太网数据流实时监测，在监控层准确详细的显示网络诊断信息，将网络状态、故障预警等信息录入实时数据库，具有网络状态实时监测、网络状态图形化显示、网络问题预警和报警、网络状态及报警信息记录和故障报表打印等功能，能够及时发现和排除网络故障，降低对生产加工过程的影响。

（5）统一现场管理平台　整合车间全部业务管理功能，与厂级 MES 系统无缝对接，实现协同生产、数据共享。

（6）精细化成本管理平台　实时收集生产过程中的材料消耗、过程损耗数据，对消耗和成本进行即时化管理，通过分析结果对成本进行评价考核，做到全过程消耗和成本的精细化管理。

（7）智能化管理视窗　管理支持视窗面向高层决策者，屏蔽技术细节和频繁的用户操作，界面简洁直观，不同的用户可设置显示不同的内容，同一页面中集成各部门的数据。

（8）“3A”移动办公平台　借助工厂无线基础平台及移动终端，构建“3A”工厂，即在厂区内可在任何时间（Anytime）、任何地点（Anywhere）处理与业务相关的任何事情（Anything）。

8. 基于批次生产的 PDCA 循环管控模式

G 卷烟厂制丝线信息化系统建设以满足企业系列产品的特色工艺需求为前提，以打造高品质卷烟为目标，按照事中控制与事后分析相结合的思路，建设制丝线生产管控一体化系统实现批次生产过程的管控，建设生产质量数据上报分析系统对最终产品进行分析，实现追溯、预警等功能，整体实现贵烟专线生产质量的 PDCA 循环控制。

（1）制丝线生产管控一体化系统

①采用先进可靠的网络系统。系统采用一网到底技术实现底层设备控制网、车间集中监控主干网、生产管理网在网络层的统一，通过 VPN 技术实现三网（办公、生产、视频）合一和网络均衡负载。另外，管理层双星形冗余与集控层环网冗余模式，保证了系统的可靠性和稳定性。

②建立基于批次的操作管控模式。系统按照“车间→生产线/设备组→设备/主辅设备→生产检测变量组/工序/工段→生产变量”的层次建立批次生产模型，可根据 MES 的生产工单实现工序与工艺参数的自动绑定、任务分解与下发，生产过程中实现 SPC 控制，自动按批次生成生产、工艺及质量报表，在加料、储存、加香等重要环节采用牌号对比及纠错技术避免混错牌，通过视频联动对故障及意外进行实时监控，保证整个系统顺畅运行。

（2）生产质量数据上报分析系统　该系统建立了生产、质量责任评价追溯统一平台，系统根据公司产品质量标准，对每一批产品的质量指标数据（如焦油、CO、烟碱、吸阻、圆周、三丝掺兑比例等）进行采集和对比分析，针对出现的异常或变化趋势进行分析，对出现问题的环节提出整改意见，从制度和管理层面提升质量水平。

第三节　面向智能制造的工艺管控分析平台

近年来，我国卷烟企业的自动化、信息化水平明显提高，卷烟加工过程的自动化程度处于先进水平，大量传统的人工、离线、实验室的检测分析由实时、在线、连续的测量分析所取代，卷烟生产过程数据已进入了海量数据时代。基于 MES 的生产过程数字化管控已取得较好进展，统计过程控制、过程能力分析等数据应用方面也取得了较好效果。面对卷烟智能制造的新形势和新要求，从实际生产中积累的大量数据中挖掘出工艺管控的经验知识是提升工艺管控智能化水平的重要方法和途径，而工艺管控分析平台的构建则有助于提升工艺数据的汇聚和分析效率。

工艺管控分析平台总体架构如图 15-1 所示。包括数据汇聚存储层、数据分析计算层、应用层三层架构，平台主要包括数据汇聚、数据处理、数据存储、数据可视化、工具算法、分析挖掘、模型管理、应用开发等功能模块。

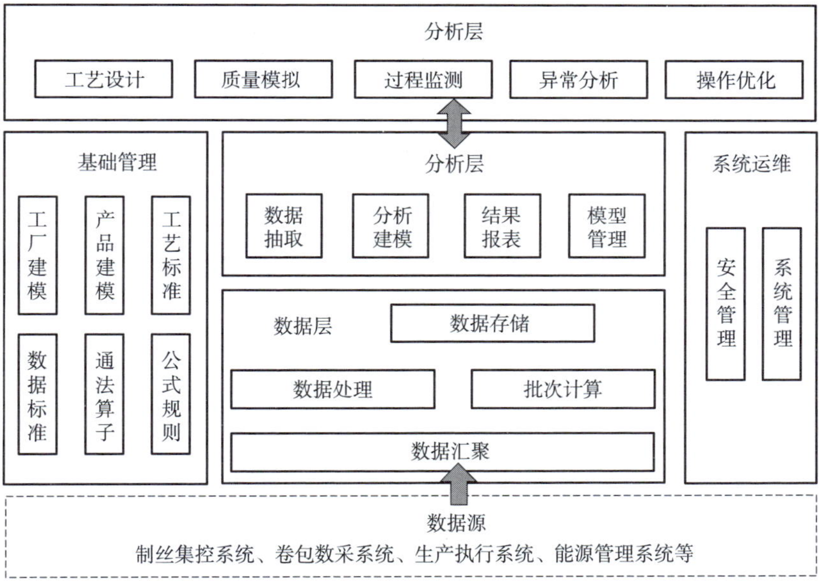

图 15-1　工艺管控分析平台总体架构

1. 数据层

数据层主要进行数据的汇聚和处理，将原始数据转化为平台分析的规范化数据。数据层支持从制丝集中控制、卷包数采系统和生产制造执行系统等信息系统将数据接入平台并进行存储。针对工艺数据类型复杂多样、数据量大等特点，数据层集成了 MySQL、MongoDB、ElasticSearch、TSDB、Hive 等多种数据存储环境，涵盖了结构化数据、非结构化数据、实时数据等多种数据类型。同时，数据层具备数据管理功能，支持数据的检索查询、分布概览等功能。

2. 分析层

分析层主要进行数据的分析建模。整个建模过程以平台分析算法库为支撑。数据建模过程利用算法库相关算法实现数据预处理、数据集构建、数据集划分等数据资源准备工作；分析建模基于数据资源，设计分析流程，细化分析单元，利用分析算法挖掘数据特征，构建分析模型。

3. 应用层

应用层主要是数据、算法和模型应用的交互界面。能够对分析构建的模型进行验证和应用探索，涵盖关键工序工艺参数设计、质量指标模拟、过程状态监测、异常分析追溯和操作参数优化等应用场景。

参考文献

[1] 国家烟草专卖局．卷烟工艺规范［M］．北京：中国轻工业出版社，2016.

[2] 罗登山．中式卷烟特色工艺技术［M］．郑州：河南科学技术出版社，2013.

[3] 中国烟草总公司．卷烟工艺管理通则：YQ-GY/T 2—2019［S］．2019.

[4] 中国烟草总公司．卷烟加工设备工艺性能点检技术指南：YQ-GY/Z 3—2019［S］．2019.

[5] 中国烟草总公司．卷烟制造过程能力测评导则：YC/T 295—2009［S］．2009.